极简开发者书库

极简 R 语言

新手数据分析与可视化之道

关东升◎编著

清华大学出版社

北京

内 容 简 介

本书系统介绍R语言及数据分析技术,共分为11章,涵盖R语言基础、数据结构、数据操作、数据清洗与预处理、数据可视化、描述性统计分析、相关性分析、统计模型与推断分析等核心内容。

本书采用循序渐进的讲解方式,注重理论与实践的结合。从R语言基础语法到高级数据可视化,再到统计分析方法,通过实际案例贯穿全书,帮助读者快速掌握数据处理与分析的核心技能。书中配有大量代码示例、图表展示,以及实践环节,引导读者边学边练,逐步掌握数据分析的实战方法。

本书为读者提供了丰富的配套资源,包括代码文件和示例数据集,便于实操练习。无论是数据分析初学者,还是希望提升数据处理与分析技能的读者,都可以通过本书全面掌握R语言在数据分析与可视化中的应用,进而快速上手实际项目,解决数据分析中的各种问题。

图书在版编目(CIP)数据

极简R语言:新手数据分析与可视化之道/关东升编著. -- 北京:清华大学出版社,2025.8.
(极简开发者书库). -- ISBN 978-7-302-69516-5

Ⅰ. TP312

中国国家版本馆CIP数据核字第2025DY6801号

责任编辑:曾 珊 常建丽
封面设计:赵大羽
责任校对:李建庄
责任印制:宋 林

出版发行:清华大学出版社
   网 址:https://www.tup.com.cn,https://www.wqxuetang.com
   地 址:北京清华大学学研大厦A座   邮 编:100084
   社 总 机:010-83470000   邮 购:010-62786544
   投稿与读者服务:010-62776969,c-service@tup.tsinghua.edu.cn
   质量反馈:010-62772015,zhiliang@tup.tsinghua.edu.cn
   课件下载:https://www.tup.com.cn,010-83470236
印 装 者:三河市龙大印装有限公司
经 销:全国新华书店
开 本:186mm×240mm   印 张:17.75   字 数:400千字
版 次:2025年10月第1版   印 次:2025年10月第1次印刷
印 数:1~1500
定 价:69.00元

产品编号:110708-01

前言
PREFACE

在大数据时代,数据早已成为推动社会和技术进步的重要力量。从互联网公司到传统企业,再到科研机构,数据分析能力已然成为各行各业的核心竞争力。而在众多数据分析工具中,R 语言凭借其强大的统计计算能力、丰富的可视化功能以及庞大的社区支持,成为数据分析领域的重要工具之一。

刚接触数据分析时,很多人常常会感到困惑:如何选择适合的工具?如何从繁杂的数据中提取有价值的信息?如何将数据变成直观的图表,便于决策者理解?本书的目标正是帮助读者快速入门 R 语言,掌握数据分析与可视化的基本技能,逐步建立数据驱动的思维方式。

本书定位于"极简、实用、易上手",致力于为数据分析新手提供一套由浅入深、循序渐进的学习指南。

本书读者对象

本书适合数据分析新手、职场数据应用者、高校科研人员、程序员和企业管理者使用。

无论是初学者还是有经验的专业人士,都能通过本书快速掌握 R 语言的数据分析与可视化技能,解决实际问题,提升工作效率。

相关资源

为了更好地为广大读者提供服务,我们为本书提供了配套**源代码**、**案例数据集**、**演校稿(教学课件)**和**学习视频**。

如何使用书中配套代码

书中包括 200 多个示例代码,读者可以到清华大学出版社网站下载。

下载本书源代码并解压代码,会看到如图 1 所示的目录结构。chapter1 到 chapter11 是本书第 1~11 章的示例代码。

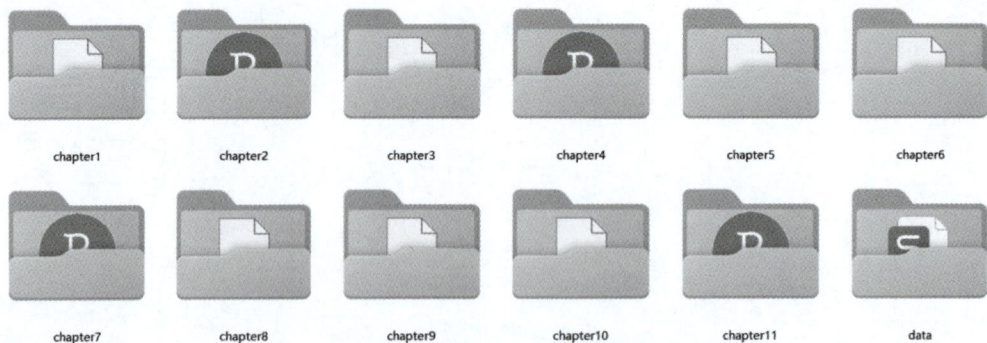

图 1 第 1～11 章的示例代码文件

如果打开第 8 章代码,可见本章中所有示例代码,如图 2 所示,其中每个文件对应一个实例,其中文件名对应所在章节的示例,例如"8.4.3 使用数据透视表进行汇总.R"表示该示例是8.4.3 节的"使用数据透视表进行汇总"示例代码。

图 2 第 8 章代码

致谢

在本书的编写过程中得到了许多人的帮助和支持。在此,特别感谢清华大学出版社的盛东亮编辑,他对本书的出版提供了宝贵的支持与指导。同时,还要感谢参与本书编写的赵志荣、赵大羽和关童心,他们为本书的内容完善和结构组织做出了重要贡献。

感谢所有在本书编写过程中给予帮助的朋友们,你们的支持让我更加坚定了写作的信心和动力。

关东升

2025 年 5 月于 齐齐哈尔

本书知识图谱

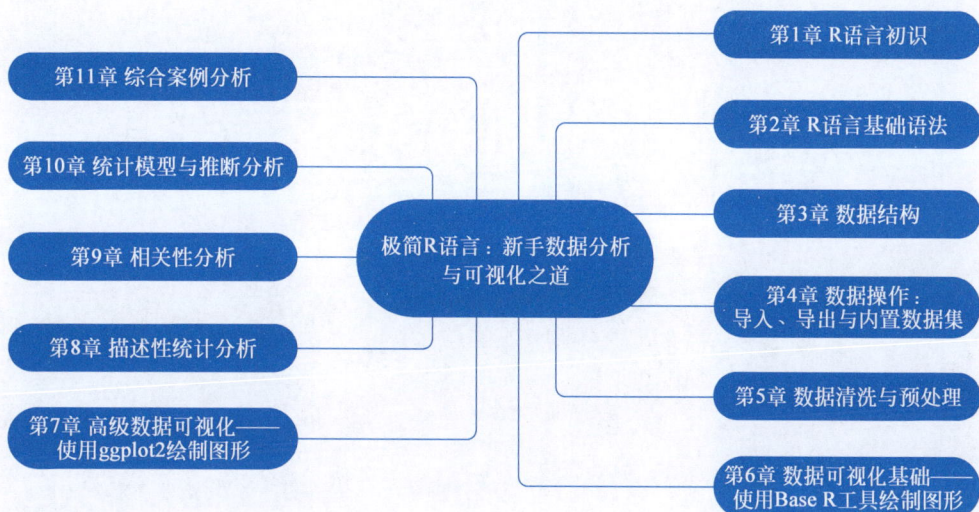

第11章 综合案例分析

第10章 统计模型与推断分析

第9章 相关性分析

极简R语言：新手数据分析与可视化之道

第8章 描述性统计分析

第7章 高级数据可视化——使用ggplot2绘制图形

第1章 R语言初识

第2章 R语言基础语法

第3章 数据结构

第4章 数据操作：导入、导出与内置数据集

第5章 数据清洗与预处理

第6章 数据可视化基础——使用Base R工具绘制图形

学习说明

为帮助读者更好地掌握 R 语言,本书建议采用"读书 + 视频学习 + 动手实践"的方式开展学习,并结合案例分析提升实战能力。

1. 学习路径

建议按照以下步骤循序渐进地学习。

- 基础阶段：掌握 R 语言的语法和数据结构,为后续学习打下基础。
- 进阶阶段：学习数据操作、数据清洗、可视化和统计分析方法。
- 实践阶段：通过综合案例分析,将所学知识应用于实际数据问题的解决。

2. 学习方法

为了高效学习,推荐以下方法。

- 按章节学习：逐章阅读图书内容,确保理论知识的系统掌握。
- 结合视频：配套视频提供操作演示,直观讲解复杂内容。
- 动手实践：结合书中示例代码和数据集,在 RStudio 中独立完成练习。

3. 学习建议

- 循序渐进：从基础到高级,避免跳跃式学习,夯实每个阶段的知识。
- 案例驱动：在综合案例章节中,独立思考并尝试解决数据问题,提升实战能力。
- 及时答疑：在学习过程中遇到问题,可通过书中提供的联系方式联系作者获取答疑支持。

通过合理安排学习节奏,结合理论与实践,读者将能全面掌握 R 语言在数据分析和可视化中的应用。

目 录
CONTENTS

## 第 1 章

R 语言初识

在当下这个数据驱动的时代,R 语言已成为统计分析与数据科学领域内不可或缺的重要工具。凭借其卓越的数据处理能力、广泛且深入的统计分析功能,以及灵活多变的数据可视化能力,R 语言成功吸引了众多研究者和数据科学家的关注与青睐。本章将详细介绍 R 语言的基本概念、安装及配置方法。接下来,将指导读者编写第一个 R 程序,助力轻松实现快速入门。通过本章所提供的练习,读者将对 R 语言及其编写、运行过程有一个初步的了解,为后续更为深入的学习与研究奠定坚实的基础。

1.1 什么是 R 语言

R 语言是一种用于统计计算和数据分析的编程语言和软件环境。它具有以下几个特点。

(1) 开源:R 语言是免费且开放源代码的,用户可以自由使用和修改。

(2) 强大的统计分析功能:R 提供了丰富的统计模型和分析工具,包括回归分析、时间序列分析、分类、聚类等。

(3) 丰富的图形绘制能力:R 能够生成高质量的图形和可视化,适合数据探索和结果展示。

(4) 广泛的包生态:R 拥有大量的扩展,支持多种数据处理和分析任务。

(5) 社区支持:R 拥有活跃的用户社区,用户可以在论坛、邮件列表和社交媒体上获得帮助和分享经验。

R 语言广泛应用于统计分析、数据挖掘、生物学、金融数据分析、互联网数据分析、大数据、并行计算、混合编程等多个领域。

1.1.1 R 语言历史

R 语言起源于 20 世纪 70 年代的 S 语言,后者由 AT&T 贝尔实验室开发。1993 年,新西兰奥克兰大学的两位统计学家 Ross Ihaka 和 Robert Gentleman 基于 S 语言创建了 R 语言,旨在提供一个更灵活且功能强大的统计计算环境。

1995 年,R 语言的源代码首次发布,之后于 1997 年形成了一个由 Ihaka、Gentleman 和其他统计学家组成的 R 核心团队,负责维护和扩展 R 语言。2000 年,R 语言发布了 1.0.0 稳定版本。

随着 R 语言的发展,CRAN(Comprehensive R Archive Network)应运而生,它收集、更新和维护着大量的 R 包,扩展了 R 的功能。R 语言因其强大的功能、灵活的扩展性和活跃的社区支持,在统计领域得到广泛应用。

近年来,R 语言在数据处理、可视化和机器学习等方面取得了显著进展,成为数据科学家和分析师的常用工具之一。

1.1.2　如何获得帮助

要获得关于 R 语言的帮助,有几种途径可供选择。

(1) 在线文档:R 语言拥有丰富的在线文档和帮助页面,读者可以在 R 官方网站上找到详细的参考手册和文档。

(2) 社区支持:R 语言拥有一个庞大的用户社区,读者可以在 R 用户论坛和邮件列表上提问,获取其他用户的帮助和建议。

(3) 在线教程和课程:有许多在线教程、课程和博客可供学习 R 语言的初学者使用。这些资源提供了从入门到高级的各种教程。

(4) RStudio 帮助:如果使用 RStudio 作为 R 语言的开发环境,RStudio 本身也提供了帮助文档和社区支持。

(5) 书籍和培训:还有很多书籍和培训课程专门为学习 R 语言的人设计,读者可以根据自己的学习喜好选择适合自己的材料。

不管是初学者还是有经验的 R 语言用户,这些资源都将帮助读者解决问题、扩展技能并充分利用 R 语言的潜力。

1.2　安装与配置

本节将详细指导读者安装 R 语言及其集成开发环境 RStudio,通过本节的学习,读者将能够独立完成 R 与 RStudio 的安装,并初步了解 RStudio 的用户界面,为后续的数据分析工作奠定坚实的基础。

1.2.1　安装 R 语言

要使用 R 语言,首先需要将其安装到计算机上。以下是安装 R 语言的详细步骤。

1. 下载 R 语言安装包

访问如图 1-1 所示的 R 语言官方网站,通过单击 CRAN Mirror 链接,选择 CRAN,打开如图 1-2 所示的 R 语言官方 CRAN 镜像站点列表页面。

在 CRAN 页面选择一个离身边较近的镜像站点,以便更快地下载,这里选择的是清华大学镜像站点,如图 1-3 所示。

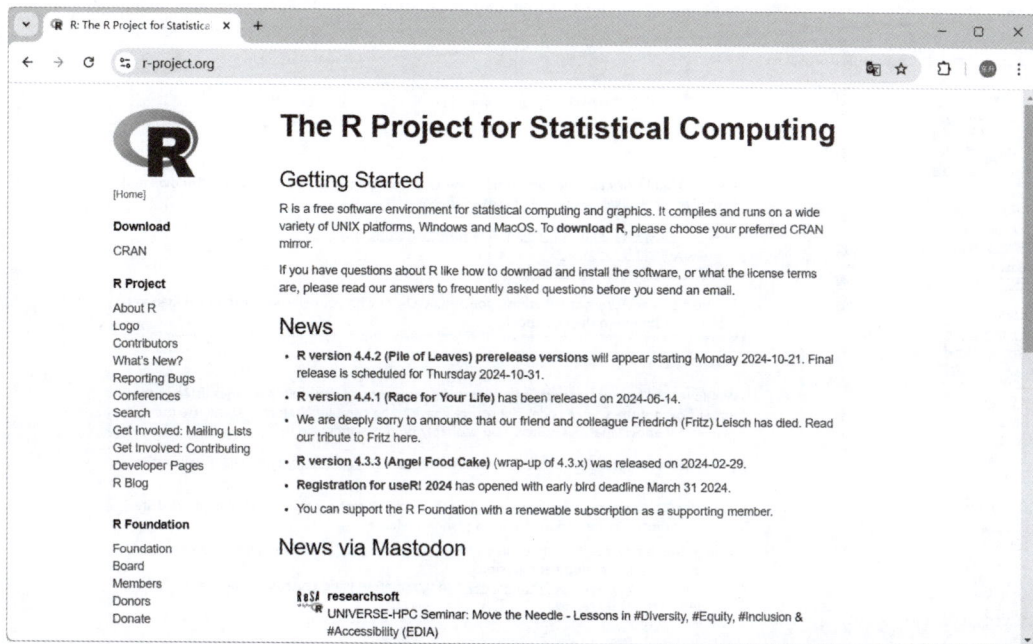

图 1-1 R 语言官方网站

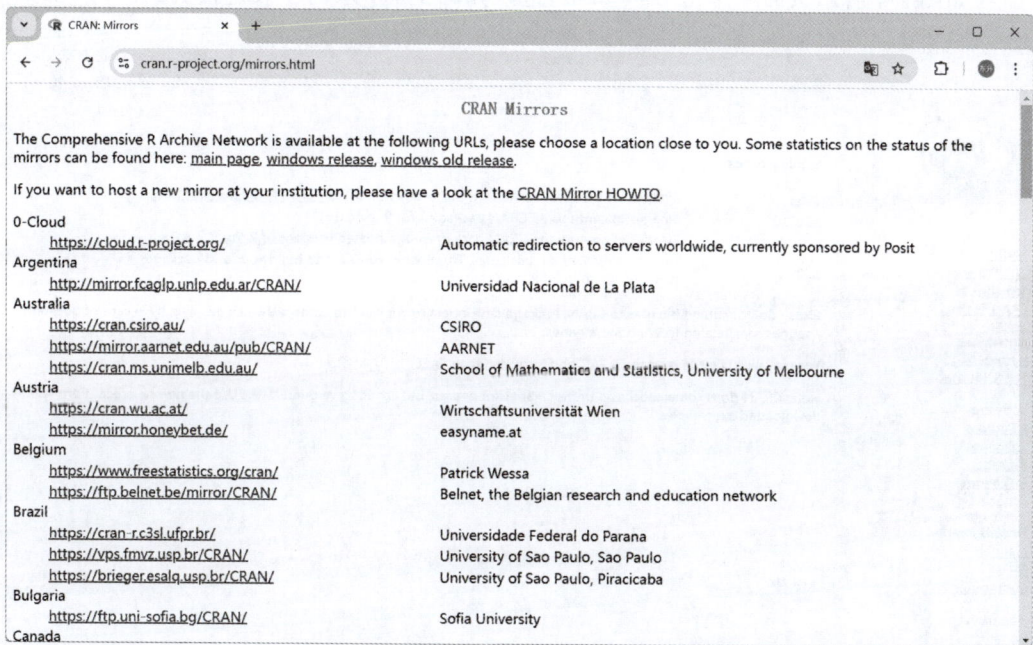

图 1-2 R 语言官方 CRAN 镜像站点列表页面

在镜像站点选择适合自己操作系统的下载链接,由于笔者是 Windows 用户,因此单击 Download R for Windows 链接,进入如图 1-4 所示的 Windows 下载页面。

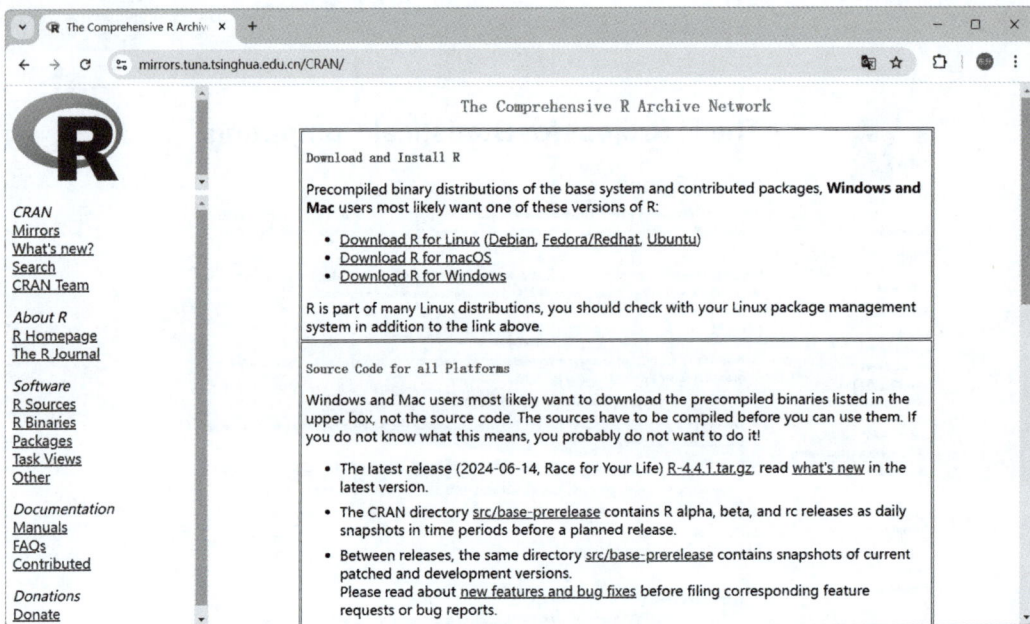

图 1-3　清华大学镜像站点

在如图 1-4 所示页面中单击 base 链接，进入如图 1-5 所示的下载链接页面。

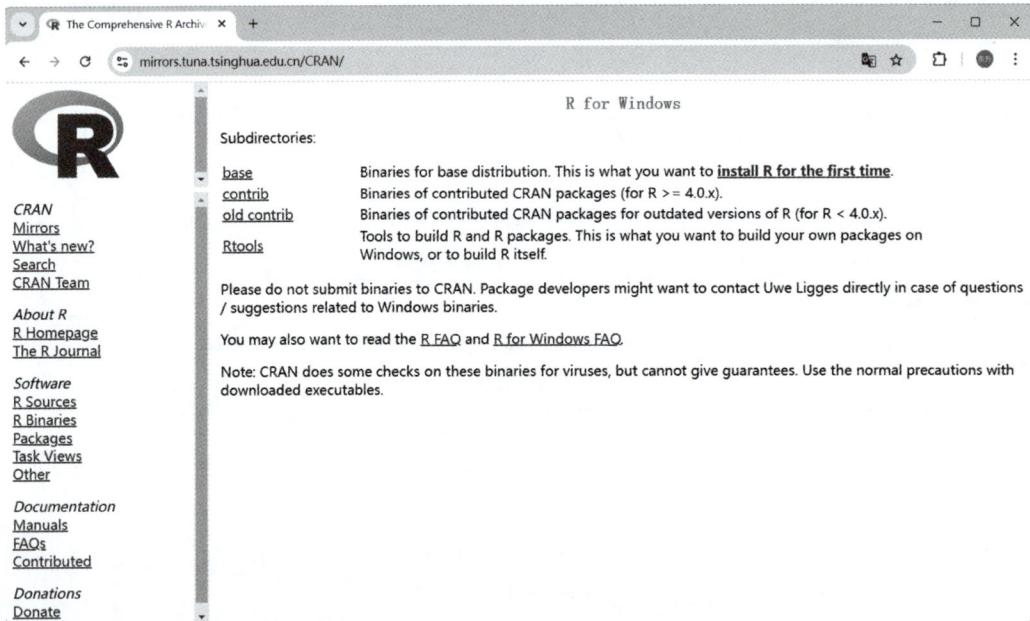

图 1-4　Windows 下载页面

在此页面单击下载链接就可以下载 R 语言的 Windows 安装文件，其他平台的安装文件与 Windows 类似，这里不再赘述。

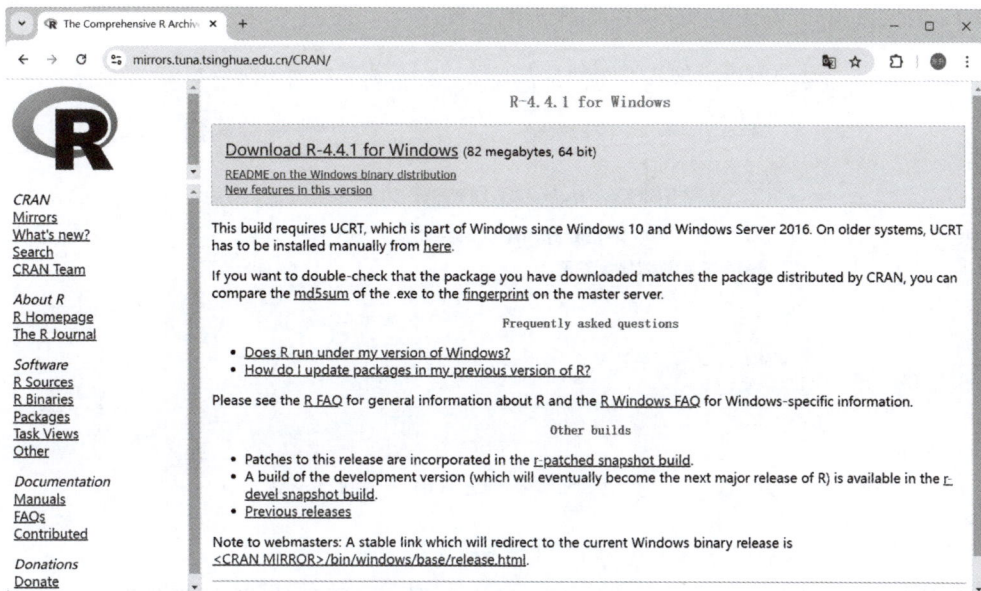

图 1-5　下载链接页面

2. 安装 R 语言的过程

本书下载的 R 语言安装包是"R-4.4.1-win.exe"，下载完成后，双击安装包文件开始安装。

运行安装程序后，首先会显示如图 1-6 所示的 GNU 通用公共许可证（GPL）的相关信息，读者需要阅读并同意这些条款才能继续安装。

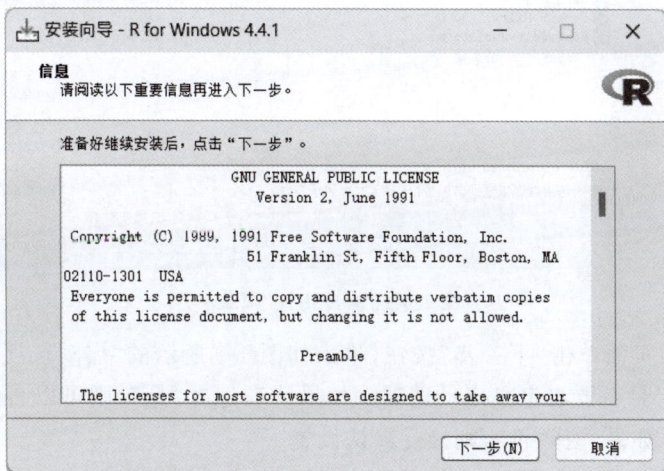

图 1-6　GNU 通用公共许可证信息

在图 1-6 所示页面单击"下一步"按钮，进入如图 1-7 所示的"选择安装位置"页面，在此读者需要选择 R 语言的安装目录。默认情况下，建议安装在 C:\Program Files\R\R-4.4.1

目录下，但读者可以单击"浏览"按钮选择其他位置。

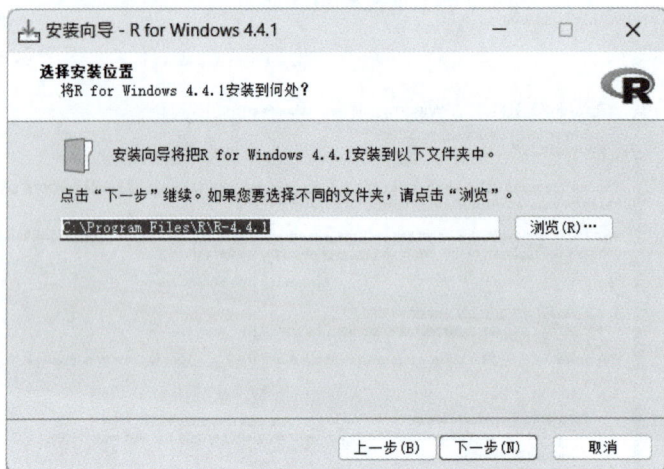

图 1-7 "选择安装位置"页面

在图 1-7 所示页面单击"下一步"按钮，进入如图 1-8 所示的"选择组件"页面，在这一步，读者可以选择要安装的组件。通常接受默认安装即可。

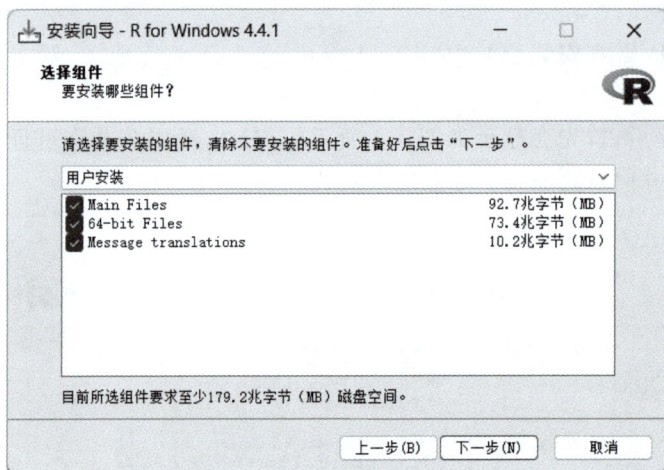

图 1-8 "选择组件"页面

在图 1-8 所示页面单击"下一步"按钮，进入如图 1-9 所示的"启动选项"页面，在这里安装程序会询问读者是否要自定义启动选项。如果读者选择"是"，则可以自定义安装过程中的一些自动设置；如果选择"否"，则接受默认设置。

在图 1-9 所示页面，读者根据自己的喜好选择完成后，单击"下一步"按钮，进入如图 1-10 所示的"选择开始菜单文件夹"页面，在此读者可以选择在开始菜单中创建 R 程序快捷方式的文件夹位置。如果不想在开始菜单中创建快捷方式，可以勾选"不要创建开始菜单文件夹"选项。

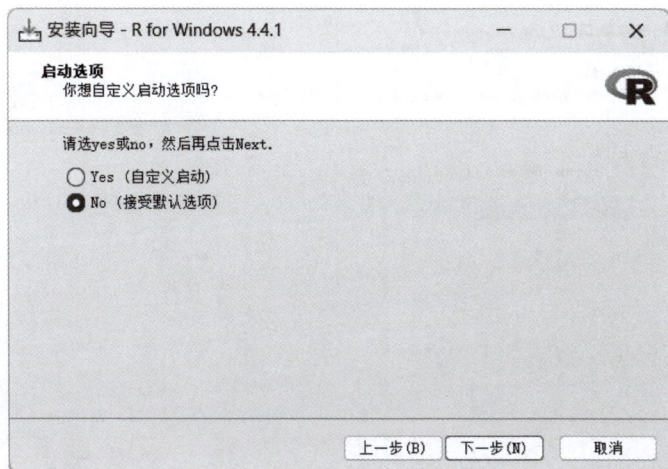

图 1-9　"启动选项"页面

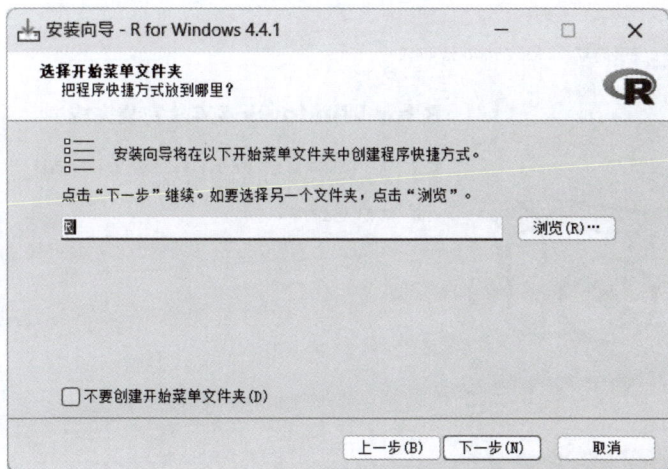

图 1-10　"选择开始菜单文件夹"页面

在图 1-10 所示页面中单击"下一步"按钮,进入如图 1-11 所示的安装进度页面。安装过程中,用户需要耐心等待,直到安装完成。

安装完成,如图 1-12 所示,单击"结束"按钮完成安装。

3．配置环境变量

为方便在命令行中直接使用 R 命令,需将 R 语言的安装路径添加到系统的 Path 环境变量。具体步骤如下。

（1）确认 R 语言安装路径。

默认情况下,R 语言通常安装在 C:\Program Files\R\R-x. x. x\bin,其中 x. x. x 是版本号。

（2）打开环境变量设置。

右击"此电脑"或"计算机",在弹出的快捷菜单中选择"属性",打开如图 1-13 所示的系

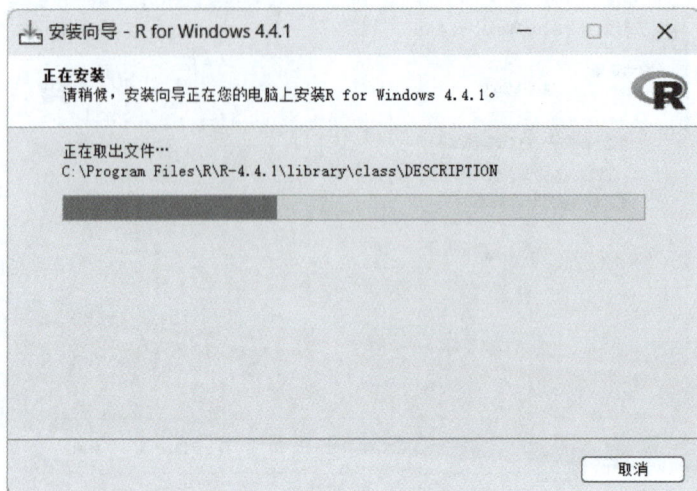

图 1-11　安装进度页面

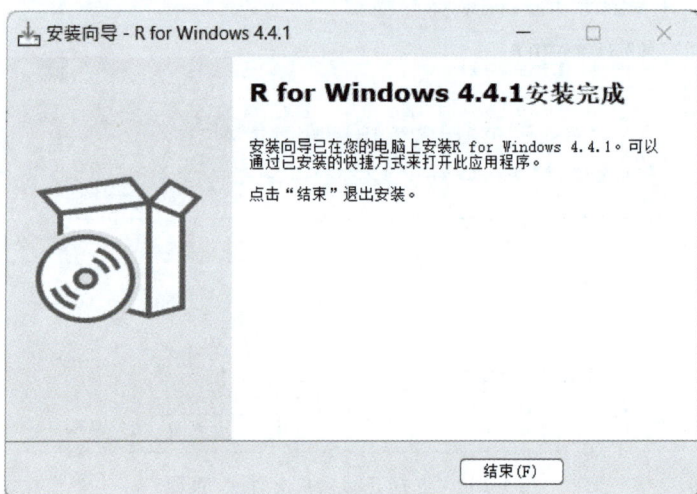

图 1-12　安装完成页面

统对话框。

　　在系统对话框中单击"高级系统设置"，弹出如图 1-14 所示的系统属性窗口，单击其中的"环境变量"，弹出如图 1-15 所示的环境变量窗口。

　　（3）编辑 Path 变量。

　　在图 1-15 所示的环境变量窗口的"系统变量"部分，找到并选择 Path，然后单击"编辑"按钮，弹出如图 1-16 所示的"编辑环境变量"窗口。单击"新建"按钮，输入 R 语言的 bin 目录路径，如图 1-17 所示。

　　（4）保存更改。

　　单击"确定"按钮保存更改，然后关闭所有窗口。

图 1-13 系统对话框

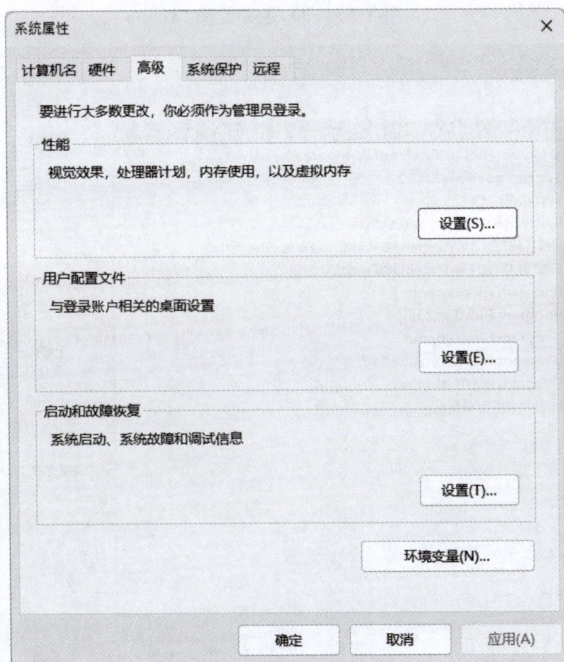

图 1-14 系统属性窗口

图 1-15　环境变量窗口

图 1-16　"编辑环境变量"窗口

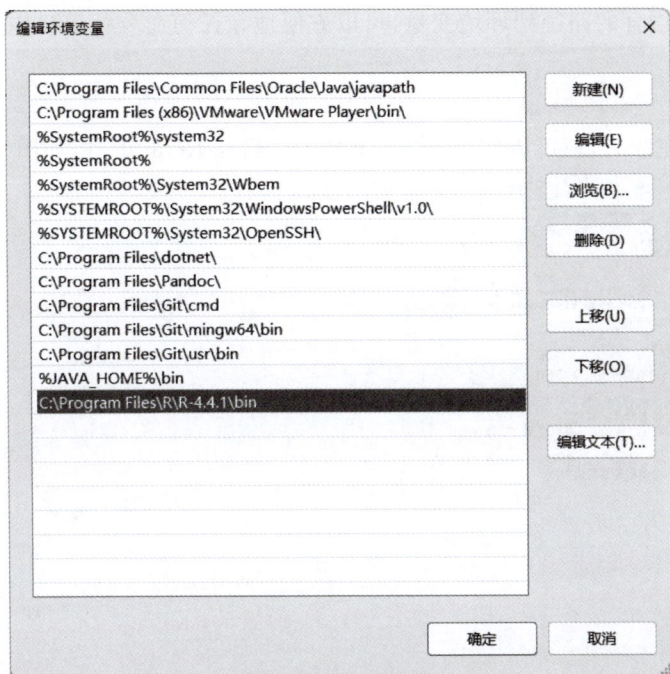

图 1-17 新建 Path

（5）重启命令行。

关闭当前命令行窗口，之后重新打开，输入 R 语言以检查配置是否成功，若配置成功，则页面如图 1-18 所示。

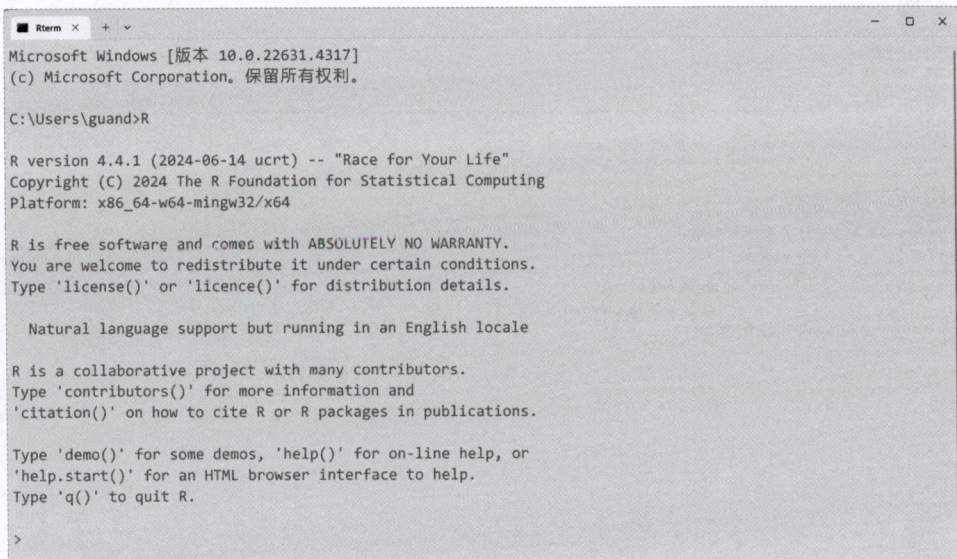

图 1-18 配置成功

通过添加 R 语言的路径到环境变量，可以方便地在任何命令行窗口中直接运行 R 语言程序。

4. 验证安装

R 语言安装完成后，就可以使用 RGui 工具了。启动 RGui 工具，如图 1-19 所示。

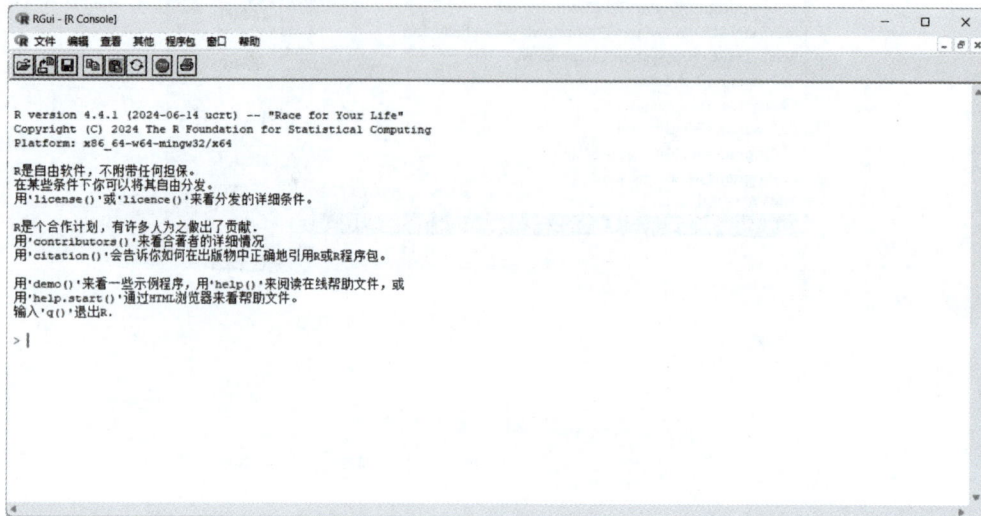

图 1-19　启动 RGui 工具

然后可以在 RGui 工具中测试一下，在 RGui 工具提供的控制台的命令提示符后输入如下指令并按 Enter 键执行指令，如图 1-20 所示。

```
print("Hello, world")
```

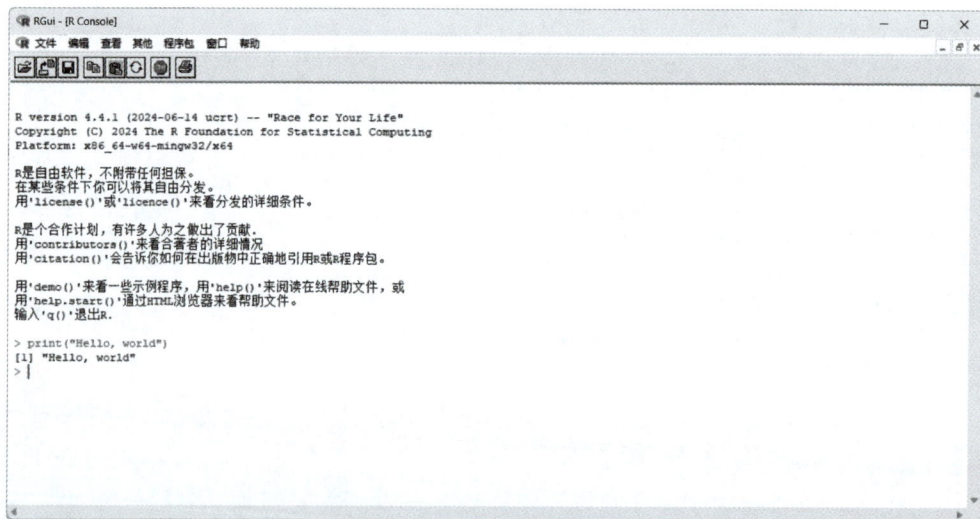

图 1-20　执行指令

在 RGui 的命令行界面中输入一个简单的命令，验证安装是否成功。例如，输入 print ("Hello，world")并按 Enter 键。如果 R 正确安装并运行，将会在屏幕上看到输出的文本 "Hello，world"。

另外，也可以在命令提示符中执行指令，如图 1-21 所示。

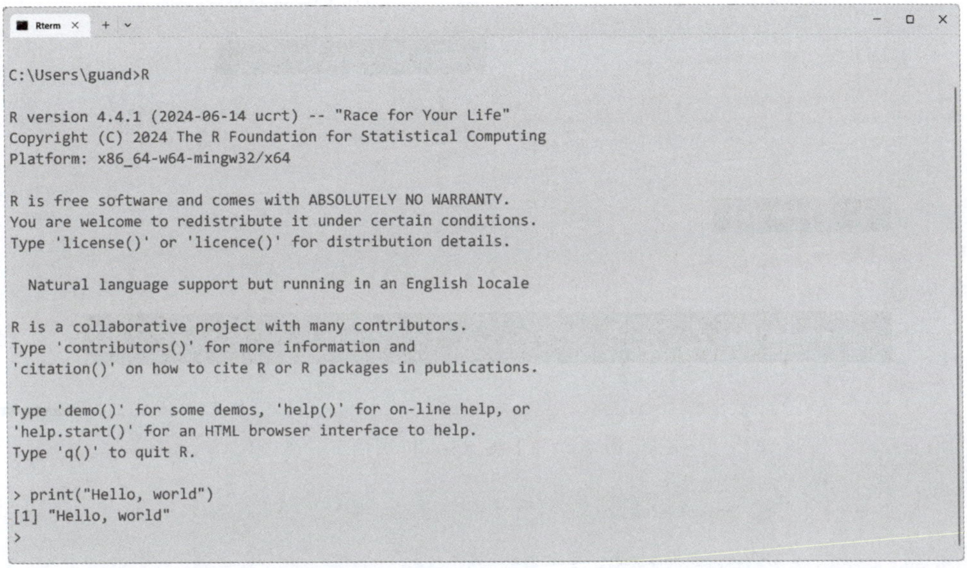

图 1-21　在命令提示符中执行指令

1.2.2　安装 RStudio

尽管 R 语言自带基本的 GUI，但是使用者通常会使用 RStudio 工具，这是因为 RStudio 是 R 语言的一个流行的集成开发环境（IDE）。它的主要功能和特点如下。

（1）功能更强大：RStudio 提供了更丰富的功能，如项目管理、代码自动补全和调试工具，提升开发效率。

（2）界面友好：RStudio 的用户界面直观，方便用户进行数据可视化和分析，适合新手和高级用户。

（3）集成性：RStudio 集成了数据导入、图形绘制、包管理和文档编写等功能，简化了工作流程。

（4）社区支持：RStudio 有活跃的用户社区，提供了大量的教学资源和支持。

RStudio 极大地提升了 R 语言编程的效率，是使用 R 语言的首选 IDE。

下载 RStudio 页面如图 1-22 所示，在这个页面中可以单击"DOWNLOAD RSTUDIO DESKTOP FOR WINDOWS"按钮，下载 RStudio 工具。

下载 RStudio 并安装完成后，就可以使用 RStudio 了，第一次启动 RStudio 需要选择 R 语言环境，如图 1-23 所示。

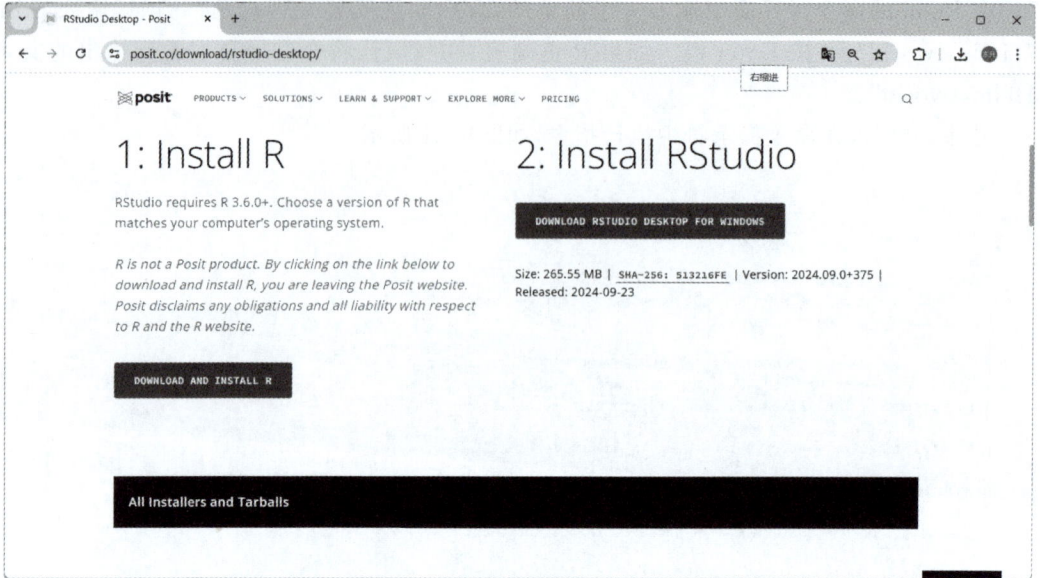

图 1-22 下载 RStudio 页面

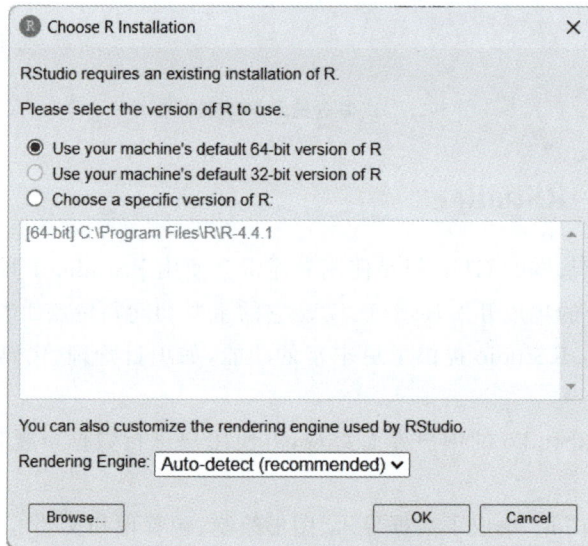

图 1-23 选择 R 语言环境

这里选择本机之前安装的 64 位 R 语言环境，成功启动 RStudio 后可见如图 1-24 所示的对话框。

要测试 RStudio 的安装，可以在 RStudio 提供的控制台的命令提示符后输入如下指令并按 Enter 键执行指令，如图 1-25 所示。

```
print("Hello, world")
```

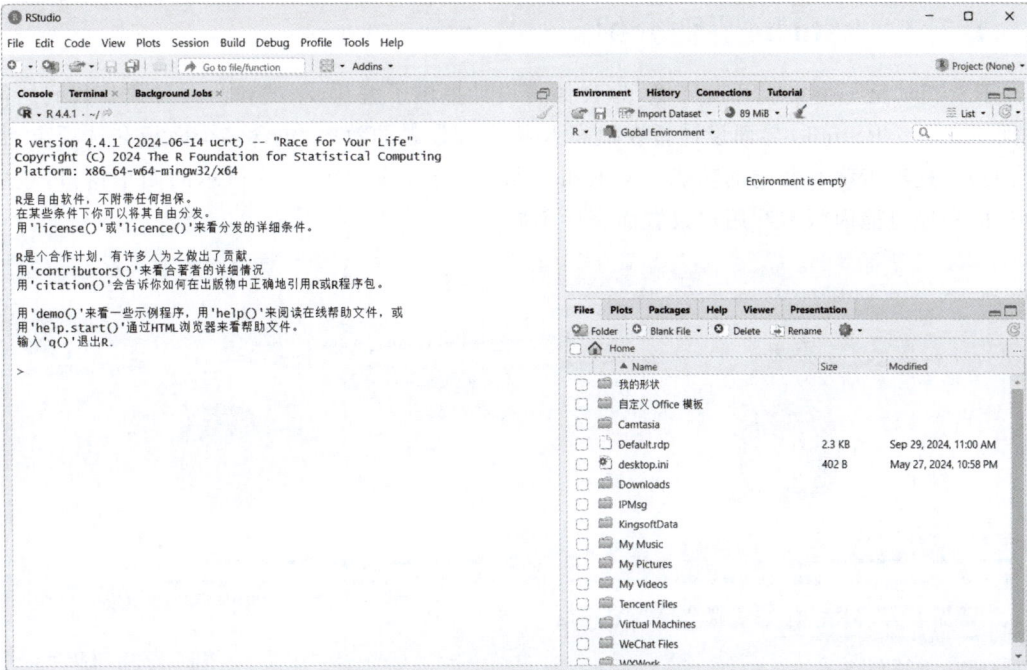

图 1-24　成功启动 RStudio 对话框

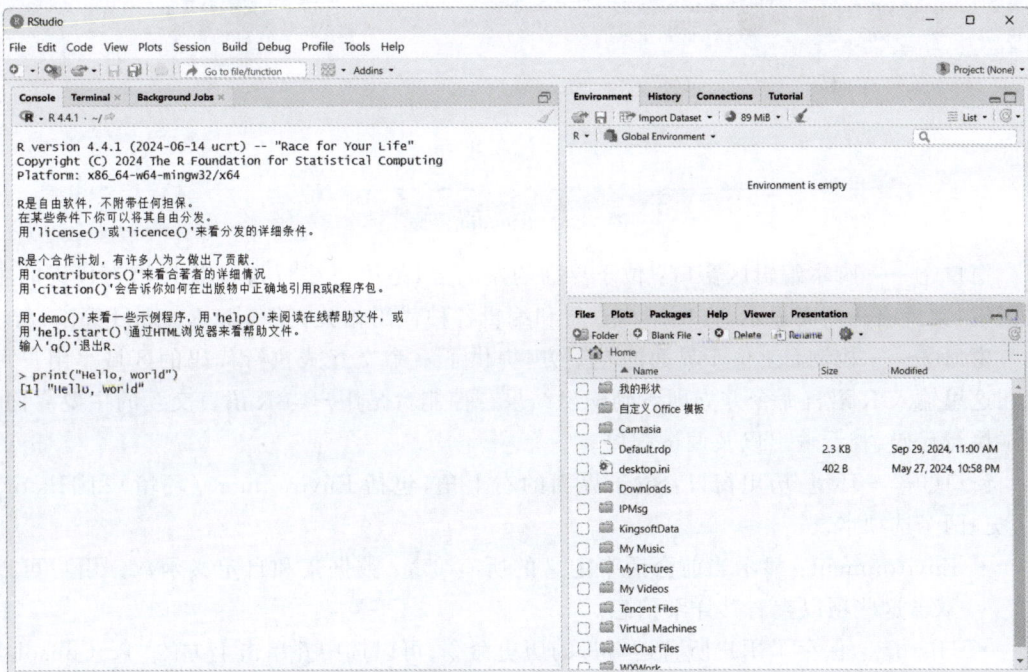

图 1-25　执行指令

1.2.3 RStudio 界面介绍

RStudio 是一个集成开发环境,为 R 语言设计提供了编写、测试和调试 R 语言代码所需的所有工具。RStudio 界面设计旨在提高 R 语言开发者的效率,包含多个面板和选项卡,每个面板和选项卡都有特定的功能。RStudio 界面主要分成如图 1-26 所示的四个窗口,这些窗口的布局可能因版本和用户设置而有所不同。

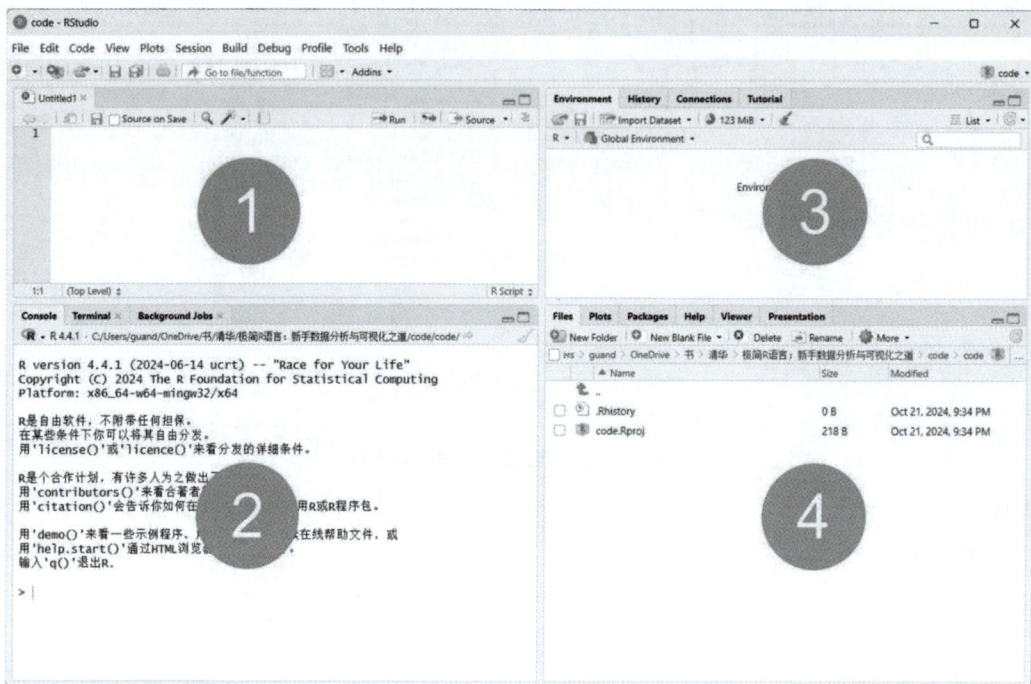

图 1-26　RStudio 界面

窗口①——脚本编辑区窗口:位于界面的左上方,是用户编写和编辑 R 语言代码的主要区域,支持语法高亮显示,方便用户查看和编辑各种代码相关文件,如.R、.rmd 等。

窗口②——控制台:位于界面的左下方,提供了一个交互式执行代码的区域。用户可以在这里输入 R 语言命令并立即看到输出结果。控制台是用户与 R 语言交互的主要界面,用于执行代码、查看输出以及调试程序。

窗口③——环境/历史窗口:位于界面的右上角,包括 Environment(环境)和 History(历史)两个选项卡。

- Environment:显示当前会话中定义的所有变量、数据集和自定义函数。用户可以双击这些项以查看其详细信息。

- History:保存了用户所有运行过的历史命令,可以选中并单击上方的"To Console"按钮将其发送到控制台以重复执行,或单击"To Source"按钮将其发送到程序编辑窗口。

窗口④——文件/图形/包/帮助窗口：位于界面的右下方，包括多个选项卡，如 Files（文件）、Plots(画图)、Packages(函数包)、Help(帮助)等。

- Files：浏览和管理当前工作目录中的文件。
- Plots：显示当前工作输出的图像。
- Packages：列出当前已安装的所有 R 语言包，并允许用户加载或卸载它们。
- Help：提供 R 语言的文档和帮助信息，用户可以通过这个面板查找 R 语言函数的用法和示例代码。

通过了解这些窗格的功能，可以更加高效地使用 RStudio 进行数据分析和编程。

1.3　编写第一个 R 语言程序

运行 R 语言程序主要有两种方式：①交互式方式运行；②脚本文件方式运行。

本节介绍这两种运行方式，实现 HelloWorld 程序。

1.3.1　交互式方式运行

在交互式方式下，用户直接在 R 语言的命令行界面(如图 1-21 所示)或 RStudio 的控制台(如图 1-25 所示)中输入 R 语言代码，可立即看到执行结果。

交互式方式运行 R 语言程序的优缺点如下。

优点：

(1) 交互性强，适合快速测试和调试代码。

(2) 无须额外的文件管理，因为代码直接在控制台中输入和执行。

缺点：

(1) 无法保存代码的历史记录(除非手动保存)。

(2) 对于复杂的程序，直接在控制台中输入代码可能不够高效。

1.3.2　脚本文件方式运行

在脚本文件方式下，用户将 R 语言代码编写在一个文本文件中，该文件通常具有.R 扩展名，用户可以使用任何文本编辑器(如 Notepad、TextEdit、Sublime Text、VSCode 等)或专门的 R 语言编辑器(如 RStudio)编写和编辑 R 语言脚本文件。

下面介绍使用 RStudio 编写和运行 R 语言脚本文件，具体步骤如下。

首先，通过菜单 File→New File→R Script，创建一个空的脚本文件，如图 1-27 所示。

在程序编辑窗口编写如下的 R 语言程序代码，如图 1-28 所示。

```
# 编写第一个 R 语言程序        ①
print("Hello World!")        ②
```

代码解释如下。

代码第①行是一行注释，在 R 语言中，"#"后面的内容不会被程序执行，用于向代码阅

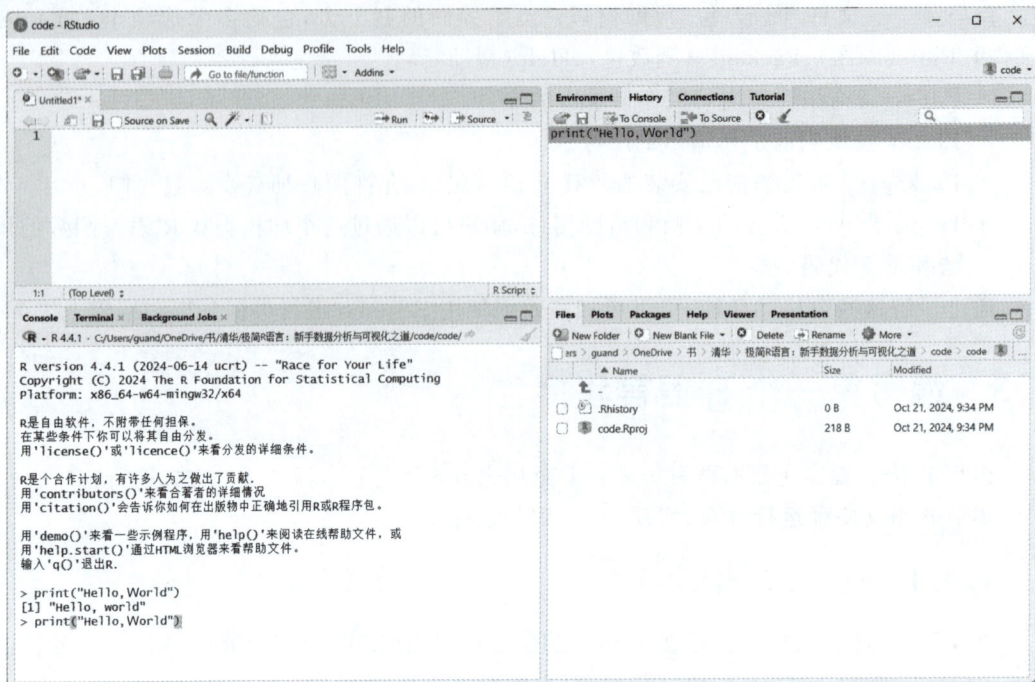

图 1-27 创建 R 语言脚本文件

读者解释或提供额外信息。这里，它说明了代码的功能，即编写第一个 R 语言程序。

代码第②行的 print（）是 R 语言中的一个内置函数，用于在控制台输出内容，"Hello World!"是一个字符常量（字符串），表示一段文本。在这个例子中，它是典型的编程入门示例，输出的内容为"Hello World!"。

编写完成后，就可以保存文件了，保存过程是：单击菜单命令 File→Save，弹出如图 1-29 所示的保存文件对话框，在对话框中选择保存文件的路径，以及输入要保存的文件名后，单击 Save 按钮就可以保存文件了，从保存的文件可见文件的后缀名是".R"。

文件保存后，就可以执行文件了，如果想执行整个脚本文件，可以通过单击代码窗口上面的 Source 按钮或按 Ctrl＋Shift＋S 组合键执行，执行结果会输出到控制台，如图 1-30 所示。

如果只想执行当前行代码，可以通过单击 ➡ 按钮或按 Ctrl＋Enter 组合键执行，这个操作可以执行当前行或选择的代码。另外，如果想执行刚刚执行过的代码，可以通过单击 � 按钮或按 Alt＋Ctrl＋P 组合键执行，具体过程读者可以自己尝试，这里不再赘述。

以脚本文件方式运行 R 语言程序的优缺点如下。

优点：

（1）可以保存和重用代码。

（2）适合编写复杂的程序和函数。

（3）可以方便地与他人共享代码。

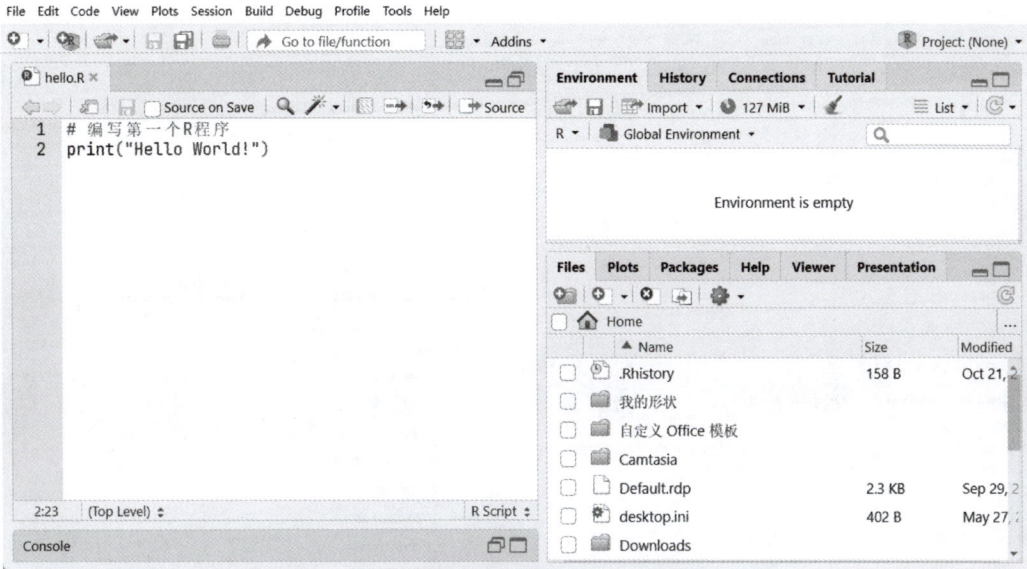

图 1-28　编写 R 语言脚本文件

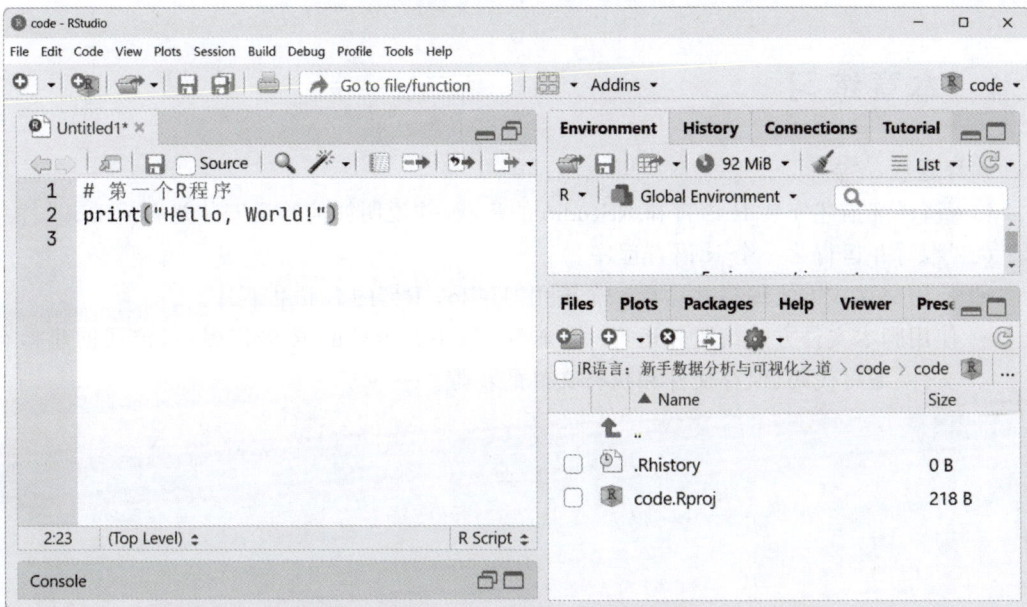

图 1-29　保存文件对话框

缺点：

（1）需要额外的步骤来创建和加载脚本文件。

（2）在某些情况下，可能需要手动设置工作目录，以确保 source（）函数能找到脚本文件。

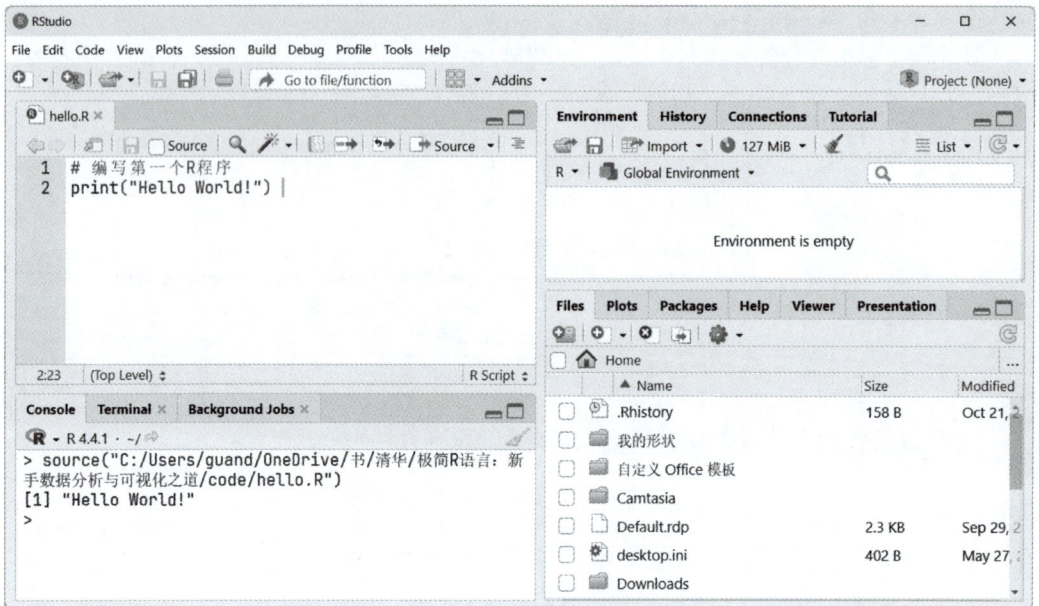

图 1-30　执行脚本文件

1.4　本章练习

编程题

（1）请详细描述安装 R 语言和 RStudio 的步骤，并说明如何验证安装是否成功。

（2）编写并运行第一个 R 语言程序。

- 使用交互式方式编写并运行一个输出"Hello，R!"的 R 语言程序。
- 使用脚本文件方式编写并运行一个输出"Hello，R!"的 R 语言程序，包括创建脚本文件、编写代码、保存文件和执行文件的步骤。

第 2 章

R 语言基础语法

本章将带领读者熟悉 R 语言的基础语法，包括标识符、数据类型、运算符、流程控制语句以及函数的定义与调用。掌握这些基本概念和语法规则是进一步进行复杂数据分析和建模的前提。

2.1 标识符与关键字

在编程语言中，标识符和关键字是构成程序的重要组成部分。

2.1.1 标识符

标识符是程序中用于表示变量、函数和其他用户定义对象的名称。标识符的命名规则通常包括以下几点。

（1）字符集：标识符可以由字母（a～z 或 A～Z）、数字（0～9）、下画线（_）或点（.）组成，但不能以数字开头。

（2）大小写敏感：R 语言是大小写敏感的，因此 myVar 和 myvar 是两个不同的标识符。

（3）长度限制：虽然没有严格的长度限制，但通常建议标识符简短且有意义，以提高可读性。

（4）避免使用关键字：R 语言中的关键字（如 if、else、for 等），不应作为标识符使用。

以下是合法和非法的 R 语言标识符列表，以帮助读者更好地理解在 R 语言中如何正确命名标识符。

表 2-1 所示为合法和非法的 R 语言标识符示例，通过这些示例以帮助读者更好地理解在 R 语言中如何正确命名标识符。

表 2-1 标识符示例

合法的标识符示例	解　　释	非法的标识符示例	解　　释
my_variable	使用下画线命名，合法且易读	2nd_variable	以数字开头，不符合标识符规则
data.frame1	包含点，合法	my-variable	使用了连字符（-），不允许

续表

合法的标识符示例	解　释	非法的标识符示例	解　释
calculateSum	驼峰命名法,合法	if	关键字,不能用作标识符
student_scores	使用下画线命名,合法	total score	含有空格,不符合标识符规则
age	简单变量名,合法	my variable	含有空格,不符合标识符规则
height_cm	使用下画线命名,合法	data@frame	使用了非法字符(@),不允许
employeeRecords	驼峰命名法,合法	#comment	以井号(#)开头,视为注释
total_score	使用下画线命名,合法	first name	含有空格,不符合标识符规则
my.data	包含点,合法	c++_value	使用了非法字符(+),不允许
result2	简单变量名,合法	my variable!	使用了非法字符(!),不允许

2.1.2　关键字

关键字是编程语言中具有特殊意义的保留词,用户不能将其用作标识符。R语言的关键字包括控制结构(如if、else、for)、数据类型(如numeric、character)以及其他内置功能(如function、return)。理解这些关键字的含义和用途对于编写正确且高效的R语言代码至关重要,如表2-2所示为R语言关键字。

表 2-2　R 语言关键字

类　别	关　键　字	描　述
控制流	if, else, repeat, while, for, break, next, in	条件控制、循环和迭代相关的语句
函数和变量声明	function, return	用于定义函数和返回函数值
逻辑值和特殊值	TRUE, FALSE, NULL, NA, NaN, Inf, -Inf	布尔值、空值、缺失值和无穷大等特殊常量
赋值和环境	<-, =, <<-, environment	赋值运算符和环境变量
其他	...	用于函数的可变参数,允许传递任意数量的参数

这些关键字在R语言中有特定的语法和用途,帮助程序员控制流程、进行数据操作、定义函数和处理特殊值。根据上下文,它们会被解释器识别并执行相应的操作。

2.2　数据类型与变量

在编程语言中,数据类型和变量是最基础的概念,掌握它们是学习R语言的第一步。

本节将介绍R语言中的几种常见数据类型及其特性,并说明变量的定义和使用规则。

2.2.1　数字类型

在R语言中,数字类型是最常见的数据类型之一,通常用于表示整数和实数。R语言中的数字类型包括两大类:①整数型;②双精度浮点型。

它们各自的特点和用法如下。

1. 整数型

整数型用于表示没有小数部分的数值。R 语言中通过在数字后添加 L 来定义整数,例如 5L。

示例如下:

```
int_var <- 10L          # 定义一个整数型变量
```

2. 双精度浮点型

双精度浮点型是 R 语言的默认数值类型,用于表示带有小数部分的数值。即使是没有小数的数值,R 语言也将其视为双精度浮点数。

示例如下:

```
double_var <- 3.14       # 定义一个双精度浮点型变量
```

2.2.2 字符类型

字符类型用于表示文本字符串。在 R 语言中,字符用双引号或单引号括起来,如"Hello"或'R 语言'。字符类型可用于存储任何形式的文本数据,包括名称、描述和其他信息。

字符类型支持多种操作,如连接字符串、计算字符串的长度等。

R 语言提供了一些内置函数来操作字符数据,例如以下几个函数。

(1) nchar():返回字符串的字符数。

(2) toupper():将字符转换为大写。

(3) tolower():将字符转换为小写。

(4) paste():将多个字符合并为一个字符串。

示例代码如下。

```
# 创建字符变量
greeting <- "Hello, World!"

# 计算字符长度
length <- nchar(greeting)              # 返回 13

# 转换为大写
uppercase <- toupper(greeting)         # 返回 "HELLO, WORLD!"

# 字符串合并
combined <- paste("R says", greeting)  # 返回 "R says Hello, World!"
```

2.2.3　布尔类型

布尔类型在 R 语言中用于表示逻辑值，主要有两个值：TRUE(真)和 FALSE(假)。布尔值常用于条件判断、逻辑运算和控制流语句中，以决定代码的执行路径。

示例代码如下。

```
# 创建布尔变量
is_student <- FALSE

# 使用逻辑运算
age <- 20
can_vote <- age >= 18                    # 返回 TRUE

# 逻辑运算示例
is_adult <- age >= 18 & !is_student      # 返回 TRUE,因为年龄大于或等于 18 且不是学生
```

2.2.4　数据类型转换

在 R 语言中,可以使用一些函数进行类型转换,以将一个数据类型转换为另一个数据类型。以下是常见的类型转换函数。

(1) as.character():将对象转换为字符型。

(2) as.numeric():将对象转换为数值型。

(3) as.integer():将对象转换为整数型。

(4) as.logical():将对象转换为逻辑型(布尔型)。

(5) as.factor():将对象转换为因子型(用于分类数据)。有关因子型数据,将在第 3 章详细解释,这里不再赘述。

(6) as.Date():将字符型或数值型对象转换为日期型。

这些类型转换函数允许在不同的数据类型之间进行转换,以满足数据处理和分析的需要。但需要注意的是,进行类型转换时,确保数据的内容和格式允许进行转换,以避免潜在的错误。

以下是一些关于数据类型转换的示例。

```
# 原始数据
char_data <- "100"
log_data <- TRUE
factor_data <- factor(c("1", "2", "3"))

# 转换为数值型
num_data <- as.numeric(char_data)
print(num_data)          # 输出 100

# 转换为字符型
char_log <- as.character(log_data)
print(char_log)          # 输出 "TRUE"
```

```
# 转换因子为数值型
num_factor <- as.numeric(as.character(factor_data))
print(num_factor)          # 输出 1 2 3
```

2.2.5 变量的定义与使用

在 R 语言中,变量是用于存储数据的命名空间,可用来引用和操作数据。变量的定义与使用是编程的基本概念,理解这一点对于编写有效的 R 语言代码至关重要。

1. 变量的定义

(1) 赋值操作:使用<-或=进行赋值。例如,x <-10 和 y="Hello"将值分别赋给变量 x 和 y。

(2) 变量命名:变量名应具有描述性,且遵循一定的命名规则,具体读者可以参考 2.1.1 节。

2. 变量的使用

(1) 访问变量:通过直接引用变量名来访问存储的数据。例如,输入 x 后将输出变量 x 的值。

(2) 数据操作:可以对变量执行各种操作,包括算术运算、字符串操作等。

定义变量的示例代码如下。

```
# 定义变量
age <- 25
name <- "Alice"

# 使用变量
greeting <- paste("Hello,", name)     # 合并字符串
print(greeting)                       # 输出 "Hello, Alice"
```

2.3 运算符与表达式

在 R 语言中,运算符用于执行各种数学和逻辑操作,表达式则是通过运算符和操作数组合形成的代码片段,计算后返回结果。R 语言支持多种类型的运算符,包括算术运算符、关系运算符、逻辑运算符、赋值运算符以及特殊运算符。

2.3.1 算术运算符

算术运算符用于执行基本的数学运算,例如加法、减法、乘法和除法。R 语言中的算术运算符可用于对标量、向量、矩阵等数据类型进行操作,返回相应的数值结果,具体说明见表 2-3。

表 2-3 R 语言中常用的算术运算符

运 算 符	描 述	示 例	结 果
+	加法	5+2	7
-	减法	5-2	3

续表

运 算 符	描 述	示 例	结 果
*	乘法	5 * 2	10
/	除法	5/2	2.5
^ 或 **	幂运算	5^2 或 5 ** 2	25
%%	取模（余数）	5 %% 2	1
% / %	整数除法	5 % / % 2	2

算术运算示例代码如下。

```
# 定义两个数
a <- 5
b <- 2

# 加法
result_add <- a + b
print(paste("加法结果:", result_add))          # 输出 7

# 减法
result_sub <- a - b
print(paste("减法结果:", result_sub))          # 输出 3

# 乘法
result_mul <- a * b
print(paste("乘法结果:", result_mul))          # 输出 10

# 除法
result_div <- a / b
print(paste("除法结果:", result_div))          # 输出 2.5

# 幂运算
result_pow <- a ^ b
print(paste("幂运算结果:", result_pow))          # 输出 25

# 取模运算
result_mod <- a %% b
print(paste("取模运算结果:", result_mod))          # 输出 1

# 整数除法
result_int_div <- a % / % b
print(paste("整数除法结果:", result_int_div))     # 输出 2
```

示例输出结果如下。

```
[1] "加法结果: 7"
[1] "减法结果: 3"
[1] "乘法结果: 10"
[1] "除法结果: 2.5"
[1] "幂运算结果: 25"
[1] "取模运算结果: 1"
[1] "整数除法结果: 2"
```

> **提示** 输出结果中[1]表示什么？

在 R 语言中,当使用 print()函数打印输出时,输出结果的每一行都会显示[1]或者其他类似的数字(如[2]、[3]等)。这些数字表示 R 语言中打印输出的索引,即向量或列表中的第几个元素。

由于 R 语言的所有数据类型(包括标量)都以向量形式存储,即使是单个数值,它也被视为一个长度为 1 的向量。因此,[1]表示当前打印的输出是向量中的第一个元素。

2.3.2 关系运算符

关系运算符用于比较两个值或表达式,并返回布尔值(TRUE 或 FALSE)。这些运算符在数据分析和条件控制中非常有用。R 语言中常见的关系运算符及其用法见表 2-4。

表 2-4 R 语言中常见的关系运算符及其用法

运算符	描述	示例	运算符	描述	示例
==	等于	3 == 3 结果为 TRUE	<	小于	2 < 4 结果为 TRUE
!=	不等于	3 != 4 结果为 TRUE	>=	大于或等于	5 >= 5 结果为 TRUE
>	大于	5 > 3 结果为 TRUE	<=	小于或等于	4 <= 5 结果为 TRUE

关系运算示例代码如下。

```
# 定义变量
a <- 5
b <- 3

# 使用关系运算符进行比较
equal_result <- a == b                      # 检查a是否等于b
not_equal_result <- a != b                  # 检查a是否不等于b
greater_result <- a > b                     # 检查a是否大于b
less_result <- a < b                        # 检查a是否小于b
greater_equal_result <- a >= b              # 检查a是否大于或等于b
less_equal_result <- a <= b                 # 检查a是否小于或等于b

# 输出结果
print(paste("a == b:", equal_result))            # 输出 "a == b: FALSE"
print(paste("a != b:", not_equal_result))        # 输出 "a != b: TRUE"
print(paste("a > b:", greater_result))           # 输出 "a > b: TRUE"
print(paste("a < b:", less_result))              # 输出 "a < b: FALSE"
print(paste("a >= b:", greater_equal_result))    # 输出 "a >= b: TRUE"
print(paste("a <= b:", less_equal_result))       # 输出 "a <= b: FALSE"
```

示例输出结果如下。

```
[1] "a == b: FALSE"
[1] "a != b: TRUE"
[1] "a > b: TRUE"
[1] "a < b: FALSE"
```

```
[1] "a > = b: TRUE"
[1] "a < = b: FALSE"
```

2.3.3 逻辑运算符

逻辑运算符用于处理布尔值(TRUE 和 FALSE)的逻辑操作,主要用于条件判断和控制流。在 R 中,常见的逻辑运算符见表 2-5,其中的假设 A 和 B 为布尔值或可比较的值。

表 2-5　常见的逻辑运算符

逻辑运算符	描　　述	示　　例	说　　明
&&	短路逻辑与	A&&B	当且仅当 A 和 B 都为 TRUE 时,结果为 TRUE。如果 A 为 FALSE,则不会评估 B
&	逐元素逻辑与	A&B	用于向量之间的逐个比较,如果两个操作数的对应元素都为 TRUE,则结果为 TRUE;否则为 FALSE
‖	短路逻辑或	A‖B	仅评估第一个元素,若第一个元素结果为 TRUE,则不再评估第二个
│	逐元素逻辑或	A│B	对两个向量的每个对应元素进行逻辑或运算。只要在某个对应位置上至少有一个 TRUE,结果就是 TRUE
!	逻辑非	!A	如果 A 为 TRUE,则结果为 FALSE;如果 A 为 FALSE,则结果为 TRUE

💡提示 • 短路评估:使用 && 和 ‖ 时,只有第一个元素会被评估,这在条件判断时非常有用。

• 逐元素运算:使用 & 和 │ 时,所有元素都会被评估,适用于向量操作。

逻辑运算符示例代码如下。

```
# 创建布尔向量
a <- c(TRUE, FALSE, TRUE)
b <- c(TRUE, TRUE, FALSE)

# 与运算符(短路与运算)
if (a[1] && b[1]) {
  print("短路与运算:a[1] 和 b[1] 都为 TRUE")
}

# 或运算符(逐元素或运算)
result_or <- a │ b
print("逐元素或运算结果:")
print(result_or)                    # 结果: TRUE TRUE TRUE

# 或运算符(短路或运算)
if (a[1] ‖ b[1]) {
  print("短路或运算:至少有一个为 TRUE")
}
```

```
# 与运算符(逐元素与运算)
result_and <- a & b
print("逐元素与运算结果:")
print(result_and)              # 结果: TRUE FALSE FALSE


# 非运算符
result_not_a <- !a
print("非运算结果:")
print(result_not_a)           # 结果: FALSE TRUE FALSE

# 结合逻辑运算符的示例
if (a[1] && !b[1]) {
  print("条件成立:a[1] 为 TRUE,b[1] 为 FALSE")
} else {
  print("条件不成立")
}

# 复杂逻辑运算
c <- c(TRUE, TRUE, FALSE)
d <- c(FALSE, TRUE, TRUE)

# 组合运算示例
result_combined <- (a | b) & (!c)
print("组合运算结果:")
print(result_combined)        # 结果: FALSE FALSE TRUE
```

运行上述示例,输出结果如下。

```
[1] "逐元素或运算结果:"
[1] TRUE TRUE TRUE
[1] "短路或运算:至少有一个为 TRUE"
[1] "逐元素与运算结果:"
[1] TRUE FALSE
[3] FALSE
[1] "非运算结果:"
[1] FALSE TRUE
[3] FALSE
[1] "条件不成立"
[1] "组合运算结果:"
[1] FALSE FALSE
[3] TRUE
```

2.3.4　赋值运算符

在 R 语言中,赋值运算符用于将值赋给变量。R 语言支持多种赋值运算符,每种运算符都有其特定的用法和特点。常用的赋值运算符见表 2-6。

表 2-6　常用的赋值运算符

赋值运算符	说　明	示　例
<-	最常用的赋值运算符，建议使用	x <- 10
=	也用于赋值，但通常在函数参数中使用	y = 20

赋值运算符示例代码如下。

```
# 使用 <- 赋值
x <- 10
print(paste("x 的值是:", x))

# 使用 = 赋值
y = 20
print(paste("y 的值是:", y))
```

2.3.5　表达式

在 R 语言中，表达式是指可以计算的代码片段，通常用于执行某种操作并返回一个结果。表达式可以是一个简单的值、一个变量、一个运算符的组合，或者是一个函数调用。理解和使用表达式是 R 语言编程的核心部分。

下面介绍几个表达式的示例。

示例 1：简单值表达式

在 R 语言中，简单的值本身就是一个表达式。读者可以直接使用数字或字符串计算结果，示例代码如下。

```
# 简单值表达式
simple_value <- 42
print(simple_value)        # 输出 [1] 42
```

示例 2：变量表达式

变量是 R 语言中的基本组成部分，可用于存储数据。表达式可以通过使用变量进行计算，示例代码如下。

```
# 变量表达式
a <- 10
b <- 20
sum_result <- a + b        # 使用运算符进行计算
print(sum_result)          # 输出 [1] 30
```

示例 3：运算符组合的表达式

多个运算符和变量可以组合成更复杂的表达式，示例代码如下。

```
# 运算符组合的表达式
x <- 5
y <- 3
complex_expression <- (x^2 + y^2) / (x - y)        # 计算复杂表达式
print(complex_expression)                          # 输出 [1] 17
```

2.4　流程控制语句

在 R 语言中,流程控制语句用于控制代码的执行流程。常见的流程控制语句包括条件语句(if、if…else)、循环语句(for、while、repeat)以及一些循环控制的语句(如 break 和 next 语句)。

2.4.1　条件语句

在 R 语言中,条件语句用于根据特定条件的结果控制代码的执行流程。常见的条件语句包括 if、if…else 和 if…elseif…else 结构。条件语句通过检查条件是否为 TRUE 或 FALSE 决定是否执行某段代码。

1. if 结构

if 结构用于在条件为 TRUE 时执行特定代码块。if 结构流程图如图 2-1 所示。

if 结构语法:

```
if (条件) {
    代码块
}
```

if 结构示例代码如下。

```
# 1. if 结构示例

grade <- as.integer(readline(prompt = "请输入您的成绩: "))                  ①

if (grade >= 60) {                  ②
  print("及格")
}

if (grade < 60) {                  ③
  print("不及格")
}
```

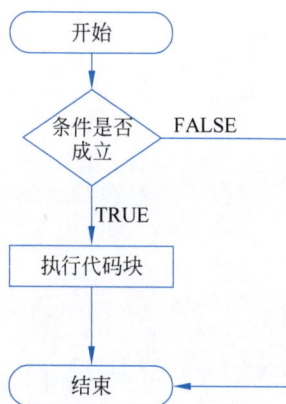

图 2-1　if 结构流程图

上述代码使用两个独立的 if 语句判断成绩是否及格。根据成绩的数值,代码将判断结果输出到控制台。

代码第①行提示用户输入成绩,并将其读取为字符串。其中,readline()是 R 语言中的一个函数,用于从标准输入(通常是控制台)读取用户输入的字符串。它通常用于交互式程序中,以获取用户的输入;而 as.integer()将输入的字符串转换为整数,以便进行数值比较。

代码第②行的if 语句判断 grade 是否大于或等于 60。如果 grade 大于或等于 60,则条件为 TRUE,执行 print("及格")语句,在控制台输出"及格";如果 grade 小于 60,则条件为 FALSE,不会执行 print("及格")语句。

代码第③行的 if 语句判断 grade 是否小于 60。如果 grade 小于 60，条件为 TRUE，执行 print("不及格") 语句，在控制台输出"不及格"；如果 grade 大于或等于 60，条件为 FALSE，不会执行 print("不及格") 语句。

上述代码执行后，如图 2-2 所示程序等待用户输入，用户输入一个数值后按 Enter 键继续，执行结果如图 2-3 所示。

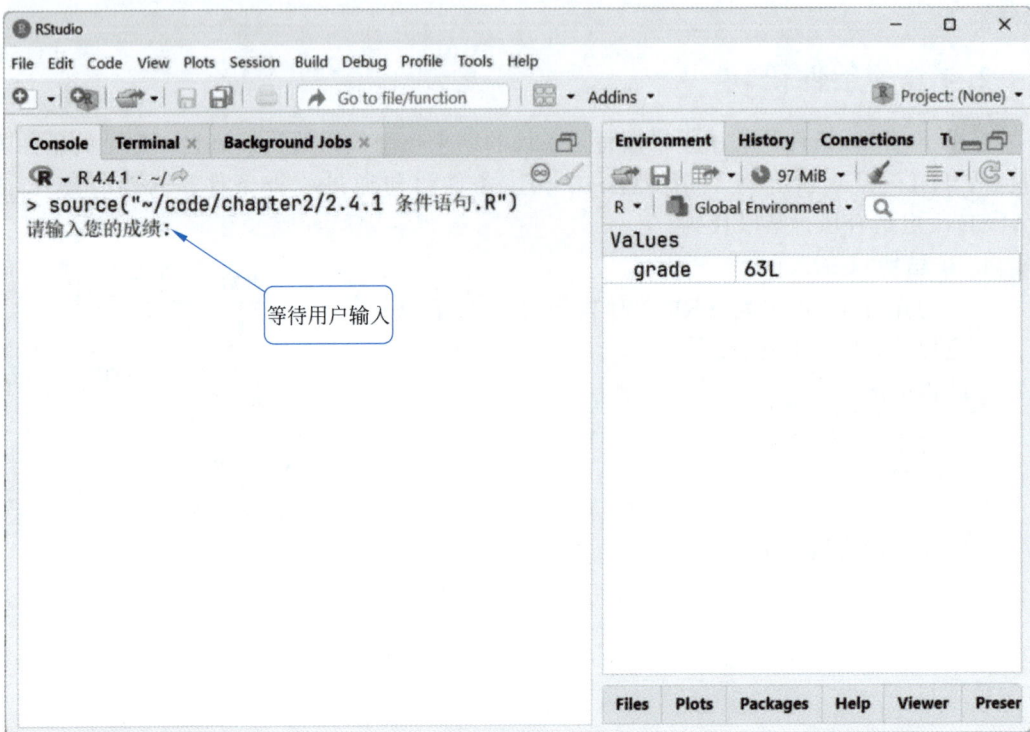

图 2-2　等待用户输入

2. if…else 结构

if…else 结构是 R 语言中用于控制程序流程的一种条件语句结构。它根据特定条件的真或假，决定程序执行的分支，从而执行不同的代码块，if…else 结构流程图如图 2-4 所示。

if…else 结构语法：

```
if (条件) {
  # 代码块 1
} else {
  # 代码块 2
}
```

当条件为 TRUE 时，执行代码块 1；当条件为 FALSE 时，执行代码块 2。

if…else 结构示例代码如下。

```
grade <- as.integer(readline(prompt = "请输入您的成绩："))
```

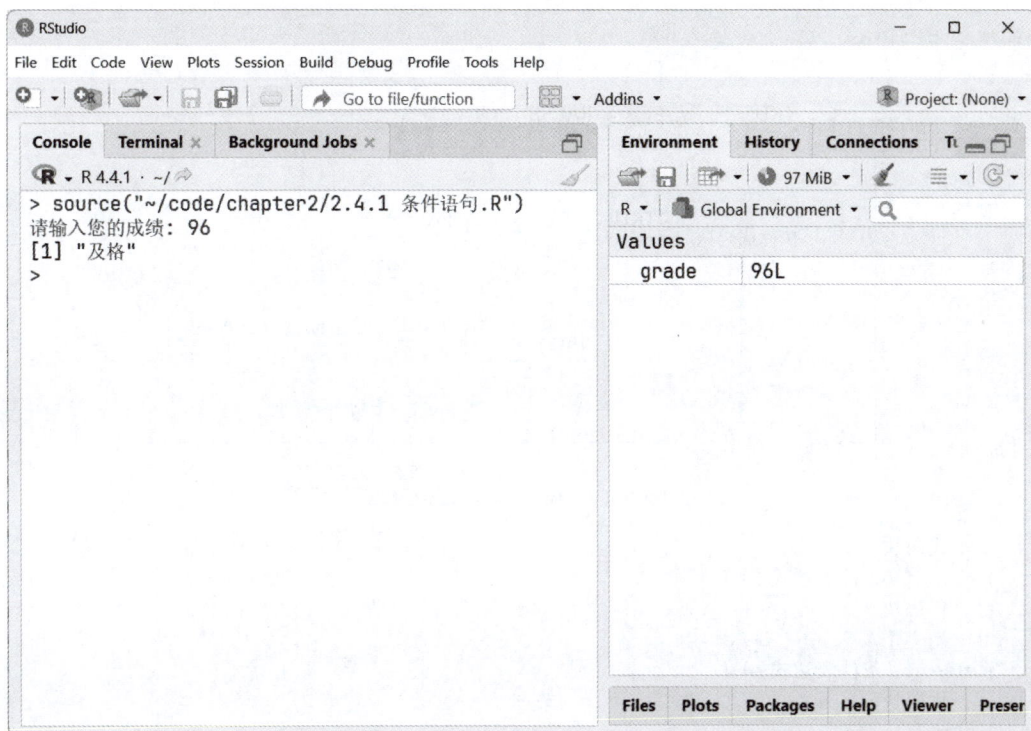

图 2-3 执行结果

```
if (grade > = 60) {
  print("及格")
} else {
  print("不及格")
}
```

上述代码根据用户输入的成绩判断其是否及格,并将结果输出到控制台。如果用户输入的成绩大于或等于 60,系统会显示"及格";如果小于 60,则显示"不及格"。

3. if…else if…else 结构

if…else if…else 结构用于在 R 语言中进行多条件判断,允许在多个条件之间选择执行不同的代码块。if…else if…else 结构流程图如图 2-5 所示。

if…else if…else 结构语法:

```
if (条件表达式 1) {
    代码块 1
} else if (条件表达式 2) {
```

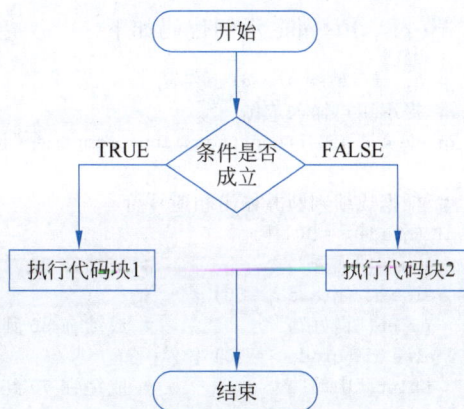

图 2-4 if…else 结构流程图

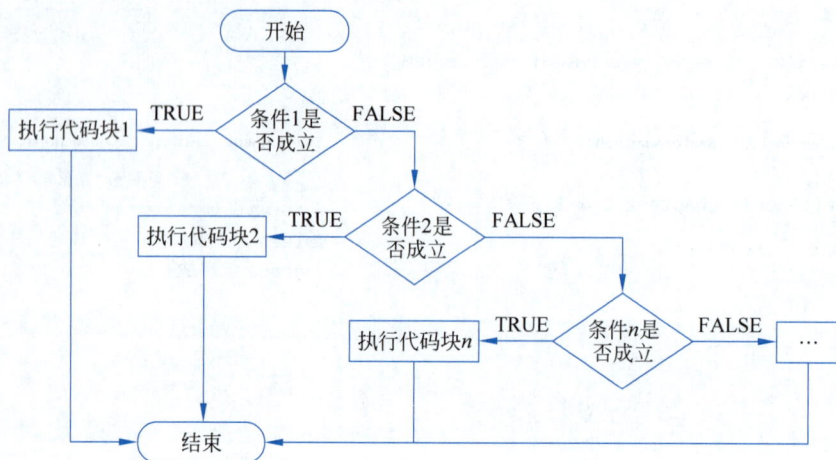

图 2-5   if…else if…else 结构流程图

```
    代码块 2
} else if (条件表达式 3) {
    代码块 3
    …
} else if (条件表达式 n) {
    代码块 n
} else {
    代码块 n + 1
}
```

if…else if…else 示例代码如下。

```
# 3. if…else if…else 结构
# 提示用户输入成绩
grade <- as.integer(readline(prompt = "请输入您的成绩："))

# 根据成绩判断并输出相应评价
if (grade >= 90) {
  print("优秀")              # 成绩在 90 及 90 以上
} else if (grade >= 80) {
  print("良好")              # 成绩在 80 到 89 之间
} else if (grade >= 70) {
  print("中等")              # 成绩在 70 到 79 之间
} else if (grade >= 60) {
  print("及格")              # 成绩在 60 到 69 之间
} else {
  print("不及格")            # 成绩在 60 以下
}
```

代码从上到下依次检查条件,直到找到第一个为 TRUE 的条件,一旦满足某个条件,相应的代码块会被执行,后面的条件将不再被检查。这种结构允许对多种情况进行清晰的处理,并确保只有一个结果被输出。

2.4.2　循环语句

在 R 语言中,循环语句用于重复执行特定的代码块,直到满足某个条件。常用的循环语句有:①for 循环;②while 循环;③repeat 循环。下面是对这些循环语句的介绍和示例代码。

1. for 循环

for 循环用于遍历一个向量或列表中的元素,并对每个元素执行特定的操作。for 循环流程图如图 2-6 所示。

以下是使用 for 循环的基本语法:

```
for (variable in sequence) {
  # 循环体
}
```

其中,

- variable:用于接收 sequence 中每个元素的临时变量。
- sequence:可以是向量、列表或任何可迭代的对象。
- 循环体:在每次迭代中执行的代码。

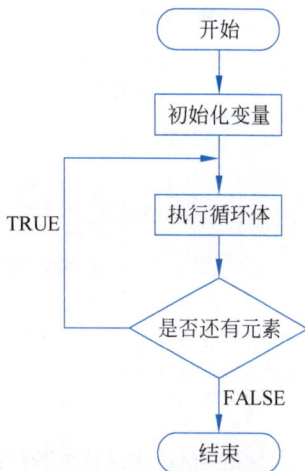

图 2-6　for 循环流程图

for 循环示例代码:

```
# 创建一个包含数字的向量
numbers <- c(1, 2, 3, 4, 5)              ①

# 使用 for 循环遍历每个数字并打印其平方
for (num in numbers) {                    ②
  square <- num^2                         ③
  print(paste("数字:", num, "的平方是:", square))
}
```

代码解释:

代码第①行创建了一个包含数字 1 到 5 的向量 numbers。c()函数是 R 语言中用于创建向量的基本函数。有关向量的内容,将在第 3 章详细解释。

代码第②行开始一个 for 循环,其中 num 是一个临时变量,它会依次取 numbers 向量中的每个值。在这个例子中,num 将会依次取 1、2、3、4 和 5。

代码第③行在循环的每次迭代中,计算当前数字 num 的平方,并将结果存储在变量 square 中。^是 R 语言中表示幂运算的符号。

示例输出结果如下:

```
[1] "数字: 1 的平方是: 1"
[1] "数字: 2 的平方是: 4"
[1] "数字: 3 的平方是: 9"
[1] "数字: 4 的平方是: 16"
[1] "数字: 5 的平方是: 25"
```

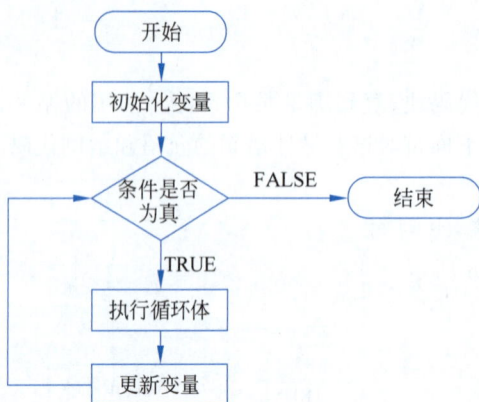

图 2-7　**while 循环流程图**

2. while 循环

while 循环是一种先判断的循环结构,其流程图如图 2-7 所示,首先测试表达式,如果值为 TRUE,则执行循环体,如果条件表达式为 FALSE,则忽略循环体,继续执行后面的语句。以下是 while 循环的基本语法:

```
while (条件) {
  # 循环体代码
  # 当条件为真时,循环将继续执行
}
```

以下是一个 while 循环的示例代码,展示如何使用 while 循环计算从 1 到 5 的平方和。

```
# 初始化变量
sum_of_squares <- 0                          # 用于存储平方和
num <- 1                                      # 从 1 开始计数

# 使用 while 循环计算平方和
while (num <= 5) {
  square <- num^2                            # 计算当前数字的平方
  sum_of_squares <- sum_of_squares + square  # 将平方加入平方和
  num <- num + 1                             # 递增 num
}

# 打印结果
print(paste("从 1 到 5 的平方和是:", sum_of_squares))
```

运行上述示例,输出结果如下:

```
[1] "从 1 到 5 的平方和是: 55"
```

3. repeat 循环

repeat 循环是一种在 R 语言中用来执行无限循环的控制结构。与 for 循环和 while 循环不同,repeat 循环会一直执行,直到遇到 break 语句或手动停止循环。以下是 repeat 循环的基本语法:

```
repeat {
  # 循环体代码

  if (条件) {
    break       # 当条件满足时退出循环
  }
}
```

其中,

- repeat 关键字后面是要执行的循环体代码。

- break：用于在满足某个条件时退出循环。

以下代码展示了如何使用 repeat 循环打印 1 到 5 的数字。

```
# 初始化计数器
count <- 1

# 使用 repeat 循环打印 1 到 5 的数字
repeat {
  print(paste("当前数字:", count))
  count <- count + 1          # 更新计数器

  # 当计数器大于 5 时,使用 break 语句终止循环
  if (count > 5) {
    break
  }
}
```

该示例展示了如何使用 repeat 循环反复执行某段代码,直到遇到 break 语句为止。在这个例子中,repeat 循环用来打印 1 到 5 的数字,并通过更新计数器和条件判断控制循环的结束。

示例输出结果如下:

```
[1] "当前数字: 1"
[1] "当前数字: 2"
[1] "当前数字: 3"
[1] "当前数字: 4"
[1] "当前数字: 5"
```

2.4.3　循环控制语句

在 R 语言中主要有两种跳转语句,用于控制程序的执行流程,分别是 break 和 next 语句。

1. break 语句

break 语句用于退出当前循环,无论是 for 循环、while 循环,还是 repeat 循环。当 break 语句执行时,程序将立即退出当前循环,并继续执行循环外的代码。通常,break 语句用于在满足某个条件时提前结束循环。

break 语句的示例代码如下。

```
# 1. break 语句
for (i in 1:10) {                      ①
  if (i == 5) {
    break     # 当 i 等于 5 时,终止循环   ②
  }
  print(i)
}
```

代码解释如下:

代码第①行是一个 for 循环,其中 i 变量将依次取值 1 到 10 的每一个整数。另外,表达

式 1:10 表示一个 1 到 10 的整数序列,这个语法是 R 中创建连续整数序列的简便方法。

代码第②行在循环体内执行 break 语句,跳出 for 循环。

示例输出结果如下:

```
[1] 1
[1] 2
[1] 3
[1] 4
```

2. next 语句

next 语句用来结束本次循环,跳过循环体中尚未执行的语句,接着进行终止条件的判断,以决定是否继续循环。

next 语句示例代码如下。

```
for (i in 1:5) {
  if (i == 3) {
    next      # 当 i 等于 3 时,跳过当前迭代
  }
  print(i)
}
```

示例输出结果如下:

```
[1] 1
[1] 2
[1] 4
[1] 5
```

next 语句用于在满足特定条件时跳过当前迭代的剩余部分,从而不执行循环中的某些操作。在本例中,当 i 等于 3 时,循环将跳过输出该值,结果只输出了 1、2、4 和 5。

2.5 函数

R 语言中,函数是组织好的,可重复使用的代码块,可以通过调用来执行特定的任务。函数可以接收输入参数,进行计算,并返回结果。

2.5.1 函数的定义

定义函数的基本语法如下。

```
function_name <- function(arg1, arg2, …) {
  # 函数体
  # 执行某些操作
  return(result)      # 可选,返回结果
}
```

解释如下:

(1) function_name:函数的名称,用户自定义。

（2）function（arg1，arg2，…）：function 关键字后面是参数列表，可以接收多个参数。

（3）{}：花括号内是函数的主体，包含要执行的代码。

（4）return（result）：可选语句，用于返回函数的结果。如果省略，函数将返回最后计算的值。下面通过几个示例介绍一下函数的定义。

示例 1：定义一个参数的函数。

下面的示例代码展示了一个只接收一个参数的函数，功能是计算平方。

```
# 定义一个计算平方的函数
square_function <- function(x) {
  square <- x^2        # 计算平方
  return(square)       # 返回平方结果
}
```

示例 2：定义两个参数的函数。

下面的示例代码定义了一个接收两个参数的函数，功能是将两个数值相加。

```
# 定义一个两个数值相加的函数
add_numbers <- function(a, b) {
  sum <- a + b         # 计算和
  return(sum)          # 返回结果
}
```

示例 3：定义带默认值的参数函数。

在 R 语言中，函数的参数可以设置默认值。如果调用函数时不传入该参数值，函数将使用默认值。

定义带默认值的参数函数示例代码如下。

```
# 示例：定义带默认值的参数函数
greet <- function(name = "朋友") {
  message <- paste("你好,", name)
  return(message)
}
```

参数 name 的默认值设置为"朋友"。这意味着如果调用函数时没有提供 name 参数，则会使用"朋友"作为默认值。

2.5.2　调用函数

在 R 语言中，可以使用两种方式来调用函数：①按位置调用；②按名称调用。下面分别介绍这两种方式。

1. 按位置调用函数

按位置调用意味着在调用函数时，按照参数在函数定义中出现的顺序依次提供参数值。R 语言将传递的值按顺序与函数的参数进行匹配。

如果采用按位置传递参数值来调用两个数值相加的函数 add_numbers()，示例代码如下。

```
# 使用相对路径导入函数定义
source("./code/chapter2/2.5.1 函数的定义.R")        ①
```

```
# 1. 按位置调用函数 add_numbers
result <- add_numbers(5, 3)  输出 8                    ②
print(result)
```

代码解释如下。

代码第①行的 source 是 R 语言中的一个函数,用于读取并执行指定路径的 R 语言脚本文件。它允许用户将外部代码或函数导入当前的 R 语言环境中,其中". /code/chapter2/2.5.1 函数的定义.R"这是一个相对路径,表示在当前工作目录下的"code/chapter2"文件夹中的"2.5.1 函数的定义.R"文件,". /"表示当前工作目录,确保该路径是从当前工作目录出发的。

> **◉注意** 读者必须保证 code(源代码)目录在当前的工作目录,例如笔者的工作目录是 C:\Users\guand\Documents,该目录是读者的用户文档目录,那么 code 的目录结构如下:
>
> ```
> C:\Users\guand\Documents
> ├──code
> │   ├──chapter1
> │   ├──chapter2
> │   │    2.2.1 数字类型.R
> ...
> │   │    2.5.1 函数的定义.R
> │   │    2.5.2 调用函数.R
> ...
> │   ├──chapter3
> │   └──chapter7
> ```
>
> 如果想在 RStudio 工具中设置工作目录,可以通过指令 setwd("工作目录路径")或按图 2-8 所示步骤完成设置。

另外,开发人员可以使用绝对路径,代码如下。

```
# 使用绝对路径导入函数定义
# source("C:/Users/guand/Documents/code/chapter2/2.5.1 函数的定义.R")
```

代码第②行调用在"2.5.1 函数的定义.R"文件中定义的 add_numbers()函数,这里将 5 和 3 作为参数传递给函数,并将返回值赋值给变量 result。

上述示例代码运行结果如下:

```
[1] 8
```

2. 按名称调用函数

按名称调用函数是指在调用函数时,通过明确指定参数名称来传递参数的值。这种方式使得函数调用更加清晰、易懂,并且允许参数以任何顺序传递。下面是关于按名称调用函数的示例代码。

```
# 按名称调用函数 add_numbers
result <- add_numbers(b = 3, a = 5)                    ①
```

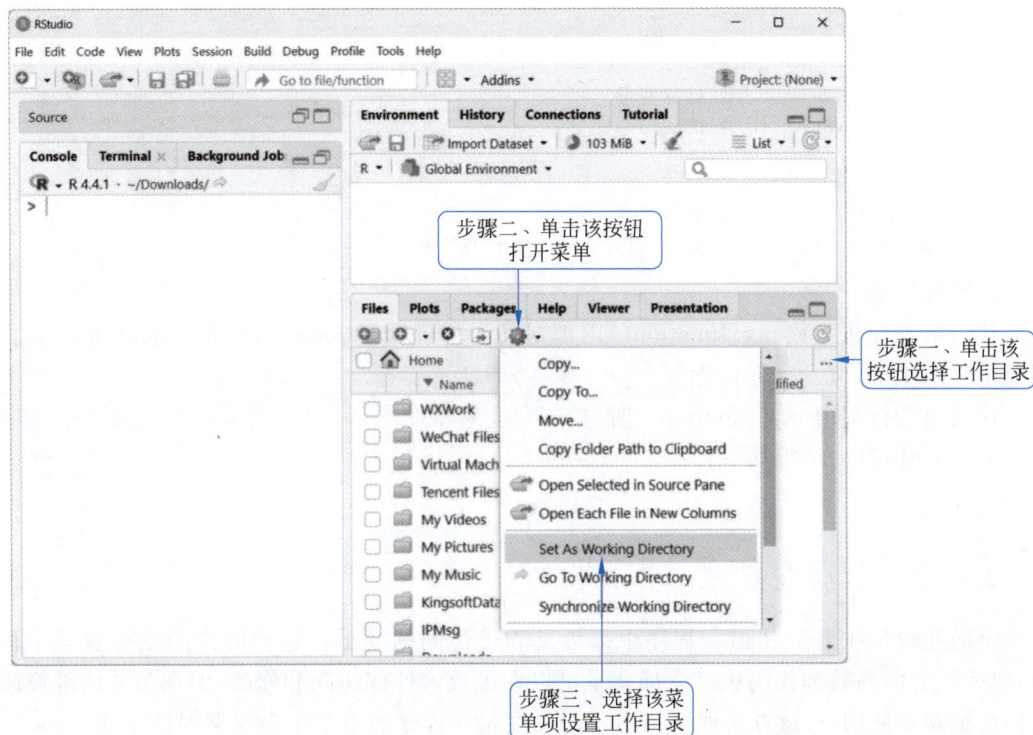

步骤二、单击该按钮
打开菜单

步骤一、单击该
按钮选择工作目录

步骤三、选择该菜
单项设置工作目录

图 2-8 设置工作目录

```
print(result)        # 输出 8
```

代码第①行调用 add_numbers()函数时,使用参数名称 b 和 a 指定值。这种方式可以使调用更清晰,开发人员可以任意顺序传递参数,即使参数顺序与定义时不同,函数依然能正确接收它们,所以如下代码与上述代码是等价的。

```
result <- add_numbers(a = 5,b = 3)
print(result)        # 输出 8
```

2.6　变量的作用域

变量的作用域指的是变量在程序中可见和可访问的部分。在 R 语言中主要有两种变量作用域:①局部变量;②全局变量。

2.6.1　局部变量

局部变量是在特定代码块或函数内部定义的变量,其作用范围仅限于该代码块或函数内部。局部变量在函数执行期间存在,一旦函数执行完毕,局部变量通常会被销毁,不再可用。局部变量可以与全局变量同名,但它们是独立的变量,不会影响全局变量。

示例如下：

```
my_function <- function() {
  local_var <- 5          # 局部变量                                    ①
  print(local_var)        # 访问局部变量
}

my_function()             # 输出 5                                      ②
# print(local_var)        # 报错，因为 local_var 不可见                   ③
```

代码解释如下。

代码第①行在函数 my_function()内部定义了局部变量 local_var，并被赋值为 5，其作用范围仅限于 my_function()内。

代码第②行调用 my_function()时，控制台会输出 5。

运行上述代码，结果如下：

```
[1] 5
```

2.6.2　全局变量

全局变量是在整个 R 语言程序中都可见和可访问的变量。它们的作用域跨越整个程序，包括所有的函数和代码块。全局变量可以在函数内外部访问和修改，但在函数内部修改全局变量需要使用<<-运算符明确指示。全局变量在程序的整个生命周期保持不变。

示例代码如下。

```
global_var <- 10         # 全局变量                                    ①

my_function <- function() {
  print(global_var)      # 访问全局变量                                ②
}

my_function()            # 输出 10
```

代码解释如下。

代码第①行定义了一个全局变量 global_var，并将其值设置为 10。因为它在函数外部定义，因此它在整个脚本中可见和可用。

代码第②行在函数 my_function()内部打印 global_var 的值，因为 global_var 是全局变量，即使它在函数外部定义，my_function()仍然可以直接访问它。

🎯**注意**　变量的作用域的注意事项：

命名冲突：如果局部变量和全局变量同名，局部变量会优先被使用。建议使用清晰的变量命名，以避免混淆。

在 R 语言中，函数可以直接访问全局变量的值，无须特殊声明。但如果在函数内部需要修改全局变量的值，应使用<<-运算符赋值，以确保修改的是全局变量本身，而非创建一个

新的局部变量。示例代码如下。

```
# 修改全局变量
global_var <- 10

my_function <- function() {
  global_var <<- 20    # 修改全局变量                       ①
}

my_function()
print(global_var)        # 输出 20                         ②
```

代码解释：

代码第①行使用<<-操作符将 global_var 的值修改为 20。在 R 语言中，<<-是一种特殊的赋值操作符，用于在当前作用域的外层（通常是全局环境）中查找并修改已有的变量。

代码第②行调用 print(global_var)语句会输出 20，表明全局变量 global_var 已被修改。

运行上述代码，结果如下：

```
[1] 10
[1] 20
```

2.7　本章练习

1. 问答题

(1) 在 R 语言中，标识符的命名规则有哪些？

(2) R 语言中有哪些关键字？它们分别用于什么？

(3) R 语言中的数字类型包括哪些？它们之间有什么区别？

(4) 在 R 语言中如何定义一个变量？请举例说明。

2. 选择题

(1) 在 R 语言中，以下哪个是合法的标识符？（　　　）

　　A. 2nd_variable　　　　B. my-variable　　　　C. if　　　　D. height_cm

(2) 在 R 语言中，以下哪个关键字用于定义函数？（　　　）

　　A. if　　　　　　　　B. function　　　　C. repeat　　D. for

(3) 在 R 语言中，以下哪个运算符用于幂运算？（　　　）

　　A. ^　　　　　　　　B. //　　　　　　　C. %%　　D. &

(4) 在 R 语言中，以下哪个函数用于将字符型数据转换为数值型？（　　　）

　　A. as.character()　　　　　　　　　　　　B. as.numeric()

　　C. as.logical()　　　　　　　　　　　　　D. as.Date()

3. 编程题

编写一个 R 语言脚本，实现以下功能：

定义一个函数 calculate_discount()，该函数接受两个参数：original_price（商品原价）和 discount_rate（折扣率），返回打折后的价格。

使用 if…else 结构，如果原价大于 1000 元，则折扣率为 0.8（即 20% 的折扣），否则折扣率为 0.9（即 10% 的折扣）。

调用该函数，计算一部原价为 1500 元的手机打折后的价格，并打印结果。

调用该函数，计算一台原价为 800 元的平板电脑打折后的价格，并打印结果。

第3章

数 据 结 构

在数据分析和处理过程中,选择合适的数据结构存储和操作数据至关重要。R 语言提供了多种数据结构,可以灵活、高效地管理各种类型的数据。

本章将深入探讨 R 语言中最基本的数据结构,包括向量、列表、矩阵、数据框、数组、因子以及字符串。这些数据结构是进行数据处理、分析和建模的基础。通过了解每种数据结构的创建方法、常见操作以及如何访问和修改其中的元素,可以更好地掌握数据的管理和操作。

3.1　向量

向量(Vector)是 R 语言中最基本的数据结构之一。它是一组有序的数值、字符或逻辑值的集合,且**只能包含一种数据类型**,如所有元素都为数值或字符。向量在数据处理、统计分析中广泛使用,是构建更复杂数据结构(如矩阵和数据框)的基础。

如图 3-1 所示是一个整数类型向量,图 3-2 所示是字符类型向量。

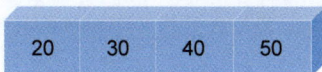

| 20 | 30 | 40 | 50 |

图 3-1　整数类型向量

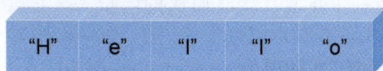

| "H" | "e" | "l" | "l" | "o" |

图 3-2　字符类型向量

3.1.1　创建向量

创建向量的方法有很多,以下是一些常见的方法。

1. 使用 c()函数创建向量

c()函数是最常用的创建向量的方法,c 代表 combine(组合),可以将多个元素组合成一个向量。示例代码如下。

```
# 1. 使用 c()函数创建向量
# 创建数值向量
numeric_vector <- c(1, 2, 3, 4, 5)
```

```
# 创建字符向量
char_vector <- c("a", "b", "c")

# 创建逻辑向量
log_vector <- c(TRUE, FALSE, TRUE, TRUE)
```

2. 使用":"运算符创建向量

使用":"运算符可以创建一个从某个值到另一个值的数值序列,步长为 1。示例代码如下。

```
# 2. 使用":"运算符创建向量
# 创建从 1 到 10 的数值向量
seq_vector <- 1:10
print(seq_vector)            # 输出:1 2 3 4 5 6 7 8 9 10
```

3. 使用 seq()函数创建等差数列

seq()函数用于创建具有特定步长的数值序列,可以指定起点、终点和步长。示例代码如下。

```
# 创建从 1 到 10,步长为 2 的数值向量
seq_vector <- seq(1, 10, by = 2)
print(seq_vector)           # 输出 1 3 5 7 9
```

4. 使用 rep()函数创建重复值向量

使用 rep()函数可以将某些值重复多次,从而创建包含重复元素的向量。示例代码如下。

```
# 创建一个包含 5 个数值 3 的向量
rep_vector <- rep(3, times = 5)
print(rep_vector)           # 输出 3 3 3 3 3

# 创建一个重复 1、2、3 两次的向量
rep_vector <- rep(c(1, 2, 3), times = 2)
print(rep_vector)           # 输出 1 2 3 1 2 3
```

通过这些方法,可以轻松创建各种类型和内容的向量,满足不同的需求。

3.1.2　向量运算

向量支持常见的数学运算,如加法、减法、乘法和除法,这些运算会应用于向量的每个元素。示例代码如下。

```
# 定义向量
vector1 <- c(1, 2, 3)
vector2 <- c(4, 5, 6)

# 1. 向量相加
sum_vector <- vector1 + vector2     # 结果: c(5, 7, 9)
print(sum_vector)
```

```
# 2. 向量相减
diff_vector <- vector1 - vector2        # 结果: c(-3, -3, -3)
print(diff_vector)

# 3. 向量相乘
prod_vector <- vector1 * vector2        # 结果: c(4, 10, 18)
print(prod_vector)

# 4. 向量相除
div_vector <- vector1 / vector2         # 结果: c(0.25, 0.40, 0.50)
print(div_vector)
```

示例输出结果如下。

```
[1] 5 7 9
[1] -3 -3 -3
[1] 4 10 18
[1] 0.25 0.40 0.50
```

3.1.3 向量属性

在 R 语言中,向量是最基本的数据结构之一。向量的属性包括长度、类型和维度等。以下是一些关于向量属性的详细介绍和示例。

1. 长度

使用 length()函数获取向量的长度(元素数量),示例代码如下。

```
# 创建一个向量
vec <- c(10, 20, 30, 40, 50)
vec_length <- length(vec)
print(vec_length)          # 输出:5
```

2. 类型

使用 typeof()或 class()函数获取向量的类型,它们的区别如下。

- typeof()提供对象的基本(或存储)类型信息。
- class()提供对象的类属性信息,这对于理解对象的自定义行为和属性非常有用。

在大多数情况下,当想了解一个向量的基本类型时,会使用 typeof()。而当想了解一个对象是否属于特定的类(特别是当这个对象是通过某种特定的函数或方法创建时)时,会使用 class()。

示例代码如下。

```
vec_type1 <- class(vec)
print(vec_type1)           # 输出:numeric

vec_type2 <- typeof(vec)
print(vec_type2)           # 输出:double
```

3. 维度

虽然一维向量的维度通常不需要特别考虑,但可以使用 dim()函数查看维度,示例代码如下。

```
vec_dim <- dim(vec)
print(vec_dim)                        # 输出：NULL，表示没有维度（是一维向量）
```

3.1.4 访问向量元素

要访问向量元素，可以使用向量的索引。在 R 语言中，所有向量的索引都从 1 开始，如图 3-3 所示。

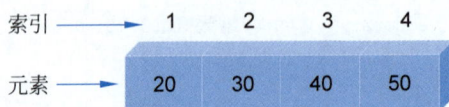

图 3-3 向量的索引

> **注意**　在 R 语言中，向量的索引是从 1 开始的，这意味着访问向量元素时，第一个元素的索引为 1，而非 0。这种设计使得 R 语言在进行数据处理时更加直观，特别是在统计分析和数据科学领域。这种索引方式符合统计学的习惯，减少了因索引错误带来的混淆。

在 R 语言中，通过方括号[]运算符可以访问向量中的特定元素。下面是一些使用 R 语言中方括号[]运算符进行索引的示例。

1. 整数索引

可以使用正整数访问向量中的元素。正整数表示元素的位置，示例代码如下。

```
vec <- c(10, 20, 30, 40)
# 访问第二个元素
second_element <- vec[2]
print(second_element)                 # 输出：20
```

2. 逻辑索引

可以使用逻辑向量（TRUE/FALSE）筛选元素。只有在逻辑向量中对应位置为 TRUE 的元素会被返回，示例代码如下。

```
vec <- c(10, 20, 30, 40)
# 选择所有大于 20 的元素
greater_than_20 <- vec[vec > 20]
print(greater_than_20)                # 输出：30 40
```

3. 字符索引

对于命名向量，可以使用字符名称访问元素。例如，如果向量的元素有名称，则可以用名称来索引，示例代码如下。

```
named_vec <- c(a = 1, b = 2, c = 3)
# 使用名称访问元素
value_b <- named_vec["b"]
print(value_b)                        # 输出：2
```

4. 负整数索引

负整数可以用来排除特定位置的元素。负值表示排除该位置的元素，示例代码如下。

```
vec <- c(10, 20, 30, 40)
# 排除第一个元素
excluding_first <- vec[-1]
print(excluding_first)        # 输出: 20 30 40
```

5. 范围索引

可以使用冒号:指定一个范围，返回该范围内的所有元素，示例代码如下。

```
vec <- c(10, 20, 30, 40)
# 访问前 3 个元素
first_three <- vec[1:3]
print(first_three)            # 输出: 10 20 30
```

3.2 列表

在 R 语言中，列表是一种重要的数据结构，能存储**不同类型**的数据元素。它是一种灵活且强大的容器，可以包含多种数据类型，如向量、矩阵、数据框，甚至其他列表，如图 3-4 所示是包含多种类型数据的列表。

3.2.1 创建列表

使用 list()函数可以创建列表。list()函数的语法如下。

| 20 | 10.5 | "ABC" | TRUE |

图 3-4 列表

```
list(name1 = value1, name2 = value2, …, nameN = valueN)
```

其中，

- name1，name2，…，nameN：所有元素的名称，可选。若指定了名称，访问元素时可以用名称引用。
- value1，value2，…，valueN：列表中的各个元素，可以是数值、字符、向量、矩阵、数据框、其他列表等任何 R 语言中的对象。

下面是创建列表的示例代码。

```
# 创建一个包含不同类型元素的列表
my_list <- list(
  Name = "Jerry",              # 字符型元素
  Age = 24,                    # 数值型元素
  Scores = c(90, 85, 88),      # 向量
  Passed = TRUE,               # 逻辑值
  Info = data.frame(           # 数据框
    Subject = c("Math", "Science"),
    Score = c(90, 88)
  )
)
```

```
# 查看列表内容
print(my_list)
```

示例输出结果如下。

```
$ Name
[1] "Jerry"

$ Age
[1] 24

$ Scores
[1] 90 85 88

$ Passed
[1] TRUE

$ Info
  Subject Score
1    Math    90
2 Science    88
```

3.2.2　访问列表中的元素

在 R 语言中可以使用 $ 符号或[[ ]]符号访问列表元素,这与访问向量元素的方式非常相似。这两种方法都提供了方便的方式来获取列表中的特定元素,具体取决于元素是否具有名称。

1. 使用 $ 运算符访问元素

如果列表的元素有名称,就可以使用 $ 符号直接访问该元素,示例代码如下。

```
# # 创建一个包含不同类型元素的列表
# my_list <- list(
#   Name = "Jerry",              # 字符型元素
#   Age = 24,                    # 数值型元素
#   Scores = c(90, 85, 88),      # 向量
#   Passed = TRUE,               # 逻辑值
#   Info = data.frame(           # 数据框
#     Subject = c("Math", "Science"),
#     Score = c(90, 88)
#   )


source("./code/chapter3/3.2.1 创建列表.R")①


# 1. 使用 $ 运算符访问元素
print(my_list $ Name)            # 输出:"Jerry"
print(my_list $ Age)             # 输出:24
print(my_list $ Scores)          # 输出:90 85 88
print(my_list $ Passed)          # 输出:TRUE
```

代码解释：

上述代码中的 my_list 列表对象是在"3.2.1 创建列表.R"文件中定义的,因此若要在当前文件中使用 my_list 列表,则需要通过代码第①行的 source 语句将其加载到当前的 R 语言环境中。

2. 使用[[ ]]索引访问元素

[[ ]]可用来通过索引或名称访问列表中的单个元素,且适用于没有名称的列表元素,示例代码如下。

```
# 通过索引访问
my_list[[1]]                    # 输出 "Jerry"
# 通过名称访问
my_list[["age"]]                # 输出 24
```

3.3　矩阵

在 R 语言中,矩阵是一种重要的数据结构,用于存储二维数据。矩阵的每个元素**必须是相同的数据类型**,如图 3-5 所示是 3 行 3 列的数值矩阵。

3.3.1　创建矩阵

创建矩阵,使用 matrix( )函数,该函数的语法如下。

```
matrix(data, nrow, ncol, byrow = FALSE)
```

参数说明如下。

- data：具有相同数据类型的数据项。
- nrow：行数。
- ncol：列数。

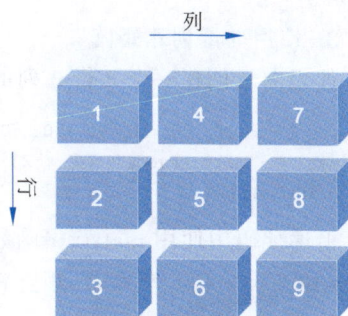

图 3-5　3 行 3 列的数值矩阵

- byrow(可选)：逻辑值,指定是否按行填充(默认是按列填充),用于控制在创建矩阵时,数据如何按行或列的顺序填充矩阵。这个参数的取值可以是 TRUE 或 FALSE,它影响矩阵的填充方式。

(1) 当 byrow＝TRUE 时,数据将按行的顺序填充矩阵。这意味着从左到右填充一行,然后移到下一行,以此类推。这种方式在某些情况下更符合直觉,特别是当有一串数据,希望将其按行分组成矩阵时。

(2) 当 byrow＝FALSE 时,数据将按列的顺序填充矩阵。这意味着从上到下填充一列,然后移到下一列,以此类推。这是默认的填充方式。

下面通过几个示例介绍一下如何创建矩阵。

1.　按列填充矩阵

创建一个按列填充的 3 行 3 列的矩阵,示例代码如下。

```
mat1 <- matrix(1:9, nrow = 3, ncol = 3)
print(mat1)
```

示例输出结果如下：

```
     [,1] [,2] [,3]
[1,]    1    4    7
[2,]    2    5    8
[3,]    3    6    9
```

2. 按行填充矩阵

创建一个按行填充的 3 行 3 列的矩阵，示例代码如下。

```
# 2. 按行填充矩阵
mat2 <- matrix(1:9, nrow = 3, ncol = 3, byrow = TRUE)
print(mat2)
```

示例输出结果如下。

```
     [,1] [,2] [,3]
[1,]    1    2    3
[2,]    4    5    6
[3,]    7    8    9
```

3. 使用向量创建矩阵

使用向量创建一个 2 行 3 列的矩阵，示例代码如下。

```
vec <- c(10, 20, 30, 40, 50, 60)
mat3 <- matrix(vec, nrow = 2)
print(mat3)
```

上述代码中使用 matrix() 函数将向量 vec 转换成矩阵。参数 nrow＝2 表示希望矩阵有 2 行。由于 vec 有 6 个元素，矩阵将自动分配列数。这里的矩阵将会是 2 行 3 列，示例输出结果如下。

```
     [,1]   [,2]  [,3]
[1,]   10    30    50
[2,]   20    40    60
```

3.3.2 矩阵属性

在 R 语言中，矩阵有一些属性，这些属性可用于描述和操作矩阵的特征和结构。以下是一些常见的矩阵属性。

（1）维度：矩阵的维度是其最基本的属性，确定了矩阵的行数和列数。可使用 dim() 函数获取矩阵的维度。

（2）行数：使用 nrow() 函数获取矩阵的行数。该函数返回矩阵中的行数作为结果。

（3）列数：使用 ncol() 函数获取矩阵的列数。该函数返回矩阵中的列数作为结果。

（4）类型：矩阵类型就是矩阵中元素的数据类型，通常是 integer、numeric、character 等。

示例代码如下。

```
# 创建一个3行4列的矩阵
mat <- matrix(1:12, nrow = 3, ncol = 4)


# 获取矩阵的维度
dims <- dim(mat)
cat("矩阵的维度:", dims, "\n")
# 矩阵的维度: 3 4

# 获取矩阵的行数
rows <- nrow(mat)
cat("矩阵的行数:", rows, "\n")
# 矩阵的行数: 3

# 获取矩阵的列数
cols <- ncol(mat)
cat("矩阵的列数:", cols, "\n")
# 矩阵的列数: 4

# 获取矩阵中元素的数据类型
data_type <- typeof(mat)
cat("矩阵元素的数据类型:", data_type, "\n")
# 矩阵元素的数据类型: integer

# 获取矩阵中元素的总数量
total_elements <- length(mat)
cat("矩阵中元素的总数量:", total_elements, "\n")
# 矩阵中元素的总数量: 12
```

上述代码中使用cat()函数将文本或变量的值输出到控制台,示例输出结果如下。

```
矩阵的维度: 3 4
矩阵的行数: 3
矩阵的列数: 4
矩阵元素的数据类型: integer
矩阵中元素的总数量: 12
```

💡提示 R语言中,paste()和cat()函数都用于将信息输出到控制台,但它们有一些区别。

(1) paste()函数用于将多个文本或对象连接成一个字符串,并返回一个新的字符串,而不是直接输出到控制台。可以通过sep参数指定连接文本之间的分隔符。

(2) cat()函数用于将文本输出到控制台,而不是返回一个新的字符串。它常用于在R语言中打印信息、结果或变量的值,并可使用sep参数指定输出文本之间的分隔符。其主要目的是输出文本,而非创建新的字符串。

3.3.3 设置行名和列名

在 R 语言中,为矩阵设置行名和列名是一个重要的步骤,它可以使矩阵的内容更易于理解和访问。

1. 设置行名

使用 rownames() 函数设置矩阵的行名。可以将一个字符向量赋值给矩阵的行名,示例代码如下。

```
rownames(mat) <- c("Row1", "Row2", "Row3")
```

2. 设置列名

使用 colnames() 函数设置矩阵的列名。同样,可以将一个字符向量赋值给矩阵的列名,示例代码如下。

```
colnames(mat) <- c("Col1", "Col2", "Col3", "Col4")
```

完整的示例代码如下。

```
# 创建一个 3 行 4 列的矩阵
mat <- matrix(1:12, nrow = 3, ncol = 4)
# 设置行名
rownames(mat) <- c("Row1", "Row2", "Row3")
# 设置列名
colnames(mat) <- c("Col1", "Col2", "Col3", "Col4")
# 查看矩阵
print(mat)
```

示例输出结果如下。

```
     Col1 Col2 Col3 Col4
Row1    1    4    7   10
Row2    2    5    8   11
Row3    3    6    9   12
```

3.3.4 访问矩阵中的元素

访问矩阵中的元素是在 R 语言中进行矩阵操作的基本操作之一,以下是一些示例,展示如何在 R 语言中访问矩阵中的元素。

1. 访问特定元素

使用行索引和列索引可访问矩阵中特定位置的元素,例如 mat[1, 2]表示“第 1 行,第 2 列”的元素,示例代码如下。

```
# 创建一个 3 行 4 列的矩阵
mat <- matrix(1:12, nrow = 3, ncol = 4)
# 访问第一行第二列的元素
element <- mat[1, 2]                    # 返回 4
```

2. 提取整行

通过指定行索引并留空列索引(用逗号隔开),可以提取矩阵中某一行的向量,例如 mat[1,]表示提取矩阵的第1行,示例代码如下。

```
first_row <- mat[1, ]                    # 返回 c(1, 4, 7, 10)
```

3. 提取整列

类似于提取整行,开发者可以通过指定列索引并留空行索引,可以提取某一列,例如 mat[,2]表示提取矩阵的第2列,示例代码如下。

```
second_col <- mat[, 2]                   # 返回值为 c(4, 5, 6)
```

4. 访问多个元素

开发者可以使用c()函数在行或列位置上选择多个元素。通过指定多个行或列索引,可以提取多行或多列。例如 mat[c(1,2),]表示提取矩阵的第1行和第2行,示例代码如下。

```
rows <- mat[c(1, 2), ]                   # 返回第1行和第2行的数据
cols <- mat[, c(1, 3)]                   # 返回第1列和第3列的数据
```

5. 访问特定范围的元素

冒号":"操作符用于选择一系列连续的行或列。通过 mat[1,1:2]可以提取第1行中第1到第2列的元素,示例代码如下。

```
first_row_part <- mat[1, 1:2]            # 返回值为 c(1, 4)
```

6. 使用名称访问元素

为矩阵的行和列命名后,可以直接使用行名和列名访问元素。例如,通过 mat["Row1", "Col2"]可以访问第1行和第2列交叉的元素,示例代码如下。

```
# 设置行名和列名
rownames(mat) <- c("Row1", "Row2", "Row3")
colnames(mat) <- c("Col1", "Col2", "Col3", "Col4")
named_element <- mat["Row1", "Col2"]     # 返回值为4
print(element)
```

示例输出结果如下。

```
     Col1  Col2  Col3  Col4
Row1    1     4     7    10
Row2    2     5     8    11
Row3    3     6     9    12
[1] 4
```

3.4 数据框

在 R 语言中,数据框(Data Frame)是一种用于存储表格数据的主要数据结构。数据框

可以看作一个**二维表格**,其中每一列是**同一种数据类型**,而每一行表示一个观测值或记录。数据框适用于统计分析和数据处理。图 3-6 所示为学生信息数据框。

Name	Age	Score
Jerry	24	90
Tom	22	85
Spike	23	88

图 3-6　学生信息数据框

数据框的关键特点如下。

(1) 唯一的列名:数据框中的每一列(如图 3-6 所示的 Name、Age、Score)都具有唯一的列名,用于标识列数据。

(2) 行数相同:每列的行数相同,如图 3-6 所示每列都有 3 行数据,对应 Jerry、Tom 和 Spike 3 位个体,确保了数据的完整性。

(3) 列内数据类型一致:同一列内的数据类型一致,如图 3-6 所示 Age 列的数据都是数值类型,Name 列的数据都是字符类型。

(4) 列间数据类型不同:不同列可以包含不同的数据类型,如图 3-6 所示 Name 列为字符类型,而 Age 和 Score 列为数值类型。

3.4.1　创建数据框

要创建数据框,可以使用 data.frame() 函数。以下是创建数据框的基本语法。

```
df <- data.frame(
  列名 1 = 向量 1,
  列名 2 = 向量 2,
  …
)
```

说明如下。

- df:这是为数据框指定的名称,读者可以根据自己的需要进行命名。
- 列名 1,列名 2,列名 3,…:这些是要为数据框的各列指定的列名。列名应为有效的标识符(不能以数字开头,且不能包含空格等),并且每个列名在数据框中必须是唯一的。
- 向量 1,向量 2,向量 3,…:这些是包含数据的向量,它们将成为数据框的各列。向量中的元素数量必须相同,以确保数据框的结构完整且每一列都能对齐。

以下是一个示例,展示如何创建一个包含学生信息的数据框。

```
#将数据组织成向量
names <- c("Jerry", "Tom", "Spike")
ages <- c(24, 22, 23)
scores <- c(90, 85, 88)
```

```
# 使用 data.frame()函数创建数据框
df <- data.frame(Name = names, Age = ages, Score = scores)

# 查看数据框的内容
print(df)
```

上述代码中使用 data.frame()函数将这 3 个向量组合成一个数据框 df。每个向量成为数据框的一列,并且使用参数 Name、Age、Score 分别为这些列指定了列名。

示例输出结果如下。

```
  Name  Age Score
1 Jerry  24  90
2 Tom    22  85
3 Spike  23  88
```

3.4.2　数据框的基本属性

以下是数据框的一些基本属性及其详细说明。

(1)列:数据框的每一列数据类型(数值、字符、因子等)相同。列名用于标识每列的名称,通常反映该列所代表的属性,例如 Age、Score 等。可以使用 names()函数返回数据框的所有列名,而 ncol()函数可以返回数据框的列数。

(2)行:数据框的每一行表示一个观测值(或记录),即一个实例的集合。而 nrow()函数返回数据框的行数。

(3)维度:数据框具有行数和列数,可以使用 dim()函数查看。

下面是一个示例代码,展示了如何创建数据框并使用相关函数查看其基本属性,包括列、行和维度。

```
# 创建数据框
names <- c("Jerry", "Tom", "Spike")          # 姓名
ages <- c(24, 22, 23)                        # 年龄
scores <- c(90, 85, 88)                      # 成绩

df <- data.frame(Name = names, Age = ages, Score = scores)    # 创建数据框

# 查看数据框的内容
print(df)

# 1. 查看列名
column_names <- names(df)
print("列名:")
print(column_names)

# 2. 查看行数和列数
num_rows <- nrow(df)                          # 行数
num_cols <- ncol(df)                          # 列数
print(paste("行数:", num_rows))
print(paste("列数:", num_cols))
```

```
# 3. 查看维度
dimensions <- dim(df)
print("维度:")
print(dimensions)
```

示例输出结果如下。

```
  Name  Age Score
1 Jerry  24  90
2 Tom    22  85
3 Spike  23  88
[1] "列名: "
[1] "Name"  "Age"   "Score"
[1] "行数: 3"
[1] "列数: 3"
[1] "维度: "
[1] 3 3
```

3.4.3　访问数据框

在R语言中,可以通过多种方式访问数据框中的元素,包括按列、按行,或按行列组合访问数据框的内容。以下是常见的几种方法。

1. 通过列名称访问数据框列

可以通过 $ 或[[ ]]访问数据框的特定列。

```
# 创建一个示例数据框
df <- data.frame(Name = c("Alice", "Bob", "Carol"),
                 Age = c(25, 30, 35),
                 Score = c(88, 92, 95))


# 使用 $ 符号访问列
print(df$Name)                  # 输出 Name 列的所有值


# 使用 [[ ]] 访问列
print(df[["Age"]])              # 输出 Age 列的所有值
```

2. 通过行和列索引访问元素

可以使用[行,列]的形式通过索引访问数据框中的特定元素、行或列。

```
# 访问第 1 行第 2 列的元素
print(df[1, 2])                 # 输出 25
# 访问第 2 行的所有元素
print(df[2, ])                  # 输出整行的内容
# 访问第 3 列的所有元素
print(df[, 3])                  # 输出整列的内容
```

3. 使用列名和行索引的组合访问

可以通过列名和行索引的组合访问数据框的特定元素或子集。

```
# 访问 Name 列的第 1 行
print(df[1, "Name"])          # 输出 "Alice"
# 访问 Age 列的前两行
print(df[1:2, "Age"])         # 输出 25 30
```

4. 使用 subset() 函数筛选数据

subset() 函数可用于根据条件筛选数据框中的行。

```
# 筛选 Age 大于 28 的行
result <- subset(df, Age > 28)
print(result)
```

3.5 数组

在 R 语言中,数组(Array)是一种可以存储多维数据的对象。数组的维度可以是任意数量,并且每一维的数据类型必须相同(如数值、字符、逻辑值等)。与向量和矩阵不同,数组能存储更高维度的数据。如图 3-7 所示是一个三维数组,该组可以视为包含 3 个层(Layer)的结构,每个层包含 2 行(Row)3 列(Column)。

3.5.1 创建数组

创建数组使用 array() 函数,该函数的基本语法如下。

```
array(data, dim = c(dim1, dim2, …, dimN))
```

参数说明如下。

图 3-7 三维数组

- data:填充数组的数据,可以是一个向量。
- dim:一个指定数组各个维度大小的向量,用于定义数组的形状(维度)。

创建数据的示例如下。

1. 创建一个二维数组

创建一个包含 6 个元素的二维数组,维度为 2×3,代码如下。

```
my_2d_array <- array(1:6, dim = c(2, 3))

# 输出数组内容
print(my_2d_array)
```

示例输出结果如下。

```
     [,1] [,2] [,3]
[1,]   1    3    5
[2,]   2    4    6
```

2. 创建一个三维数组

创建一个包含 18 个元素的三维数组,维度为 3×3×2,代码如下。

```
my_3d_array <- array(1:18, dim = c(3, 3, 2))
```

```
# 输出数组内容
print(my_3d_array)
```

示例输出结果如下。

```
, , 1

     [,1] [,2] [,3]
[1,]    1    4    7
[2,]    2    5    8
[3,]    3    6    9

, , 2

     [,1]   [,2]  [,3]
[1,]   10    13    16
[2,]   11    14    17
[3,]   12    15    18
```

3. 创建一个四维数组

创建一个四维数组,维度为 $2 \times 3 \times 2 \times 2$,代码如下。

```
my_4d_array <- array(1:24, dim = c(2, 3, 2, 2))
```

```
# 输出四维数组的内容
print(my_4d_array)
```

示例输出结果如下。

```
, , 1, 1

     [,1] [,2] [,3]
[1,]    1    3    5
[2,]    2    4    6

, , 2, 1

     [,1]   [,2]  [,3]
[1,]    7     9    11
[2,]    8    10    12

, , 1, 2

     [,1]   [,2]  [,3]
[1,]   13    15    17
[2,]   14    16    18

, , 2, 2

     [,1] [,2] [,3]
```

```
[1,]    19    21    23
[2,]    20    22    24
```

3.5.2 访问数组中的元素

在 R 语言中,可以通过多种方式访问数组中的元素。以下是访问三维数组中元素的示例,涵盖不同的访问方法。

1. 通过索引访问单个元素

访问三维数组中的特定元素,示例代码如下。

```
# 创建一个三维数组,维度为 3×4×2
my_array <- array(1:24, dim = c(3, 4, 2))

# 查看数组内容
print(my_array)

# 1. 通过索引访问单个元素
# 访问第一层的第二行第三列的元素
element1 <- my_array[2, 3, 1]
print(element1)              # 输出:8

# 访问第二层的第一行第四列的元素
element2 <- my_array[1, 4, 2]
print(element2)              # 输出:22
```

2. 通过索引访问特定层

获取整个层的数据,示例代码如下。

```
# 获取第一层的所有数据
layer1 <- my_array[, , 1]
print(layer1)
```

示例输出结果如下。

```
     [,1] [,2] [,3]  [,4]
[1,]   1    4    7    10
[2,]   2    5    8    11
[3,]   3    6    9    12
```

3. 访问整行或整列

选择特定行或列的所有元素,示例代码如下。

```
# 获取第一层的第二行的所有元素
row_elements <- my_array[2, , 1]
print(row_elements)          # 输出:2 5 8 11

# 获取第二层的第三列的所有元素
column_elements <- my_array[, 3, 2]
print(column_elements)       # 输出:19 20 21
```

3.6　因子

在 R 语言中,因子(Factor)是一种数据类型,用于存储**分类数据**。因子在数据分析中特别有用,因为它们能帮助用户处理和分析分类变量,例如性别(男、女)、颜色(红、绿、蓝)、学历(高中、本科、硕士、博士)等。因子将这些类别数据存储为整数,并将每个整数映射到一个标签或水平。

3.6.1　创建因子

创建因子:使用 factor()函数,其基本语法格式如下。

```
factor(x, levels, labels, ordered = FALSE)
```

参数说明如下。

- x:要转换为因子的向量。
- levels:因子的水平(即分类),可以指定各类别的顺序。
- labels:因子各水平的标签,若不指定,则直接使用 x 中的值作为标签。
- ordered:逻辑值,是否创建有序因子,默认为 FALSE。

使用 factor()函数创建因子的示例代码如下。

```
# 创建一个字符向量
data <- c("apple", "banana", "apple", "orange", "banana")   ①
# 将字符向量转换为因子
factor_data <- factor(data)                                 ②
# 查看因子
print(factor_data)
```

代码解释如下。

- 代码第①行使用 c()函数创建了一个字符向量 data。这个向量包含了 5 个元素:"apple"、"banana"、"apple"、"orange"和"banana",这里 data 是一个普通的字符向量,可以包含重复的值。
- 代码第②行使用 factor()函数将字符向量 data 转换为因子 factor_data,在转换过程中,R 语言会自动识别并提取 data 中的唯一值(即水平),并为这些唯一值赋予一个整数编码。这意味着:"apple"和"banana"被识别为两个不同的水平。

示例输出结果如下。

```
[1] apple banana apple orange banana
Levels: apple banana orange
```

3.6.2　创建有序因子

有时,因子的水平具有特定的顺序。可以在创建因子时使用 levels 参数设置水平的顺序,同时将 ordered 参数设置为 TRUE,以明确水平的排序关系,代码如下。

```
# 创建一个字符向量
data <- c("apple", "banana", "apple", "orange", "banana")

# 创建一个有序因子
ordered_factor <- factor(
  data,
  levels = c("apple", "orange","banana"),
  ordered = TRUE
)

# 查看有序因子
print(ordered_factor)
```

上述代码中使用 factor()函数将字符向量 data 转换为有序因子 ordered_factor,其中 levels＝c("apple","orange","banana")指定了因子的水平,并且定义了它们的顺序; ordered＝TRUE 表示创建一个有序因子,这样 R 语言会将水平视为有序关系,"apple"＜"orange"＜"banana"。

示例输出结果如下。

```
[1] apple banana apple orange banana
Levels: apple < orange < banana
```

3.6.3　自定义因子标签

当创建因子时,可以使用 labels 参数为每个水平指定标签,示例代码如下。

```
factor_data <- factor(data,
                      levels = c("apple", "banana", "orange"),
                      labels = c("苹果", "香蕉", "橘子"))

# 查看因子
print(factor_data)
```

在上述代码中,使用 factor()函数创建因子时,通过 labels＝c("苹果","香蕉","橘子")参数为每个因子水平设置了标签。这样,因子水平"apple"被表示为"苹果","banana"被表示为"香蕉","orange"被表示为"橘子"。标签通常是更具描述性的名称,可以使用中文、英文或其他语言,以使数据更加直观、易懂。

示例输出结果如下。

```
[1] apple banana apple orange banana
Levels: apple banana orange

[1] 苹果 香蕉 苹果 橘子 香蕉
Levels: 苹果 香蕉 橘子
```

3.6.4　使用 table()函数进行数据汇总

R 语言中的 table()函数是用于计算类别数据的频数分布的非常有用的工具。table()

函数的基本用法如下。

```
table(x)
```

其中,参数 x 可以是向量、因子、数据框或矩阵。

table()函数返回的对象是一个频率表,它的每一列代表一个类别,数字表示该类别出现的次数。

示例代码如下。

```
# 示例:使用 table() 计算因子列的频率
data <- data.frame(
  gender = factor(c("Male", "Female", "Male", "Female", "Male", "Male"))
)

# 计算 gender 列的频率分布
table(data $ gender)
```

示例输出结果如下。

```
Female  Male
    2     4
```

代码解释如下。

table(data $ gender)会对 gender 列进行频率统计,并返回每个类别的计数。在这个例子中,gender 列包含两个不同的值:Male 和 Female。

- Female:该类别在数据中出现了 2 次。
- Male:该类别在数据中出现了 4 次。

这表示在这个数据集中,Female 出现了 2 次,Male 出现了 4 次。

3.7　字符串

在 R 语言中,字符串被视为字符向量,是存储文本信息的常见数据结构。每个字符串都是一个字符向量,开发者可以像操作向量一样对字符串进行操作,例如通过索引访问单个字符或子字符串,使用循环遍历字符,以及利用向量化操作处理整个字符串向量。

3.7.1　创建字符串

在 R 语言中,字符串可以用单引号(')或双引号(")表示,所以字符串与字符表示方式是一样的。

示例代码如下。

```
# 使用单引号表示字符串
string1 <- '这是一个字符串'

# 使用双引号表示字符串
string2 <- "这是另一个字符串"
```

```
# 包含单引号的字符串
string3 <- "他是一个很棒的朋友,叫作 'Alice'."    # 定义字符串变量 string3,其中包含单引号

# 包含双引号的字符串
string4 <- '她说:"你好,世界!"'                    # 定义字符串变量 string4,其中包含双引号
```

3.7.2　字符串操作

在 R 语言中,字符串操作非常常见且灵活,提供了多种函数来处理和修改字符串。以下是一些基本的字符串操作,包括拼接、切割、查找、替换和转换等。

下面介绍这些字符串操作。

1. 字符串拼接

paste()函数用于连接多个字符串,默认使用一个空格作为分隔符。示例代码如下。

```
string1 <- "Hello"
string2 <- "World"
combined_string <- paste(string1, string2)    # 输出: "Hello World"
```

2. 字符串切割

strsplit()函数用于将字符串根据指定的分隔符拆分成多个子字符串,并返回一个列表。strsplit()函数的语法如下。

```
strsplit(x, split)
```

其中,

- x：要拆分的字符串;
- splits：用于拆分字符串的分隔符。

示例代码如下。

```
text <- "苹果,香蕉,橙子"
fruits <- strsplit(text, ",")                  # 输出:列表 [['1']] "苹果" "香蕉" "橙子"
```

3. 字符串长度

使用 nchar()函数计算字符串的长度(字符数),示例代码如下。

```
length1 <- nchar("Hello")    # 输出: 5
length2 <- nchar("你好!")    # 输出: 3
```

4. 查找字符串位置

查找字符串位置可以使用 regexpr()函数,它用于查找模式在字符串中第一次出现的位置,返回的值包括匹配的起始位置,如果未找到,则返回-1。regexpr()函数的语法如下。

```
regexpr(pattern, text)
```

其中,

- pattern：要查找的模式。
- text：要搜索的字符串。

示例代码如下。

```
# 示例字符串
text <- "Hello, world! Welcome to R programming."
pattern <- "R"

# 查找第一个匹配位置
first_position <- regexpr(pattern, text)
# 打印匹配位置的整数值
print(first_position[1])          # 输出: [1] 26
```

上述代码使用 regexpr()函数查找第一个匹配子字符串的位置时,返回值是一个带有附加属性的对象。通过 first_position[1]提取出匹配的位置(整数值),使得输出更简洁且易于理解。

5. 替换

字符串替换可以使用 gsub()函数,在字符串中替换所有符合条件的内容。gsub()函数的语法如下。

```
gsub(pattern, replacement, x)
```

其中,

- pattern:需要查找的字符串或正则表达式;
- replacement:替换为的字符串;
- x:要处理的字符串。

示例代码如下。

```
text <- "Hello, World!"
new_text <- gsub("World", "R", text)          # 输出: "Hello, R!"
```

6. 转换大小写

将字符串转换为大写的函数是 toupper(),将字符串转换为小写的函数是 tolower(),示例代码如下。

```
uppercase <- toupper("Hello")          # 输出: "HELLO"
lowercase <- tolower("Hello")          # 输出: "hello"
```

7. 提取子字符串

substr()函数用于提取字符串中的子字符串,其语法如下。

```
substr(x, start, stop)
```

其中,

- x:要提取的字符串。
- start:子字符串的起始位置(从 1 开始)。
- stop:子字符串的结束位置。

示例代码如下:

```
text <- "Hello, World!"
substring <- substr(text, start = 1, stop = 5)          # 输出: "Hello"
```

8. 字符串格式化

sprintf()函数可用于格式化字符串,可以将变量值嵌入字符串中,其语法如下。

sprintf(format, …)

其中,

- format：格式字符串,包含格式占位符。
- …：要插入的值。

示例代码如下。

```
name <- "Alice"
age <- 30
formatted_string <- sprintf("我的名字是%s,我%d岁。", name, age)
# 输出："我的名字是Alice,我30岁。"
```

3.8　本章练习

1. 问答题

（1）请简要描述 R 语言中的向量,并举例说明如何创建一个向量。向量和其他数据结构（如列表、矩阵）有何不同?

（2）请简述列表和数据框的定义和应用场景,指出它们之间的主要区别,并举例说明如何创建和访问这两种数据结构。

（3）请解释因子的定义及其作用,并说明如何创建一个因子。为什么在处理分类数据时,因子比字符向量更有优势?

（4）请描述如何在 R 语言中创建一个矩阵,并举例说明如何设置矩阵的行名和列名。可以执行哪些常见操作,如访问矩阵元素、修改矩阵的值等?

2. 选择题

（1）在 R 语言中,以下哪个数据结构能存储不同类型的数据元素?（　　　）

    A. 向量　　　　　B. 列表　　　　　C. 矩阵　　　　　D. 数组

（2）在 R 语言中,创建因子的函数是（　　　）。

    A. factor()　　　B. array()　　　C. list()　　　D. data.frame()

（3）在 R 中,以下哪个数据结构是二维的,并且允许元素具有相同的数据类型?（　　　）

    A. 向量　　　　　B. 列表　　　　　C. 矩阵　　　　　D. 因子

（4）以下哪个函数可用于将一个数据框的列转换为因子?（　　　）

    A. as.factor()　　B. as.character()　　C. as.list()　　D. as.matrix()

3. 编程题

编写一个 R 语言脚本,创建一个包含 5 个数字的向量,并执行以下操作：

- 计算向量的总和。
- 计算向量的均值。
- 计算向量的标准差。

第4章

数据操作：导入、导出
与内置数据集

数据的导入与导出是数据分析中的基本操作，无论是在分析前从不同的数据源获取数据，还是在分析后将结果保存或分享，掌握高效的数据处理技巧至关重要。本章将介绍如何在 R 语言中进行数据导入和导出操作，包括从 CSV、Excel 文件及数据库中读取数据，以及如何将数据保存为 CSV 或 Excel 文件。此外，内置数据集的使用也将被讨论，这些数据集为快速分析和实验提供了丰富的资源，特别适用于没有外部数据时的探索性分析。

通过学习本章内容，可以轻松应对各种数据导入、导出需求，并在分析过程中有效利用 R 语言内置数据集进行实验和验证。

4.1　数据导入与数据导出

在数据分析过程中，数据导入与数据导出是关键的一步。无论是从外部载入数据进行分析，还是将结果保存为不同格式，掌握数据的交互方式能大大提高效率。R 语言提供了多种数据导入与数据导出的方法，支持读取和写出多种常用数据格式，使数据分析过程更加顺畅。

常见的数据格式包括以下几种。

（1）CSV（逗号分隔值）：广泛用于存储表格数据，易于读取和写入。

（2）Excel（.xlsx）：功能强大的电子表格格式，支持复杂数据和公式。

（3）文本文件（.txt）：以纯文本形式存储数据，常用于简单数据或日志文件。

（4）JSON（JavaScript 对象表示法）：用于存储和传输结构化数据，常见于 Web 应用。

（5）XML（可扩展标记语言）：一种标记语言，用于存储和传输数据，结构化且可扩展。

（6）数据库格式：如 SQL 数据库，适用于存储大规模数据并支持复杂查询。

4.2　数据导入

数据导入是数据分析的第一步，涉及将外部数据加载到分析环境中，以便进行后续的处理和分析。

R 语言提供了大量内置函数和扩展包，以支持多种文件格式和数据源的导入需求，下面详细介绍一下 R 语言中如何导入一些常见格式的数据。

4.2.1　从 CSV 文件导入

CSV(Comma-Separated Values,逗号分隔值)是一种常见的数据存储格式,广泛应用于数据导出和交换。CSV 文件以纯文本格式存储数据,结构简单,便于不同平台之间的数据共享。图 4-1 展示了 CSV 数据,其中包含地震事件数据集"eqList2024_10_30.csv"的内容。

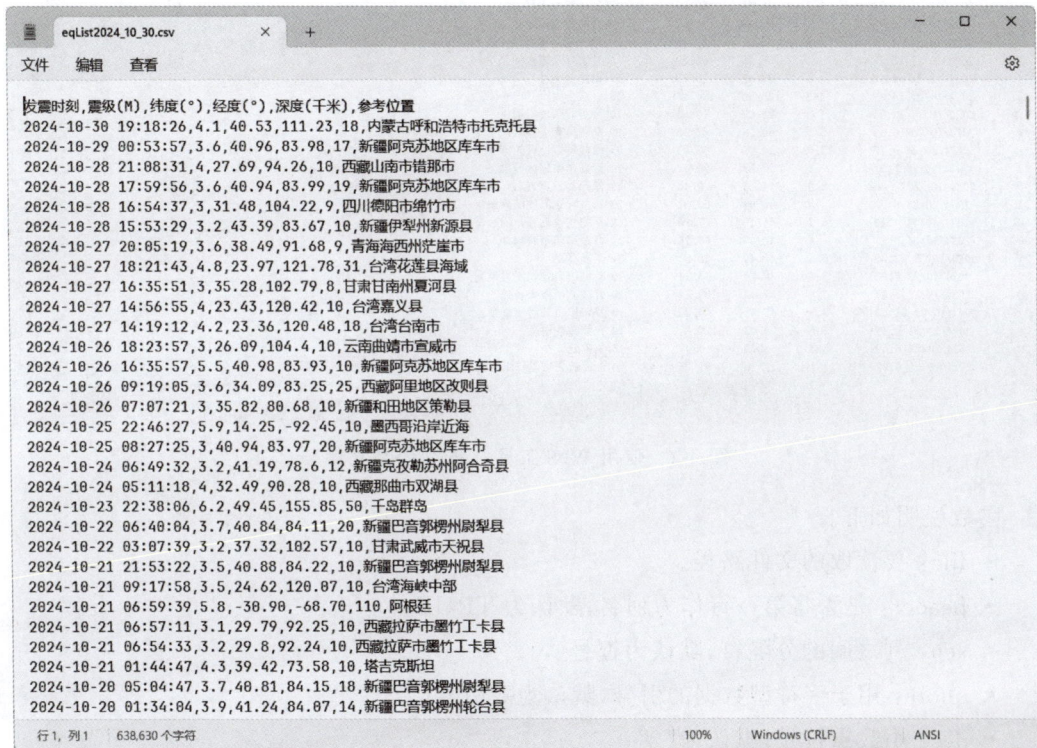

图 4-1　CSV 数据

CSV 数据文件以纯文本格式存储数据,可以使用任何的文本编辑工具打开,如图 4-1 所示是使用记事本工具(Notepad)打开的文件。

另外,CSV 文件也可以使用 Excel 或 WPS 等电子表格工具打开。图 4-2 展示了使用 WPS 工具打开的 CSV 文件。可以看出,使用 WPS 工具打开 CSV 文件比使用记事本打开更便于快速浏览和分析。

在 R 语言中,导入 CSV 文件可以使用 R 语言中的 read.csv()函数。read.csv()函数用于读取 CSV 文件到一个数据框对象中,其基本语法如下。

```
read.csv(file, header = TRUE, sep = ",", quote = "\"",
         dec = ".", fill = TRUE, comment.char = "", fileEncoding = "", …)
```

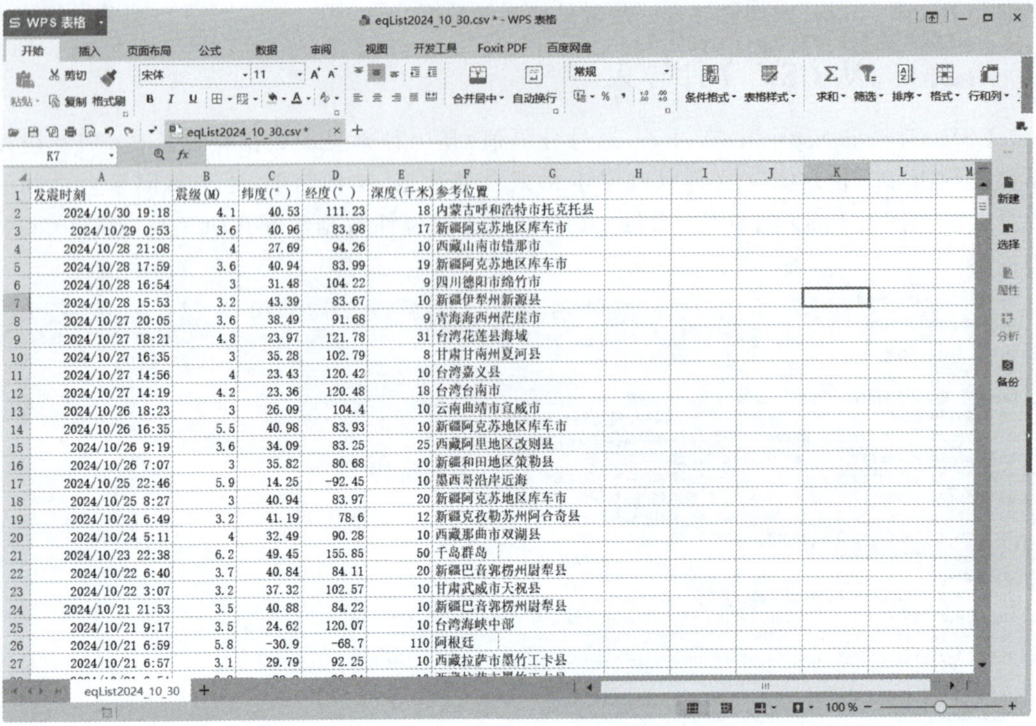

发震时刻	震级(M)	纬度(°)	经度(°)	深度(千米)	参考位置
2024/10/30 19:18	4.1	40.53	111.23	18	内蒙古呼和浩特市托克托县
2024/10/29 0:53	3.6	40.96	83.98	17	新疆阿克苏地区库车市
2024/10/28 21:08	4	27.69	94.26	10	西藏山南市错那市
2024/10/28 17:59	3.6	40.94	83.99	19	新疆阿克苏地区库车市
2024/10/28 16:54	3	31.48	104.22	9	四川德阳市绵竹市
2024/10/28 15:53	3.2	43.39	83.67	10	新疆伊犁州新源县
2024/10/27 20:05	3.6	38.49	91.68	9	青海海西州茫崖市
2024/10/27 18:21	4.8	23.97	121.78	31	台湾花莲县海域
2024/10/27 16:35	3	35.28	102.79	8	甘肃甘南州夏河县
2024/10/27 14:56	4	23.43	120.42	10	台湾嘉义县
2024/10/27 14:19	4.2	23.36	120.48	18	台湾台南市
2024/10/26 18:23	3	26.09	104.4	10	云南曲靖市宣威市
2024/10/26 16:35	5.5	40.98	83.93	10	新疆阿克苏地区库车市
2024/10/26 9:19	3.6	34.09	83.25	25	西藏阿里地区改则县
2024/10/26 7:07	3	35.82	80.68	10	新疆和田地区策勒县
2024/10/25 22:46	5.9	14.25	-92.45	10	墨西哥沿岸近海
2024/10/25 8:27	3	40.94	83.97	20	新疆阿克苏地区库车市
2024/10/24 6:49	3.2	41.19	78.6	12	新疆克孜勒苏州阿合奇县
2024/10/24 5:11	4	32.49	90.28	10	西藏那曲市双湖县
2024/10/23 22:38	6.2	49.45	155.85	50	千岛群岛
2024/10/22 6:40	3.7	40.84	84.11	20	新疆巴音郭楞州尉犁县
2024/10/22 3:07	3.2	37.32	102.57	10	甘肃武威市天祝县
2024/10/21 21:53	3.5	40.88	84.22	10	新疆巴音郭楞州尉犁县
2024/10/21 9:17	3.5	24.62	120.07	10	台湾海峡中部
2024/10/21 6:59	5.8	-30.9	-68.7	110	阿根廷
2024/10/21 6:57	3.1	29.79	92.25	10	西藏拉萨市墨竹工卡县

图 4-2 使用 WPS 工具打开的 CSV 文件

参数说明如下。

- file：要读取的文件路径。
- header：是否将第一行作为列名，默认为 TRUE。
- sep：列之间的分隔符，默认为逗号(,)。
- quote：用于字符型数据的引号，默认为双引号(")。
- dec：小数点符号，默认为“.”。
- fill：是否在行长度不一致时填充缺失值，默认为 TRUE。
- comment.char：注释字符，默认为空字符串(不识别注释)。
- na：用于表示缺失值的字符，默认为空字符串("")。
- fileEncoding：指定文件的字符编码(如“UTF-8”、“GB 2312”等)。
- ...：其他可选参数。

4.2.2 示例 1：从 CSV 文件读取地震事件数据集

本节将展示如何从“eqList2024_10_30.csv”文件中读取地震事件数据集。此数据集包含了有关地震事件的详细信息，读取该数据是进行后续分析和可视化的基础步骤。下面使用 R 语言的 read.csv()函数加载数据，并查看数据集的前几行。

具体实现代码如下。

```
# 设置工作目录
setwd("~/code")                                        ①

# 从 CSV 文件中读取地震事件数据集
eq_data <- read.csv(                                   ②
  file = "data/eqList2024_10_30.csv",    # 文件路径
  header = TRUE,                          # 第一行为列名
  fileEncoding = "gbk"                    # 文件编码集为 GBK
)

# 查看数据集的前几行
head(eq_data)                                          ③
```

代码解释如下。

代码第①行通过 setwd()函数设置工作目录。这一步是可选的,但在读取文件时指定工作目录可以使文件路径更简洁,其中参数"~/code"是目录路径。这里的"~"代表 R 语言环境下的主目录,并不是操作系统的用户主目录,/code 是一个子文件夹。设定后,所有文件操作都会以这个目录为基础。作用是:设置后,可以用相对路径引用文件,如 "data/eqList2024_10_30.csv",而不必写完整路径。只有确保路径正确,R 语言才能找到文件。

代码第②行使用 read.csv()函数从 CSV 文件读取数据集并加载到 eq_data 变量中,其中参数 file="data/eqList2024_10_30.csv"是指定数据文件的相对路径。该路径是相对于 setwd()指定的工作目录的,如果没设置工作目录,则需写绝对路径;header=TRUE 参数表示 CSV 文件的第一行包含列名;参数 fileEncoding="gbk"指定文件的编码集为 GBK,适合读取中文字符的文件。

代码第③行的功能是使用 head()函数查看数据集的前几行,方便快速检查数据的结构和内容,确认读取是否正确、数据列名和格式是否符合预期,函数的参数 eq_data 是读取的地震事件数据集。默认情况下,head()会显示前 6 行。

💡提示　使用 head()函数查看数据集,需要在控制台窗口执行,如图 4-3 所示。

虽然使用 head()函数可以快速查看数据集的前几行,但更好的方法是通过 RStudio 的环境窗口查看变量,如图 4-4 所示,这种方式可以直观地显示数据集的结构、列名和类型,便于快速检查数据的完整性和准确性。

4.2.3　从 Excel 文件导入

本节将介绍如何从 Excel 文件中导入数据。Excel 是一种广泛使用的数据存储格式,许多数据分析工作中都需要将数据从 Excel 文件转移到 R 语言中进行处理和分析。R 语言提供了多种包来实现这一功能,其中最常用的包是 readxl 和 openxlsx,它们都可以读取 Excel 文件,区别如下。

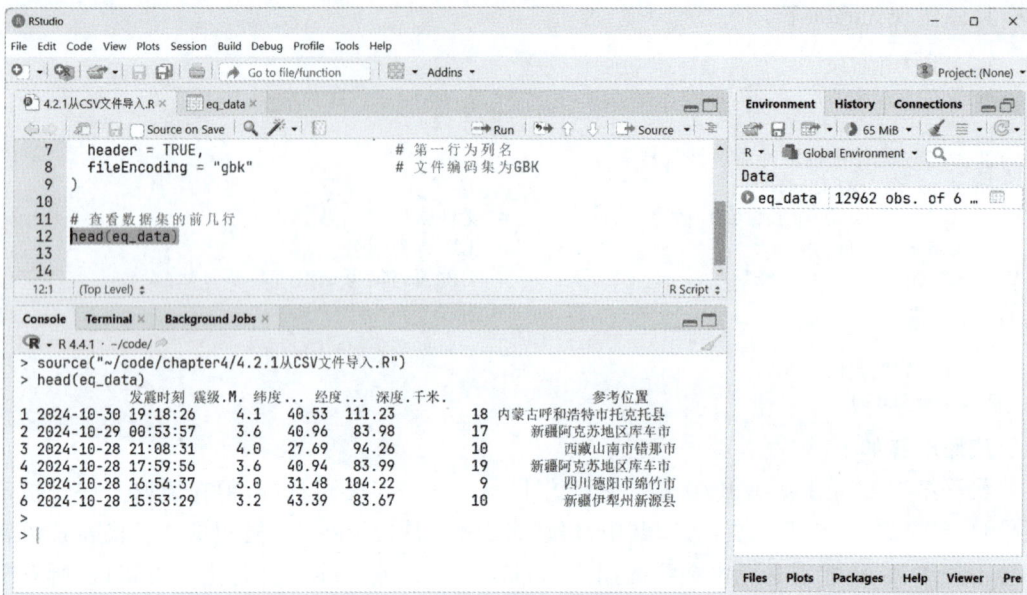

图 4-3　在控制台窗口执行 head()函数

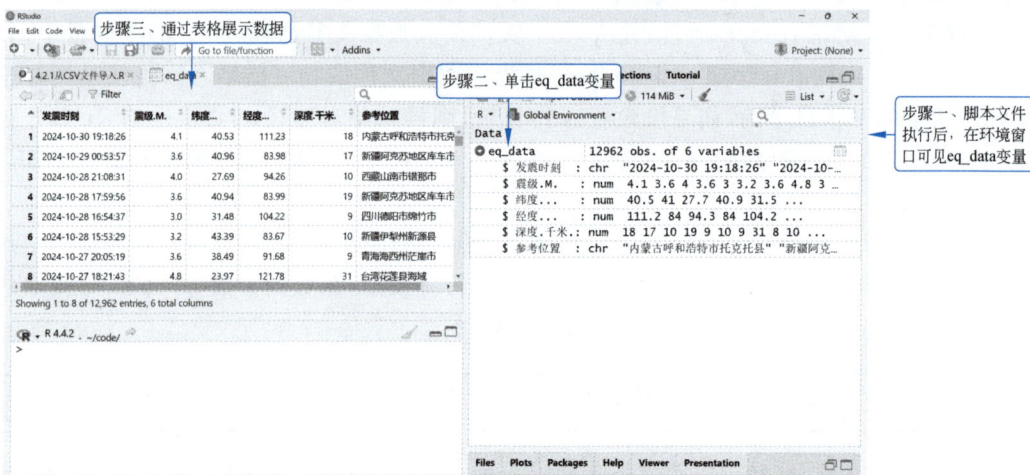

图 4-4　在环境窗口查看变量

- readxl：专注于读取功能，支持 .xls 和 .xlsx 文件格式，但不支持写入。
- openxlsx：支持读取和写入 .xlsx 文件，并提供丰富的格式化选项，适合需要复杂操作的场景。

本节介绍使用 readxl 包从 Excel 文件导入数据。

首先加载 readxl 包，以便使用其提供的功能。如果尚未安装该包，则需要使用以下命令进行安装。

```
install.packages("readxl")          # 仅需执行一次
```

---

install.packages("readxl")只需要执行一次来安装包。如果每次运行脚本时都执行此语句，R语言会重新检查包是否已安装，即使包已存在，它仍会尝试重新安装，这会浪费时间和资源。

为了避免不必要的重复安装，可以用如下的代码进行检查，只在包未安装的情况下才进行安装。

```
if (!require("readxl")) install.packages("readxl", dependencies = TRUE)
```

安装完成后，加载该包以便使用其功能：

```
library(readxl)              # 每次使用前加载
```

readxl包中提供了read.excel()函数，实现读取Excel到一个数据框中。read.excel()函数的基本语法如下。

```
read_excel(path, sheet = NULL, range = NULL, col_names = TRUE,
           col_types = NULL, na = "", trim_ws = TRUE, skip = 0, …)
```

参数说明如下。
- path：要读取的Excel文件的路径。
- sheet：指定要读取的工作表名称或索引（默认为NULL，表示读取第一个工作表）。
- range：可选，指定要读取的单元格范围（例如"A1:C10"）。
- col_names：是否将第一行作为列名，默认为TRUE。
- col_types：指定每列的数据类型，可以是一个字符向量。
- na：指定哪些值应视为缺失值，默认为空字符串""。
- trim_ws：是否去除字符串两端的空白，默认为TRUE。
- skip：跳过的行数，默认为0（即不跳过任何行）。如果需要从指定行开始读取数据，可以通过此参数设置。

4.2.4 示例2：导入"商品房销售月度数据.xls"文件

本节通过示例介绍如何使用R导入Excel文件中的数据。具体示例将使用readxl包中的read_excel()函数，从名为"商品房销售月度数据.xls"的文件中提取数据，包括安装和加载所需的包、读取数据以及查看导入的数据内容，以便进行后续分析和处理。"商品房销售月度数据.xls"文件内容如图4-5所示。

如图4-5所示，Excel文件中的月度数据需要跳过表格前2行和最后2行，具体实现代码如下。

```
# 安装并加载 readxl 包(如未安装，则运行安装命令)
# install.packages("readxl")
library(readxl)

# 设置工作目录
```

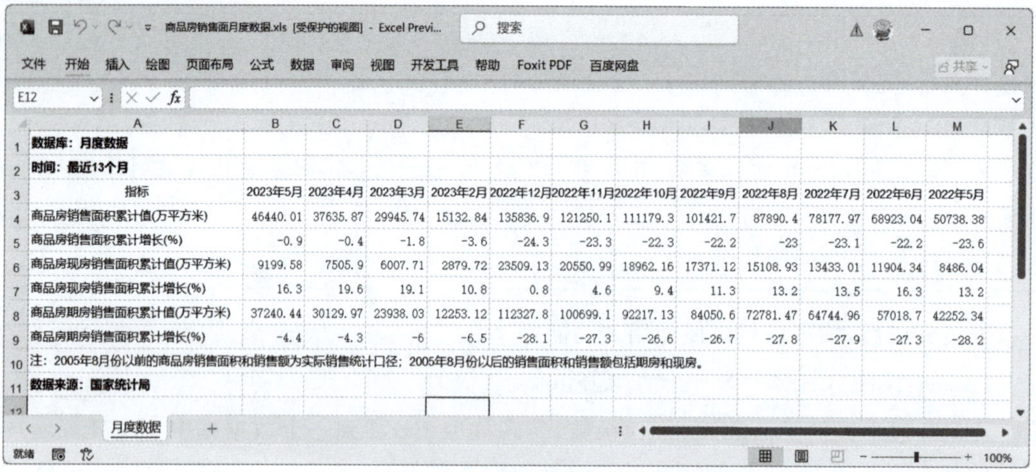

数据库：月度数据

时间：最近13个月

指标	2023年5月	2023年4月	2023年3月	2023年2月	2022年12月	2022年11月	2022年10月	2022年9月	2022年8月	2022年7月	2022年6月	2022年5月
商品房销售面积累计值(万平方米)	46440.01	37635.87	29945.74	15132.84	135836.9	121250.1	111179.3	101421.7	87890.4	78177.97	68923.04	50738.38
商品房销售面积累计增长(%)	-0.9	-0.4	-1.8	-3.6	-24.3	-23.3	-22.3	-22.2	-23	-23.1	-22.2	-23.6
商品房现房销售面积累计值(万平方米)	9199.58	7505.9	6007.71	2879.72	23509.13	20550.99	18962.16	17371.12	15108.93	13433.01	11904.34	8486.04
商品房现房销售面积累计增长(%)	16.3	19.6	19.1	10.8	0.8	4.6	9.4	11.3	13.2	13.5	16.3	13.2
商品房期房销售面积累计值(万平方米)	37240.44	30129.97	23938.03	12253.12	112327.8	100699.1	92217.13	84050.6	72781.47	64744.96	57018.7	42252.34
商品房期房销售面积累计增长(%)	-4.4	-4.3	-6	-6.5	-28.1	-27.3	-26.6	-26.7	-27.8	-27.9	-27.3	-28.2

注：2005年8月份以前的商品房销售面积和销售额为实际销售统计口径；2005年8月份以后的销售面积和销售额包括期房和现房。

数据来源：国家统计局

图 4-5 “商品房销售月度数据.xls”文件内容

```
setwd("~/code")

# 从 Excel 文件中读取数据,从第 3 行开始(跳过前 2 行)
data <- read_excel("data/商品房销售面月度数据.xls", skip = 2)        ①
# 去掉最后 2 行
data <- data[1:(nrow(data) - 2), ]                                  ②

# 查看数据的前几行
head(data)
```

代码解释如下。

代码第①行从 Excel 文件中读取数据：read_excel()函数用于读取文件，并使用 skip=2 参数跳过前 2 行，使数据从第 3 行开始读取。

代码第②行去掉了最后 2 行，其中 nrow(data)返回数据框 data 的总行数。

上述示例运行后，通过 RStudio 的环境窗口查看 data 变量，如图 4-6 所示。

4.2.5 从数据库导入

在数据分析中，直接从数据库导入数据是一种常见的操作。R 语言提供了多种包来连接和查询数据库，包括 DBI 和 RSQLite 等。通过这些包，可以方便地从关系数据库(如 MySQL、PostgreSQL 和 SQLite)中读取数据。

本节重点介绍从 SQLite 数据库导入数据，具体过程如下。

1. 安装并加载 RSQLite 包

首先需要确保安装并加载 RSQLite 包，以便能连接和操作 SQLite 数据库。

```
install.packages("RSQLite")          # 如果尚未安装
library(RSQLite)                     # 加载 RSQLite 包
```

2. 创建数据库连接

使用 dbConnect()函数创建与 SQLite 数据库的连接。

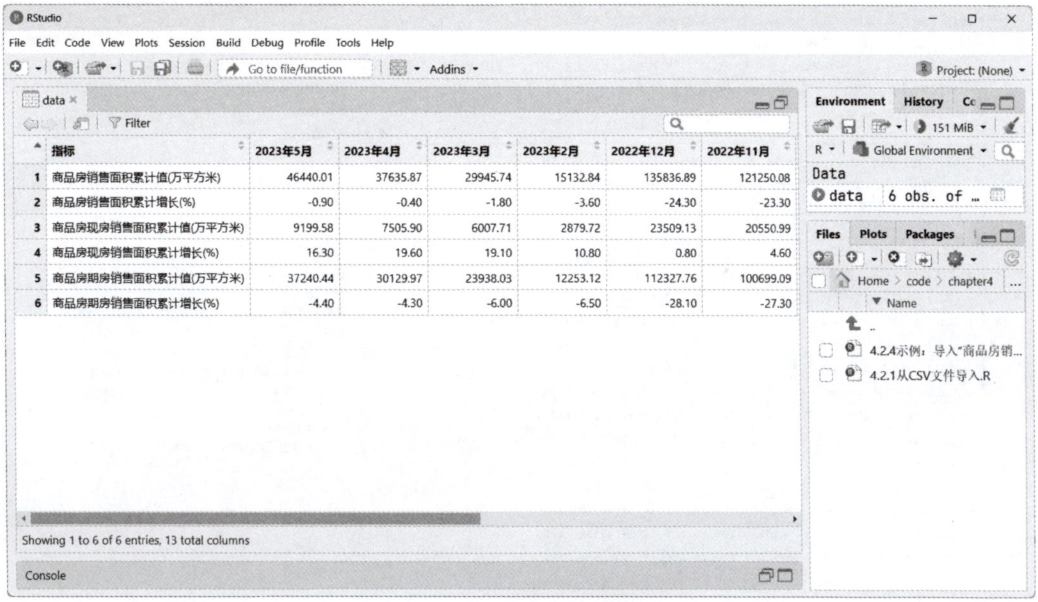

图 4-6 查看 data 变量

```
conn <- dbConnect(RSQLite::SQLite(), dbname = "path/to/database.sqlite")
```

3. 查询数据

使用 dbGetQuery()函数从数据库中执行 SQL 查询，并将结果导入为数据框。

```
# 执行查询并导入数据
data <- dbGetQuery(conn, "SELECT * FROM table_name")
```

4. 处理数据

查看和处理导入的数据，如使用 head()函数查看数据的前几行。

```
head(data)
```

5. 关闭数据库连接

完成数据操作后，使用 dbDisconnect()函数关闭与数据库的连接。

```
dbDisconnect(conn)
```

通过以上步骤，可以成功地从 SQLite 数据库导入数据并进行分析。

4.2.6 示例 3：从 SQLite 数据库导入苹果公司股票数据

在本节中，将演示如何从 SQLite 数据库中导入苹果公司的股票数据。股票数据文件为 NASDAQ_DB.db，读者可以在本书配套的源代码 code 目录下的 data 子目录中找到该文件。

使用 DB Browser for SQLite 工具打开 NASDAQ_DB.db 文件，如图 4-7 所示是 Historical Quote(历史股票报价数据)表数据。

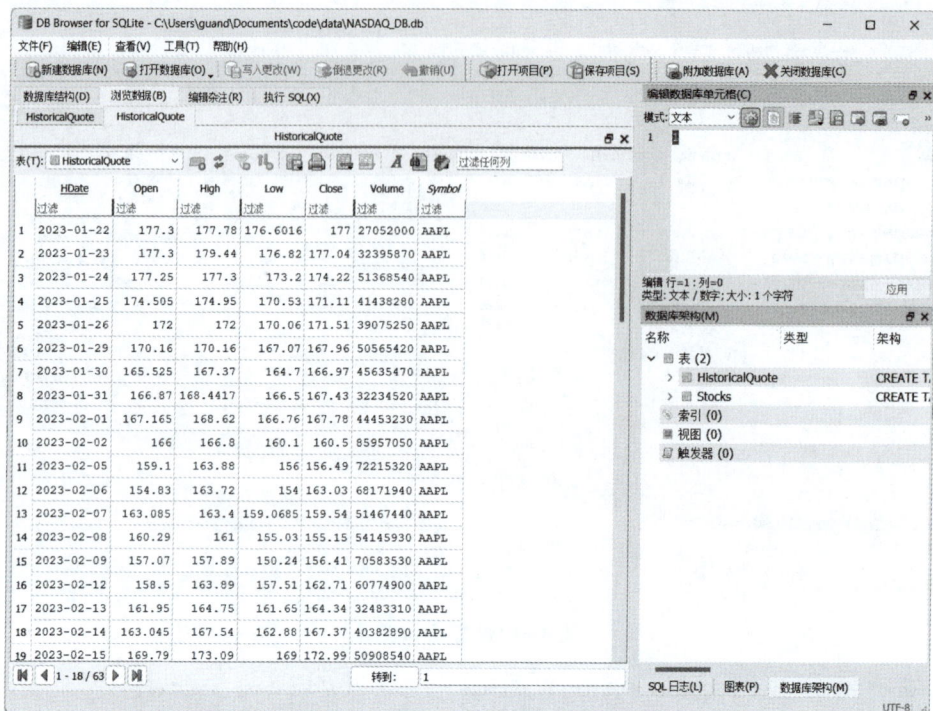

图 4-7   打开 NASDAQ_DB.db 文件

历史股票报价数据（HistoricalQuote）表字段说明如表 4-1 所示。

表 4-1   HistoricalQuote 表字段说明

字 段 名 称	说　　明
HDate	日期，记录股票数据对应的日期
Open	开盘价，特定日期下股票的开盘价格
High	最高价，特定日期内股票价格的最高值
Low	最低价，特定日期内股票价格的最低值
Close	收盘价，特定日期结束时股票的价格
Volume	成交量，特定日期内股票的交易数量
Symbol	股票代码，代表数据是关于苹果公司（Apple Inc.）股票的数据

💡提示   DB Browser for SQLite 是一个开源工具，用于创建、设计和编辑 SQLite 数据库文件。它提供了一个用户友好的图形界面，使得用户能够轻松执行以下操作。

（1）查看和编辑数据：可以查看数据库中的表格数据，编辑字段内容。

（2）创建和修改数据库结构：可以创建新表、添加或删除列、设置主键和索引等。

（3）执行 SQL 查询：允许用户运行自定义 SQL 查询，查看查询结果。

（4）导入和导出数据：支持将数据从 CSV 文件导入 SQLite 数据库，或将数据库中的数据导出为 CSV 等格式。

（5）导出数据库：可以将整个数据库或特定表导出为 SQL 文件，便于备份和共享。

读者可以到 DB Browser for SQLite 官网下载或从本书配套的工具下载 DB Browser for SQLite 工具。

示例具体实现代码如下。

```
# 安装并加载 RSQLite 包
install.packages("RSQLite") # 如果尚未安装
library(RSQLite) # 加载 RSQLite 包

# 设置工作目录
setwd("~/code")

# 创建数据库连接
conn <- dbConnect(RSQLite::SQLite(), dbname = "data/NASDAQ_DB.db")

# 执行查询并导入苹果公司股票数据
apple_data <- dbGetQuery(conn, "SELECT * FROM HistoricalQuote")

# 查看导入的数据的前几行
head(apple_data)

# 关闭数据库连接
dbDisconnect(conn)
```

上述示例运行后，通过 RStudio 的环境窗口查看 apple_data 变量，如图 4-8 所示。

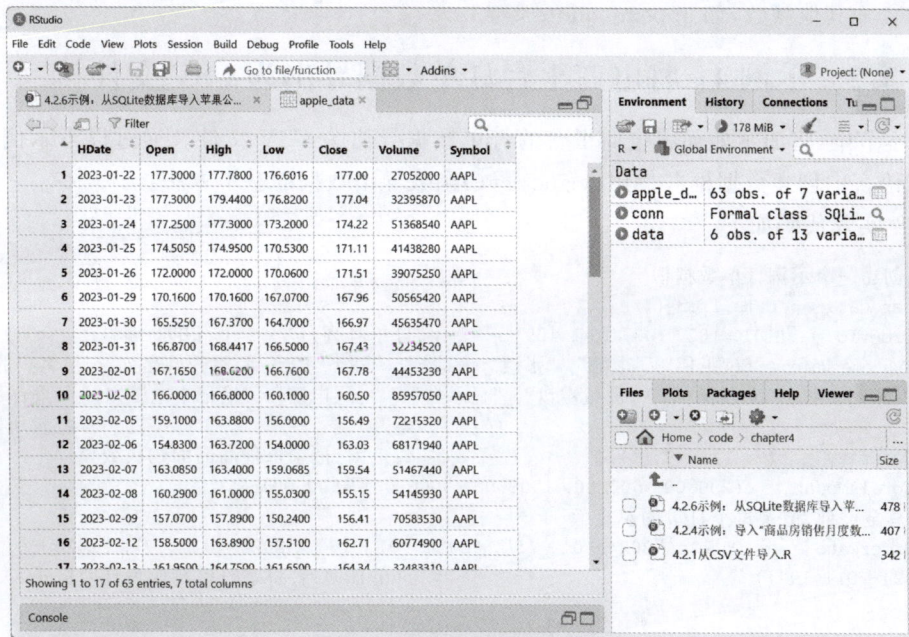

图 4-8　查看 apple_data 变量

4.3 数据导出

数据导出是数据分析过程中的一个重要环节，它允许用户将分析结果保存到外部文件中，以便于分享、存档或进一步分析。下面详细介绍一下 R 语言中如何将数据导出为一些常见格式。

4.3.1 导出到 CSV 文件

在 R 语言中，可以使用 write.csv() 函数将现有的数据框写入 CSV 文件。write.csv() 函数的基本用法如下。

```
write.csv(x, file = "", row.names = TRUE, na = "NA", fileEncoding = "", …)
```

参数说明如下。

- x：数据框或矩阵，即需要导出的数据对象。
- file：文件名及路径。可以是绝对路径或相对路径，默认为空字符串""（需指定文件名）。
- row.names：是否将行名导出为第一列。默认为 TRUE，即导出行名。
- na：指定缺失值（NA）在文件中的表示形式，默认为 "NA"。
- fileEncoding：指定文件的编码格式，例如 "UTF-8" 或 "GB2312" 等。默认为空，不指定编码。
- quote：是否为字符型数据加引号，默认为 TRUE。
- …：其他参数，如 append、quote 等。

4.3.2 示例 4：将电商平台订单数据导出为 CSV 文件

在本节中，将演示如何将电商平台的订单数据导出为 CSV 文件。通过以下示例，能掌握在 R 语言中创建数据框并使用 write.csv() 函数导出数据的基本方法。

示例实现代码如下。

```
# 创建一个示例订单数据框
order_data <- data.frame(
  OrderID = c(101, 102, 103, 104, 105),        # 订单号列,包含 5 个订单的编号
  CustomerName = c("王伟", "李娜", "张敏", "刘洋", "陈杰"),    # 客户姓名列,记录客户的姓名
  Product = c("无线鼠标", "机械键盘", "显示器", "台式电脑", "笔记本电脑"),  # 商品列,记
                                                              # 录所购商品
  Quantity = c(2, 1, 1, 1, 1),                 # 数量列,记录每种商品的购买数量
  TotalAmount = c(200.00, 500.00, 1500.00, 3000.00, 4500.00),
# 总金额列,记录每个订单的总金额
  OrderDate = as.Date(c("2024-01-15", "2024-01-16", "2024-01-17", "2024-01-18",
"2024-01-19"))                                # 订单日期列,将字符串转换为日期格式
)

# 修改列名为中文标题
```

```
colnames(order_data) <- c("订单号", "客户姓名", "商品", "数量", "总金额", "订单日期")

# 显示订单数据框内容
print(order_data)

# 设置工作目录
setwd("~/code")

# 将订单数据框导出到 CSV 文件
write.csv(order_data,                                    ①
          file = "data/订单数据.csv",
          fileEncoding = "gbk",
          row.names = FALSE)                    # 可以选择不导出行名

# 确认导出完成
print("订单数据已成功导出到订单数据.csv 文件")
```

代码解释如下。

上述代码第①行使用 write.csv()函数将 order_data 包含订单信息的数据框导出为 CSV 文件,其中参数 file="data/订单数据.csv"指定导出文件的路径和名称;row.names=FALSE 表示是否在 CSV 文件中包含数据框的行名,设置为 FALSE 表示不将行名写入 CSV 文件,只有列名和数据将被写入。这对于许多数据分析任务是有用的,因为行名通常并不是数据的一部分,且可以避免额外的列在输出文件中;fileEncoding="gbk"是设置中文编码,如果不指定编码,可能导致中文字符出现乱码。

上述代码执行后,order_data 中的数据将被写入指定的 CSV 文件。保存的 CSV 文件可以通过文本编辑器或电子表格软件(如 Excel)打开。如图 4-9 所示,使用 Excel 打开订单数据.csv 文件。

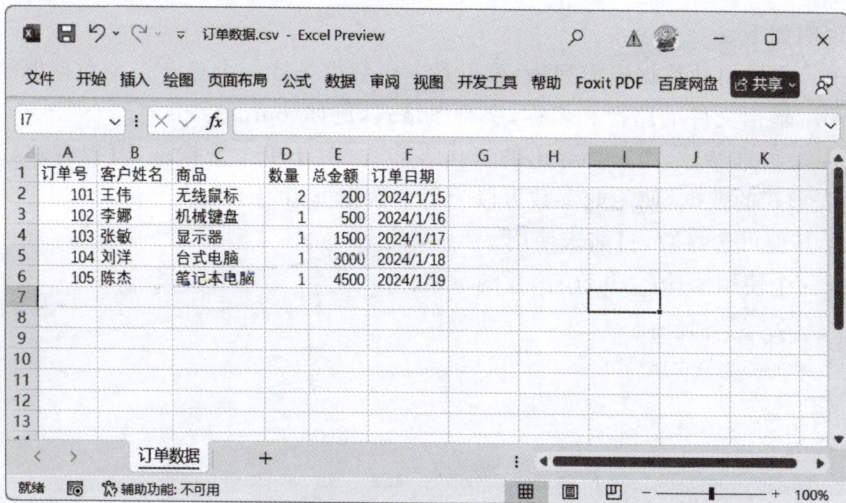

图 4-9　使用 Excel 打开订单数据.csv 文件

4.3.3　导出到 Excel 文件

在 R 语言中导出数据到 Excel 文件,可以使用 writexl 或 openxlsx 包。这两个包都提供了将数据框导出为 Excel 文件的方法,选择它们的方法分别如下。

- 如果需要更复杂的 Excel 文件(如带有格式、图表等),可以使用 openxlsx。
- 如果只是简单地导出数据,writexl 更快且易用。

本节重点介绍 writexl 包的使用。下面是使用 writexl 包将数据导出到 Excel 文件的步骤和示例代码。

1. 安装并加载 writexl 包

如果尚未安装 writexl,请运行以下命令进行安装并加载。

```
install.packages("writexl")
library(writexl)
```

2. 创建一个数据框

创建一个示例数据框,以便导出。

```
# 创建示例数据框
df <- data.frame(
  Name = c("Alice", "Bob", "Charlie"),
  Age = c(25, 30, 35),
  Score = c(85, 90, 95)
)
```

3. 导出数据框到 Excel 文件

使用 write_xlsx()函数将数据框导出为 Excel 文件。write_xlsx()函数语法如下。

```
write_xlsx(data, path, sheet = NULL, …)
```

参数说明如下。

- data:要导出的数据框或列表,可以是一个数据框或一个包含多个数据框的列表。
- path:输出文件的路径和名称,字符串格式,例如"output.xlsx"。
- sheet:可选参数,指定要导出的工作表名称(对于单个数据框,可以省略)。如果是列表形式的数据,使用此参数可以为每个数据框指定工作表名称。
- …:其他可选参数,目前未使用。

以下是一个使用 write_xlsx()函数的示例。

```
# 安装并加载 writexl 包
install.packages("writexl")
library(writexl)

# 创建示例数据框
df1 <- data.frame(Name = c("Alice", "Bob"), Age = c(25, 30))
df2 <- data.frame(Name = c("Charlie", "David"), Age = c(35, 40))

# 设置工作目录
```

```
setwd("~/code")
# 将多个数据框导出到同一个 Excel 文件的不同工作表
write_xlsx(list(Sheet1 = df1, Sheet2 = df2), "data/output_multiple_sheets.xlsx")
```

在这个示例中使用 write_xlsx() 函数导出到名为 output_multiple_sheets.xlsx 的 Excel 文件，其中包含两个不同的工作表。

4.3.4　示例 5：将电商平台订单数据导出为 Excel 文件

在本节中，将演示如何将电商平台的订单数据导出为 Excel 文件。通过以下示例，能掌握在 R 语言中创建数据框并使用 write_xlsx() 函数导出数据的基本方法。

示例实现代码如下。

```
# 安装并加载 writexl 包
install.packages("writexl")
library(writexl)

# 创建一个示例订单数据框
order_data <- data.frame(
    OrderID = c(101, 102, 103, 104, 105),                          # 订单号列
    CustomerName = c("王伟", "李娜", "张敏", "刘洋", "陈杰"),          # 客户姓名列
    Product = c("无线鼠标", "机械键盘", "显示器", "台式电脑", "笔记本电脑"),  # 商品列
    Quantity = c(2, 1, 1, 1, 1),                                   # 数量列
    TotalAmount = c(200.00, 500.00, 1500.00, 3000.00, 4500.00),    # 总金额列
    OrderDate = as.Date(c("2024-01-15", "2024-01-16", "2024-01-17", "2024-01-18",
"2024-01-19"))                                                     # 订单日期列
)

# 修改列名为中文标题
colnames(order_data) <- c("订单号", "客户姓名", "商品", "数量", "总金额", "订单日期")

# 显示订单数据框内容
print(order_data)

# 设置工作目录（根据需要修改路径）
setwd("~/code")

# 将订单数据框导出到 Excel 文件
write_xlsx(order_data, "data/订单数据.xlsx")

# 确认导出完成
print("订单数据已成功导出到订单数据.xlsx 文件")
```

运行上述代码后，"订单数据.xlsx"文件将在指定的 data 目录中生成，文件内容如图 4-10 所示。

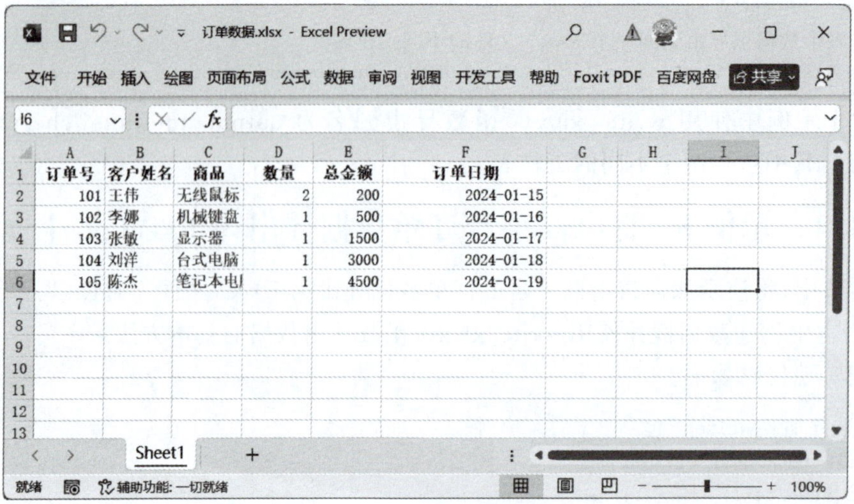

订单号	客户姓名	商品	数量	总金额	订单日期
101	王伟	无线鼠标	2	200	2024-01-15
102	李娜	机械键盘	1	500	2024-01-16
103	张敏	显示器	1	1500	2024-01-17
104	刘洋	台式电脑	1	3000	2024-01-18
105	陈杰	笔记本电	1	4500	2024-01-19

图 4-10 订单数据文件内容

4.4 使用内置数据

在数据分析过程中，经常会用到一些常见的数据集。这些数据集有的来自外部文件，如CSV、Excel或数据库文件；有的则是R语言提供的内置数据集，这些数据集为用户提供了方便的测试数据，帮助进行探索性分析、建模和算法验证。

4.4.1 内置数据集概述

R语言的内置数据集通常存储在datasets包中，datasets包是R语言的基础包之一，它在R语言的默认安装中已经包含，因此用户无须单独安装。只在R语言会话中加载该包即可使用其提供的内置数据集。以下是加载和使用datasets包的基本步骤。

1. 加载datasets包

```
library(datasets)          # 加载 datasets 包
```

使用R语言进行数据分析时，datasets包是一个默认加载的包，这意味着在大多数情况下，可以直接使用其中的数据集，而无须显式加载该包。因此，library(datasets)这一行代码可以省略。

然而，在某些情况下，显式加载包可能有助于增加代码的可读性，特别是对于初学者或在长时间未使用的脚本中。明确指出所依赖的包可以帮助其他读者或自己在将来更容易理解代码的来源。

2. 查看可用的数据集

```
data()                     # 显示所有可用的内置数据集
```

在控制台执行data()语句，会显示如图4-11所示的内置数据集的列表。

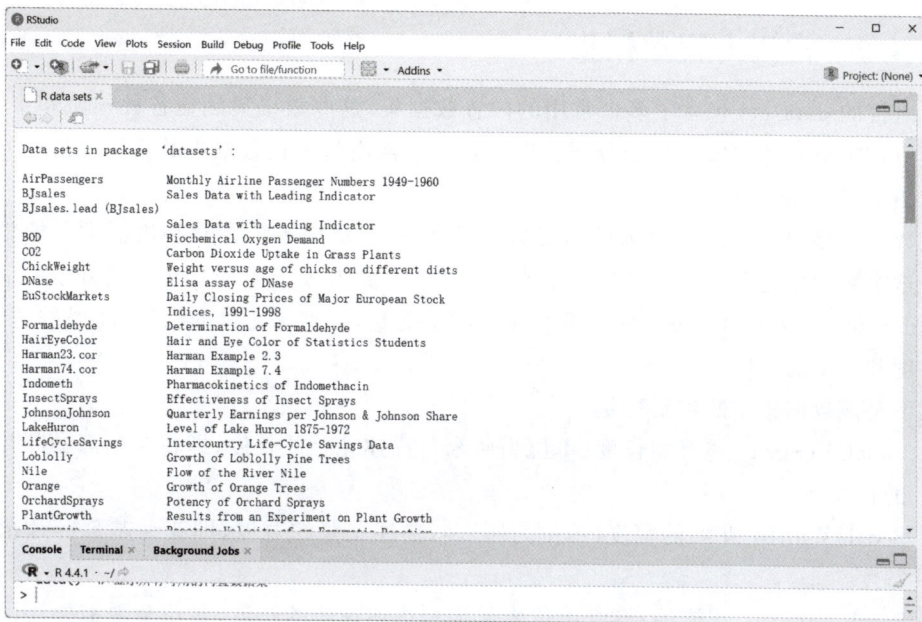

图 4-11　内置数据集的列表

3. 加载特定数据集

```
data(airquality)          #加载 airquality 数据集
```

通过这些简单的步骤，用户可以方便地访问和使用 R 语言提供的内置数据集，而无须进行任何安装操作。

执行该语句后，可以在环境窗口中查看 data 变量。单击 data 变量，可见如图 4-12 所示的变量内容。

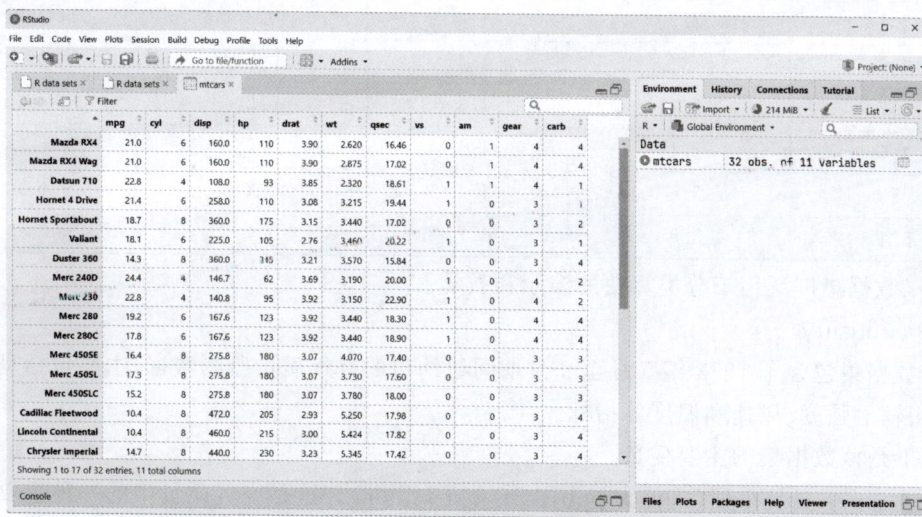

图 4-12　查看 data 变量

4.4.2　常用内置数据集

R 语言的 datasets 包含了多个常用的内置数据集,这些数据集涵盖各种领域和主题,适合于进行数据分析和探索性数据分析。以下是一些常用的内置数据集及其简要描述。

1. Iris(鸢尾花)

该数据集是 R 语言中最著名的内置数据集之一,广泛用于统计学和机器学习的教学和实验。这个数据集包含了 150 个样本的鸢尾花数据,涵盖 3 个不同物种的鸢尾花(Setosa、Versicolor 和 Virginica)。每个样本都有 4 个测量变量,分别是花萼的长度、花萼的宽度、花瓣的长度和花瓣的宽度。

以下是该数据集中的主要变量。

- Sepal. Length:花萼的长度(单位为厘米),描述花萼的长度,即花朵基部的叶片部分的长度。
- Sepal. Width:花萼的宽度(单位为厘米),描述花萼的宽度,即花朵基部叶片部分的宽度。
- Petal. Length:花瓣的长度(单位为厘米),描述花瓣的长度,是花朵中最外层的花瓣部分的长度。
- Petal. Width:花瓣的宽度(单位为厘米),描述花瓣的宽度,是花朵中最外层的花瓣部分的宽度。
- Species:鸢尾花的物种(Setosa、Versicolor、Virginica)。

如表 4-2 所示是 Iris 数据集的部分数据。

表 4-2　Iris 数据集的部分数据

Sepal. Length	Sepal. Width	Petal. Length	Petal. Width	Species
5.1	3.5	1.4	0.2	Setosa
4.9	3	1.4	0.2	Setosa
4.7	3.2	1.3	0.2	Setosa
4.6	3.1	1.5	0.2	Setosa
5	3.6	1.4	0.2	Setosa
5.4	3.9	1.7	0.4	Setosa

Iris 数据集广泛用于分类算法的演示和教学。

2. airquality

该数据集包含了 1973 年 5 月至 9 月期间纽约市的空气质量监测数据,主要包括臭氧浓度、太阳辐射强度、风速和温度等指标。

以下是该数据集的主要变量。

- Ozone:臭氧浓度(单位为 ppb,parts per billion)。这是空气质量中的一种重要污染物,过高的臭氧浓度对人体健康有害。

- Solar.R：太阳辐射强度（单位为 lang）。太阳辐射强度与天气和空气质量密切相关。
- Wind：风速（单位为 m/s）。风速对空气质量有一定的影响，特别是在污染物扩散方面。
- Temp：温度（单位为华氏度）。温度是影响空气质量和污染物浓度的因素之一。
- Month：月份（1～12）。数据记录的月份，反映了季节变化对空气质量的影响。
- Day：日期（1～31）。记录日期，提供了每天的空气质量数据。

表 4-3 所示是 airquality 数据集的部分数据。

表 4-3　airquality 数据集的部分数据

Ozone	Solar.R	Wind	Temp	Month	Day
41	190	7.4	67	5	1
36	118	8	72	5	2
12	149	12.6	74	5	3
18	313	11.5	62	5	4
NA	NA	14.3	56	5	5
28	NA	14.9	66	5	6
23	299	8.6	65	5	7
19	99	13.8	59	5	8
8	19	20.1	61	5	9

airquality 数据集用于分析空气质量与气象因素之间的关系。

3. ChickWeight

该数据集包含了小鸡的体重增长数据。这个数据集主要用于分析小鸡的体重与不同饮食、年龄和其他因素之间的关系。数据记录了不同组别的小鸡在不同时间点的体重，以及它们所接受的不同饮食条件。

ChickWeight 数据集包含了 578 行数据和 4 列变量。以下是该数据集的主要变量。

- Weight：小鸡的体重（单位为克），即每只小鸡在不同时间点的体重。
- Time：实验时间（单位为天），即每只小鸡被观察的天数。实验从小鸡孵化开始，按天记录体重的变化。
- Chick：小鸡的编号，唯一标识每只小鸡的数据记录。每只小鸡在不同时间点都有体重数据。
- Diet：饮食类型，即小鸡的饮食组别。不同的饮食可能会对小鸡的生长和体重有不同的影响。通常情况下，Diet 有 4 个类别，用数字 1～4 表示，代表不同的饲料配方。

表 4-4 所示是 ChickWeight 数据集的部分数据。

表 4-4 **ChickWeight** 数据集的部分数据

Weight	Time	Chick	Diet	Weight	Time	Chick	Diet
42	0	1	1	93	10	1	1
51	2	1	1	106	12	1	1
59	4	1	1	125	14	1	1
64	6	1	1	149	16	1	1
76	8	1	1				

ChickWeight 数据集用于生长曲线分析和比较不同饮食对小鸡成长的影响。

4. PlantGrowth

该数据集包含了植物在不同施肥条件下的生长情况,用于研究肥料对植物生长的影响,特别是植物的生长高度。PlantGrowth 数据集记录了 30 株植物在 3 种不同肥料处理下的生长情况。

PlantGrowth 数据集包含 30 行数据和 2 列变量,主要描述植物的生长高度和肥料类型。以下是该数据集的主要变量。

表 4-5 **PlantGrowth** 数据集的部分数据

Weight	Group
4.17	ctrl
5.58	ctrl
5.18	ctrl
6.11	ctrl
4.5	ctrl
4.61	ctrl
5.17	ctrl
4.53	ctrl
5.33	ctrl

- Weight:植物的体重(单位为克),通常通过测量植物的生长高度或直接测量植物的干重评估植物的生长情况。
- Group:肥料组别,表示植物接受的肥料类型。Group 变量有 3 个不同的取值。
  - ctrl:对照组(未施肥或施用普通肥料)。
  - trt1:第一种肥料组。
  - trt2:第二种肥料组。

表 4-5 所示是 PlantGrowth 数据集的部分数据示例。

PlantGrowth 数据集用于演示数据分析、统计方法和可视化技术。

5. AirPassengers

该数据集包含了每个月的航空乘客数量,数据时间跨度为 12 年(1949 年 1 月至 1960 年 12 月),共 144 个观测值。每个观测值代表该月份的全球航空乘客数量(单位为千人)。

以下是该数据集的主要变量。

- Year:年份,表示数据记录的年份。
- Jan、Feb、Mar、Apr、May、Jun、Jul、Aug、Sep、Oct、Nov、Dec:每个月的航空乘客数量(单位:千人次),分别对应每年的 12 个月。

数据集的每一行代表一个年份,每一列代表该年中每个月的航空乘客数量。表 4-6 所示是 AirPassengers 数据集的部分数据。

表 4-6　AirPassengers 数据集的部分数据

Year	Jan	Feb	Mar	Apr	May	Jun	Jul	Aug	Sep	Oct	Nov	Dec
1949	112	118	132	129	121	135	148	148	136	119	104	118
1950	115	126	141	135	125	149	170	170	158	133	114	140
1951	145	150	178	163	172	178	199	199	184	162	146	166
1952	171	180	193	181	183	218	230	242	209	191	172	194
1953	196	196	236	235	229	243	264	272	237	211	180	201
1954	204	188	235	227	234	264	302	293	259	229	203	229
1955	242	233	267	269	270	315	364	347	312	274	237	278
1956	284	277	317	313	318	374	413	405	355	306	271	306
1957	315	301	356	348	355	422	465	467	404	347	305	336
1958	340	318	362	348	363	435	491	505	404	359	310	337

　　AirPassengers 数据集广泛应用于时间序列分析，尤其是季节性、趋势和预测等任务。它提供了关于航空旅行需求变化的宝贵历史数据，是学习和应用统计模型的经典案例。

6. mtcars

　　该数据集包含了 1974 年美国汽车杂志 *Motor Trend* 中对 32 辆汽车的规格和性能测量数据。它是一个典型的示例数据集，经常用于学习和演示数据分析和可视化技术。

　　以下是该数据集中的主要变量。

- mpg：每加仑行驶的英里数（燃油效率）。
- cyl：气缸数。
- disp：发动机排量（立方英寸）。
- hp：发动机马力。
- drat：后桥速比。
- wt：汽车质量（千磅）。
- qsec：四分之一英里加速时间（秒）。
- vs：发动机形状（0＝V 型，1＝直列）。
- am：变速器类型（0＝自动，1＝手动）。
- gear：前进挡数。
- carb：化油器数量。

表 4-7 所示是 mtcars 数据集的部分数据。

表 4-7　mtcars 数据集的部分数据

车　　　型	mpg	cyl	disp	hp	drat	wt	qsec	vs	am	gear	carb
Mazda RX4	21	6	160	110	3.9	2.62	16.46	0	1	4	4
Mazda RX4 Wag	21	6	160	110	3.9	2.875	17.02	0	1	4	4
Datsun 710	22.8	4	108	93	3.85	2.32	18.61	1	1	4	1
Hornet 4 Drive	21.4	6	258	110	3.08	3.215	19.44	1	0	3	1
Hornet Sportabout	18.7	8	360	175	3.15	3.44	17.02	0	0	3	2

续表

车　　型	mpg	cyl	disp	hp	drat	wt	qsec	vs	am	gear	carb
Valiant	18.1	6	225	105	2.76	3.46	20.22	1	0	3	1
Duster 360	14.3	8	360	245	3.21	3.57	15.84	0	0	3	4
Merc 240D	24.4	4	146.7	62	3.69	3.19	20	1	0	4	2
Merc 230	22.8	4	140.8	95	3.92	3.15	22.9	1	0	4	2

R 语言提供的这些内置数据集,涵盖不同领域,方便用户学习数据分析方法。这些数据集是实践和测试 R 语言功能的理想工具,有助于快速掌握分析技巧,并提高实际操作能力。

4.5　本章练习

1. 问答题

(1) 简述如何从 CSV 文件导入数据。

(2) 简述从 CSV 文件导入数据的步骤。

(3) 请说明如何使用 R 语言从 Excel 文件中导入数据,并举例演示如何读取一个具体的 Excel 文件。

(4) 请简述如何从关系数据库(如 SQLite、MySQL 等)导入数据,并举例说明如何通过 R 语言连接并查询数据库。

2. 选择题

(1) 在 R 语言中,以下哪个函数可用来导入 CSV 文件?(　　)

　　A. read.csv()　　　　　　　　　B. read.table()

　　C. write.csv()　　　　　　　　　D. write.table()

(2) 在 R 语言中,如何将数据导出为 Excel 文件?(　　)

　　A. write.csv()　　　　　　　　　B. write.xlsx()

　　C. write.table()　　　　　　　　D. saveRDS()

(3) 从 SQLite 数据库导入数据时,以下哪个函数用于连接数据库?(　　)

　　A. dbReadTable()　　　　　　　B. dbConnect()

　　C. dbImport()　　　　　　　　　D. dbQuery()

(4) 在 R 语言中,以下哪个函数用于将数据导出为 CSV 格式的文件?(　　)

　　A. write.csv()　　　　　　　　　B. write.xlsx()

　　C. read.csv()　　　　　　　　　D. read.xlsx()

3. 编程题

编写一个 R 语言脚本,从一个 CSV 文件(如 earthquake_data.csv)中导入地震数据,并查看前几行数据。

假设该 CSV 文件包含 Date、Magnitude、Location 等字段,导入数据后,显示数据框的结构和前几行数据。

第 5 章

数据清洗与预处理

数据清洗与预处理在数据分析过程中至关重要。无论是商业分析、科研研究还是机器学习项目，数据的准确性和一致性直接影响结果的可靠性和有效性。

本章将深入探讨数据清洗与预处理的核心概念与方法。首先，介绍数据清洗的基本步骤，包括检查数据结构、处理缺失值和识别异常值。接着，通过 R 语言的 datasets 包加载一些内置数据集，并通过实际示例演示数据清理的操作。最后，讨论数据转换的技巧，以确保数据的可用性和一致性。

通过本章的学习，读者将掌握处理原始数据的必要技能，为后续的数据分析和建模奠定坚实基础。

5.1 数据清洗

数据清洗是数据分析中的一个重要环节，旨在提高数据的质量和一致性。通过清理不准确或不完整的数据，可以确保后续分析的结果更加可靠和有效。

5.1.1 概述

数据清洗的目标是识别和修复数据中的错误、缺失和不一致之处。常见的问题包括重复数据、缺失值、异常值和格式不一致等，这些问题如果不加以解决，将严重影响分析结果的可靠性。

为了更好地理解数据清洗的重要性，以下是一个客户订单数据集的示例，用于对比清洗前后的数据状态。表 5-1 显示的是清洗前的客户订单数据集。

表 5-1 清洗前的客户订单数据集

订单号	客户姓名	商品	数量	总金额	订单日期
101	王伟	无线鼠标	2	200	2024/01/15
102	李娜	机械键盘		500	2024-01-16
103	张敏	显示器	1	1500	2024/01/17
101	王伟	无线鼠标	2	200	2024/01/15
104	刘洋	台式电脑	1	三千	2024-01-18

在这个数据集中,存在多个问题。

(1)缺失值:第二行的"数量"列缺失了数据。

(2)重复记录:第一行和第四行的订单号相同,导致重复。

(3)数据格式不一致:在"总金额"列中,最后一行的总金额使用了中文数字,而其他行是阿拉伯数字。

(4)日期格式不一致:日期格式存在"/"和"—"两种不同的分隔符。

经过数据清洗后,数据集如表5-2所示。

表5-2　清洗后的客户订单数据集

订单号	客户姓名	商品	数量	总金额	订单日期
101	王伟	无线鼠标	2	200.00	2024-01-15
102	李娜	机械键盘	1	500.00	2024-01-16
103	张敏	显示器	1	1500.00	2024-01-17
104	刘洋	台式电脑	1	3000.00	2024-01-18

在清洗后的数据集中。

(1)所有缺失值已填充(第二行的数量设为1)。

(2)重复记录已删除,仅保留一条订单记录。

(3)"总金额"列的所有值均已标准化为阿拉伯数字。

(4)所有日期格式统一为"YYYY-MM-DD"。

通过对比清洗前后的数据,明显看到数据质量有了改善。清洗前的数据中存在缺失值、重复记录、格式不一致等问题,而清洗后,所有缺失值均已填充,重复记录被删除,数据格式得到了统一。这一系列的改进确保了数据的准确性和一致性,为后续的数据分析打下了坚实的基础,减少了因数据问题导致的分析偏差,提升了分析结果的可信度。

5.1.2　数据结构检查

在进行数据清洗之前,首先需要对数据的结构进行检查。这一步骤有助于了解数据的基本组成、类型和潜在问题,以便制定相应的清洗策略。数据结构检查通常包括以下几方面。

(1)数据类型确认

确认每一列的数据类型,例如整型、字符型、日期型等。错误的数据类型可能导致后续分析和计算的错误。可以使用 str()函数查看数据框的结构和各列的数据类型。

(2)列名检查

检查列名是否符合命名规范,是否易于理解和使用。确保列名没有空格、特殊字符,且能准确描述所包含的数据。

(3)数据维度

查看数据的维度,包括行数和列数。这可以帮助评估数据集的规模,确定是否需要进行采样或切分。

（4）数据预览

通过 head() 和 tail() 函数查看数据的前几行和后几行，这有助于快速了解数据的内容和格式。

（5）检查缺失值和异常值

初步检查数据中的缺失值数量，可以使用 colSums(is.na(data)) 查看每列缺失值的统计结果，或使用 sum(is.na(data)) 查看整个数据集中缺失值的总数量。识别可能存在的异常值，并了解数据的分布情况，可以结合 summary(data) 查看统计特征，或通过绘制箱线图、直方图等可视化工具进行分析。

5.1.3　示例6：电商平台订单数据结构检查

本节将通过一个电商平台的订单数据示例，演示如何进行数据结构检查，示例实现代码如下。

```
# 创建示例订单数据框
order_data <- data.frame(
  OrderID = c(101, 102, 103, 104, 105),
  CustomerName = c("王伟", "李娜", "张敏", "刘洋", "陈杰"),
  Product = c("无线鼠标", "机械键盘", "显示器", "台式电脑", "笔记本电脑"),
  Quantity = c(2, 1, 1, 1, 1),
  TotalAmount = c(200.00, 500.00, 1500.00, 3000.00, 4500.00),
  OrderDate = as.Date(c("2024-01-15", "2024-01-16", "2024-01-17", "2024-01-18",
"2024-01-19"))
)

# 1. 数据类型确认
str(order_data)                                     ①

# 2. 列名检查
colnames(order_data)                                ②

# 3. 数据维度
dim(order_data)                                     ③

# 4. 数据预览
head(order_data)                                    ④
tail(order_data)                                    ⑤

# 5. 检查缺失值
sum(is.na(order_data)) # 缺失值的总数量             ⑥
colSums(is.na(order_data)) # 每列缺失值的统计       ⑦

# 6. 检查异常值
summary(order_data)                                 ⑧
```

代码解释如下。

代码第①行通过 str() 函数确认数据类型。通过查看数据的结构检查每个变量的数据类型是否正确。此步骤可以帮助验证数据是否符合预期,例如日期列是否为 Date 类型,数值列是否为 numeric 类型。

该行代码执行后输出结果如下。

```
data.frame': 5 obs. of 6 variables:
$ OrderID     : num 101 102 103 104 105
$ CustomerName: chr "王伟" "李娜" "张敏" "刘洋" ...
$ Product     : chr "无线鼠标" "机械键盘" "显示器" "台式电脑" ...
$ Quantity    : num 2 1 1 1 1
$ TotalAmount : num 200 500 1500 3000 4500
$ OrderDate   : Date, format: "2024 - 01 - 15" "2024 - 01 - 16" "2024 - 01 - 17" ...
```

代码第②行使用 colnames() 函数输出数据框的列名,方便开发者检查是否存在问题。这样可以确保数据框的列名清晰、无拼写错误,并且不含空格或特殊字符,从而避免在分析过程中出现混淆。

该行代码执行后输出结果如下。

```
[1] "OrderID"    "CustomerName" "Product"    "Quantity"    "TotalAmount"    "OrderDate"
```

代码第③行使用 dim() 函数输出数据框的维度,以查看数据框的行数和列数,确保数据规模合理。

该行代码执行后输出结果如下。

```
[1] 5 6
```

输出结果,表示数据框的维度信息:

- 5 表示数据框有 5 行(即 5 条记录)。
- 6 表示数据框有 6 列(即 6 个变量或字段)。

代码第④行的 head() 函数数据框的前 6 行,在控制台中执行该语句,输出结果如下。

	OrderID	CustomerName	Product	Quantity	TotalAmount	OrderDate
1	101	王伟	无线鼠标	2	200	2024 - 01 - 15
2	102	李娜	机械键盘	1	500	2024 - 01 - 16
3	103	张敏	显示器	1	1500	2024 - 01 - 17
4	104	刘洋	台式电脑	1	3000	2024 - 01 - 18
5	105	陈杰	笔记本电脑	1	4500	2024 - 01 - 19

代码第⑤行的 tail() 函数数据框的后 6 行,在控制台中执行该语句,输出结果如下。

	OrderID	CustomerName	Product	Quantity	TotalAmount	OrderDate
1	101	王伟	无线鼠标	2	200	2024 - 01 - 15
2	102	李娜	机械键盘	1	500	2024 - 01 - 16
3	103	张敏	显示器	1	1500	2024 - 01 - 17
4	104	刘洋	台式电脑	1	3000	2024 - 01 - 18
5	105	陈杰	笔记本电脑	1	4500	2024 - 01 - 19

代码第⑥行是缺失值的总数量,其中使用了 is.na() 和 sum() 两个函数。

- is.na(order_data) 函数会检查 order_data 数据框中的每个元素是否为缺失值(NA),该函数返回一个与 order_data 形状相同的逻辑矩阵,在控制台中执行

is. na(order_data)函数,输出结果如下。

	OrderID	CustomerName	Product	Quantity	TotalAmount	OrderDate
[1,]	FALSE	FALSE	FALSE	FALSE	FALSE	FALSE
[2,]	FALSE	FALSE	FALSE	FALSE	FALSE	FALSE
[3,]	FALSE	TRUE	FALSE	FALSE	FALSE	FALSE
[4,]	FALSE	FALSE	FALSE	FALSE	FALSE	TRUE
[5,]	FALSE	FALSE	TRUE	FALSE	FALSE	FALSE

其中每个元素的值为 TRUE 表示该元素是缺失值,为 FALSE 表示不是缺失值。

- sum()函数用于对逻辑矩阵中的 TRUE 值进行求和。在 R 语言中,TRUE 被视为
  1,FALSE 被视为 0。因此,sum(is. na(order_data))会返回 TRUE 值的总数,即数
  据框中缺失值的个数。

代码第⑦行是统计每列的缺失值,其中 colSums(is. na(data))用于统计数据框或矩阵
中每一列的缺失值数量。它结合了两个函数：is. na()和 colSums(),分别完成标记缺失值
和按列统计的任务。输出结果如下。

OrderID	CustomerName	Product	Quantity	TotalAmount	OrderDate
0	0	0	0	0	0

代码第⑧行通过 summary()函数检查异常值,该函数可以返回数据对象(数据框、向量
或因子)摘要信息,它可以查看每列的统计信息,如最小值、最大值、平均值和中位数,以识别
潜在的异常值。在控制台中执行 summary(order_data)函数,输出结果如下。

```
          OrderID    CustomerName         Product           Quantity      TotalAmount
Min.    :101     Length:5         Length:5          Min.   :1.0     Min. :200
1st Qu.:102     Class :character  Class :character  1st Qu.:1.0     1st Qu.:500
Median :103     Mode  :character  Mode  :character  Median :1.0     Median :1500
Mean   :103                                         Mean   :1.2     Mean :1940
3rd Qu.:104                                         3rd Qu.:1.0     3rd Qu.:3000
Max.   :105                                         Max.   :2.0     Max. :4500


    OrderDate
Min.    :2024 - 01 - 15
1st Qu.:2024 - 01 - 15
Median :2024 - 01 - 16
Mean    :2024 - 01 - 16
3rd Qu.:2024 - 01 - 17
Max.    :2024 - 01 - 19
NA's    :1
```

这些摘要信息为后续分析提供了基础,帮助识别订单数量、客户和销售金额的基本
特征。

5.2　数据清理步骤

在数据分析过程中,数据清理是确保数据质量的重要环节。

5.2.1 概述

以下是进行数据清理的一些基本步骤。

1. 检查缺失值

使用函数如 sum(is.na(data))检查数据集中缺失值的数量和分布,识别出哪些变量有缺失值,并记录缺失的数量,以决定后续处理方式。

2. 处理缺失值

- 删除缺失值:对缺失值较多的行或列可以考虑删除,例如使用 na.omit(data)。
- 填充缺失值:根据具体情况,可以使用均值、中位数或其他合适的方法填充缺失值,如 data[is.na(data$column),"column"]<-mean(data$column,na.rm=TRUE)。

3. 去除重复数据

检查数据集中是否存在重复行,可以使用 duplicated(data)函数。对于重复的记录,可以选择删除,使用 data<-data[!duplicated(data),]。

4. 格式化数据

确保数据格式的一致性。例如,将日期格式转换为统一格式,或者将数值型数据转换为合适的数值类型。使用 as.Date()或 as.numeric()等函数进行转换。

5. 处理异常值

通过可视化方法或统计方法识别异常值。根据业务需求,可以选择删除、替换或保留这些异常值。

6. 标准化列名

确保列名清晰、无拼写错误,避免使用空格或特殊字符。使用 colnames(data)函数查看和修改列名。

7. 数据类型转换

确保每列的数据类型符合预期,使用 str(data)函数查看数据结构。根据需要进行类型转换,如 as.factor()将某些列转换为因子类型。

通过以上步骤,数据清理能有效提高数据的准确性和一致性,为后续的数据分析和建模提供可靠的基础。在实际应用中,这些步骤可能需要根据具体的数据情况进行调整和扩展。

5.2.2 示例 7:在线教育平台用户注册数据清洗

本节展示如何对在线教育平台的用户注册数据进行清洗。以下是对某在线教育平台用户注册数据的具体清洗过程,旨在提高数据的质量和可靠性。

以下是一个关于在线教育平台用户注册数据的表格展示,包括清洗前后的数据。从表 5-3 可见清洗前的用户注册数据存在以下几个问题:

表 5-3　清洗前的用户注册数据

UserID	UserName	Age	Email	RegistrationDate
101	张三	25	zhang@example.com	2024-01-15
102	李四	NA	li@example.com	2024-01-16
103	王五	30	wang@example.com	2024-01-17
104	NA	22	zhao@example.com	2024-01-18
105	赵六	27	li@example.com	2024-01-19
101	张三	150	zhang@example.com	2024-01-15
102	李四	25	li@example.com	2024-01-16

（1）缺失值：UserName 列存在一个缺失值（NA），这可能导致在后续分析或使用时出现问题；Age 列也存在一个缺失值（NA），需要处理以避免对统计分析的影响。

（2）重复数据：UserID 列 101 和 102 出现了重复，这可能导致对数据的分析产生偏差。

（3）异常值：Age 列存在一个异常值（150），这远超正常年龄范围（通常为 0 到 120），需要进行处理以确保数据的合理性。

这些问题需要在数据清洗过程中进行解决，以确保后续数据分析和处理的准确性和可靠性。

示例实现代码如下。

```
# 创建示例数据框,确保 UserName 中的 NULL 替换为 NA
data <- data.frame(
  UserID = c(101, 102, 103, 104, 105, 101, 102),          # 包含重复的 UserID
  UserName = c("张三", "李四", "王五", NA, "赵六", "张三", "李四"),     # 使用 NA 代替 NULL
  Age = c(25, NA, 30, 22, 27, 150, 29),                    # 150 为异常值
  Email = c("zhang@example.com", "li@example.com", "wang@example.com",
            "zhao@example.com", "li@example.com", "zhang@example.com", "li@example.
com"),
  RegistrationDate = as.Date(c("2024 - 01 - 15", "2024 - 01 - 16", "2024 - 01 - 17",
                     "2024 - 01 - 18","2024 - 01 - 19", "2024 - 01 - 15", "2024 -
01 - 16"))
)

# 备份原始数据
data_original <- data

# 1. 检查缺失值

missing_count <- sum(is.na(data))          # 检查整个数据框中的缺失值数量
missing_details <- colSums(is.na(data))    # 检查每一列中的缺失值数量

# 输出缺失值情况
cat("缺失值总数:", missing_count, "\n")
cat("每列缺失值情况:", "\n")
print(missing_details)
```

```
# --------------------------数据清洗--------------------------

# 2. 处理缺失值
# 填充缺失值
data $ Age[is.na(data $ Age)] <- round(mean(data $ Age, na.rm = TRUE)) #                    ①
data $ UserName[is.na(data $ UserName)] <- "未知"              # 填充 UserName 缺失值      ②

# 创建清洗后的数据框
data_cleaned <- data

# 3. 去除重复数据
# 检查所有字段的重复行
data_cleaned <- data_cleaned[!duplicated(data_cleaned), ]        # 删除完全重复的行        ③

# 4. 处理异常值
# 定义年龄的合理范围,假设正常年龄范围为 0 到 120
data_cleaned <- data_cleaned[data_cleaned $ Age >= 0 & data_cleaned $ Age <= 120, ]    ④


# 5. 确保数据格式一致
data_cleaned $ RegistrationDate <- as.Date(data_cleaned $ RegistrationDate)              ⑤
data_cleaned $ Age <- as.integer(round(data_cleaned $ Age))      # 确保 Age 为整数        ⑥

# 查看清洗前和清洗后的数据
cat("清洗前的数据:\n")
print(data_original)
cat("\n清洗后的数据:\n")
print(data_cleaned)
```

代码解释如下。

代码第①行的作用是处理 data 数据框中的 Age 列的缺失值。它将计算得到的均值填充到 Age 列中所有缺失值的位置,从而完成缺失值的替换,其中用 round()函数四舍五入均值。

代码第②行的作用是处理 data 数据框中 UserName 列的缺失值。它将所有缺失值的位置填充为"未知",从而替换缺失的用户姓名。

代码第③行的作用是从 data_cleaned 数据框中删除所有完全重复的行。具体来说:

duplicated(data_cleaned)函数会检查 data_cleaned 数据框中的每一行,并返回一个逻辑向量。该向量中的每个元素指示相应行是否与之前的某一行重复,第一次出现的行返回 FALSE,后续重复的行返回 TRUE。

使用逻辑索引!duplicated(data_cleaned),获取一个新的逻辑向量,标识出所有不重复的行。

将这个逻辑向量用于 data_cleaned,即 data_cleaned[...],只保留不重复的行,从而达到删除重复行的目的。

代码第④行的作用是从 data_cleaned 数据框中过滤掉年龄小于 0 或大于 120 的记录,

只保留合理的年龄范围内的行。

代码第⑤行的作用是将 data_cleaned 数据框中的 RegistrationDate 列转换为日期格式，确保该列的数据类型正确。

as.Date(data_cleaned $ RegistrationDate)是一个函数调用，它将 RegistrationDate 列中的每个值转换为日期格式。R 语言中的日期格式可以更好地支持日期相关的操作和计算。

代码第⑥行的作用是将 data_cleaned 数据框中的 Age 列转换为数值类型，以确保该列的数据格式正确。

as.integer(data_cleaned $ Age)是一个函数调用，它将 Age 列中的每个值转换为数值型。这一转换是必要的，因为在数据清洗过程中，某些操作(如处理缺失值或异常值)可能导致 Age 列的数据类型发生变化。

上述示例代码运行后，对数据进行清洗，清洗后的用户注册数据如表 5-4 所示。

表 5-4　清洗后的用户注册数据

UserID	UserName	Age	Email	RegistrationDate
101	张三	25	zhang@example.com	2024-01-15
102	李四	47	li@example.com	2024-01-16
103	王五	30	wang@example.com	2024-01-17
104	未知	22	zhao@example.com	2024-01-18
105	赵六	27	li@example.com	2024-01-19
102	李四	29	li@example.com	2024-01-16

5.3　数据重塑

数据重塑是数据预处理中的一个重要步骤，旨在通过改变数据的结构更好地适应分析需求。它通常用于将数据从一种形式(如宽格式)转换为另一种形式(如长格式)，或者反向操作。通过这种方式，可以使数据更具可分析性，并符合特定的分析模型和可视化要求。

1. 宽格式(Wide Format)

在宽格式数据中，每个变量通常占据一个单独的列，适合查看和对比多个维度的值。每个观测值通常会有多个属性列。

表 5-5 所示是宽格式学生成绩表，表中每个学科(如数学、语文、英语)都占据不同的列。

在一个学生成绩表中，多个学科(如数学、英语、语文)可能会作为不同的列出现。

表 5-5　宽格式学生成绩表

学生	数学	英语	语文
小明	90	85	88
小红	92	80	85

2. 长格式(Long Format)

在长格式中，相同类型的数据(如多个学科的成绩)会被整理成一列，每一行代表一个学科与其对应的成绩。长格式适合进行分组分析和统计汇总。

例如,将表 5-5 所示的宽格式学生成绩表转换成长格式,可使得每个学生的每门学科成绩在独立的行中表示,如表 5-6 所示。

表 5-6　长格式学生成绩表

学生	科目	成绩	学生	科目	成绩
小明	数学	90	小红	数学	92
小明	语文	85	小红	语文	80
小明	英语	88	小红	英语	85

5.3.1　从宽格式转换为长格式

在 R 语言中,从宽格式转换为长格式主要通过 tidyr 包中的 pivot_longer() 函数实现。pivot_longer() 函数的语法如下。

```
pivot_longer(
  data,                    # 数据框
  cols,                    # 指定需要转换的列
  names_to,                # 转换后生成的列名
  values_to,               # 转换后存储列值的列名
  names_prefix = NULL      # (可选)移除列名中的前缀
)
```

参数说明如下。

- data：输入的数据框。
- cols：指定需要转换的列(可以使用列名、范围或列的索引)。
- names_to：定义新列,用于存放原列名。
- values_to：定义新列,用于存放原列的值。
- names_prefix：可选,用于移除列名前的固定前缀。

> 💡提示　tidyr 是 R 语言中一个常用的数据整型包,专注于帮助用户整理和转换数据,使其在分析和可视化时更加高效和直观。它是 tidyverse 数据科学生态系统的重要组成部分之一,强调将数据转换为"整洁数据"(tidy data)的格式。

将各学科成绩从宽格式转为长格式示例代码如下。

```
# 安装 tidyr 包(如果已经安装,则可以省略)
install.packages("tidyr")

# 加载 tidyr 包
library(tidyr)

# 创建宽格式数据框
data_wide <- data.frame(
  student = c("小明", "小红"),
  math = c(90, 92),
```

```
  english = c(85, 80),
  chinese = c(88, 85)
)

# 打印宽格式数据
print("宽格式数据:")
print(data_wide)

# 转换为长格式
data_long <- pivot_longer(
  data_wide,
  cols = c(math, english, chinese),        # 指定需要转换为长格式的列
  names_to = "subject",                     # 指定转换后列名的名称
  values_to = "score"                       # 指定转换后值所在列的名称
)

# 打印长格式数据
print("长格式数据:")
print(data_long)
```

上述代码中,通过 pivot_longer()函数,将宽格式数据转换为长格式。宽格式数据中每个列表示不同的变量(例如不同学科的成绩),而长格式则将这些变量收集到一列中,并增加一个新的列来标识原始的列名。其中,参数 data_wide 表示要转换的数据框;cols = c(math,english,chinese)指定哪些列需要转换;这里指定了 3 个学科成绩列 math、english 和 chinese;names_to = "subject" 将原始列名(如 math、english、chinese)转为新列名 subject;values_to = "score"将原始列中的数值(如成绩)转为新列 score。

示例运行输出结果如下。

```
[1] "长格式数据:"
# A tibble: 6 × 3
  student subject score
  <chr>   <chr>   <dbl>
1 小明    math       90
2 小明    english    85
3 小明    chinese    88
4 小红    math       92
5 小红    english    80
6 小红    chinese    85
```

> ✏️**注意** 使用 pivot_longer()函数进行数据转换时,输出结果中包含如下的摘要信息,用于描述数据的分组信息和结构,表示该数据集包含 6 行 3 列。
>
> ```
> # A tibble: 6 × 3
> # A tibble: 6 × 3
> ```

5.3.2 从长格式转换为宽格式

在 R 语言中,从长格式转换为宽格式主要通过 tidyr 包的 pivot_wider()函数实现。

pivot_wider()函数的语法如下。

```
pivot_wider(
  data,                         # 数据框
  names_from,                   # 指定长格式中用于生成新列名的变量
  values_from,                  # 指定长格式中用于填充列值的变量
  names_prefix = NULL           # (可选)新列名的前缀
)
pivot_longer(data, cols, names_to, values_to)
```

参数说明如下。

- data：输入的数据框。
- cols：指定需要转换的列(可以使用列名、范围或列的索引)。
- names_to：定义新列,用于存放原列名。
- values_to：定义新列,用于存放原列的值。
- names_prefix：可选,用于移除列名前的固定前缀。

将各学科成绩从长格式转为宽格式,示例代码如下。

```
# 安装 tidyr 包
install.packages("tidyr")              # 如果已经安装,则可以省略

# 加载 tidyr 包
library(tidyr)

# 创建长格式数据
data_long <- data.frame(
  student = c("小明", "小明", "小明", "小红", "小红", "小红"),
  subject = c("math", "english", "chinese", "math", "english", "chinese"),
  score = c(90, 85, 88, 92, 80, 85)
)

# 打印长格式数据
print("长格式数据:")
print(data_long)

# 转换为宽格式
data_wide <- pivot_wider(
  data = data_long,
  names_from = subject,         # 指定从哪个变量生成宽格式的列名
  values_from = score           # 指定用哪个变量填充宽格式中的值
)

# 打印宽格式数据
print("宽格式数据:")
print(data_wide)
```

上述代码中,通过 pivot_wider()函数将长格式数据转换为宽格式,其中参数 data 指定要转换的数据框;names_from 指定从哪一列提取列名;values_from 指定从哪一列提取对

应的值。转换后,每个学科(math、english、chinese)变为一列,学生的成绩 score 作为这些列的值。

示例运行输出结果如下。

```
[1] "长格式数据:"
    student  subject  score
1    小明     math     90
2    小明     english  85
3    小明     chinese  88
4    小红     math     92
5    小红     english  80
6    小红     chinese  85
[1] "宽格式数据:"
# A tibble: 2 × 4
  student math english chinese
  <chr>  <dbl>  <dbl>   <dbl>
1  小明     90     85      88
2  小红     92     80      85
```

5.4 数据合并

数据合并是数据分析中的基础操作,用于将两个或多个数据集组合成一个新的数据集。根据合并方式的不同,可以分为以下两类。

(1) 行合并(垂直合并)。

(2) 列合并(水平合并)。

本节将通过实例展示如何使用 dplyr 包高效完成各种数据合并操作,帮助读者掌握数据整合的核心技能。

> 💡**提示**　dplyr 是 R 语言中专用于数据操作的一个包,提供了一系列函数来进行数据的筛选、选择、排序、分组、合并等常见操作。它具有简洁的语法和良好的性能,并且支持管道操作符 %>% 链接多个函数,使得代码更加简洁、直观。

5.4.1 行合并

行合并适用于将多个数据集按行堆叠,前提是数据集的列结构一致。使用 dplyr 中的 bind_rows() 函数可以实现这一功能。

以下是一个合并不同季度的销售数据的例子,展示了如何使用 dplyr 包中的 bind_rows() 函数将数据按行合并。

第一季度(Q1)销售数据,如表 5-7 所示。

第二季度(Q2)销售数据,如表 5-8 所示。

表 5-7　第一季度(Q1)销售数据

product	sales
A	100
B	150
C	200

表 5-8　第二季度(Q2)销售数据

product	sales
A	120
B	140
C	210

示例代码如下。

```
# 安装 dplyr 包(如果已经安装,则可以省略)
install.packages("dplyr")
# 加载 dplyr 包
library(dplyr)

# 创建数据集
sales_q1 <- data.frame(
  product = c("A", "B", "C"),
  sales = c(100, 150, 200)
)

sales_q2 <- data.frame(
  product = c("A", "B", "C"),
  sales = c(120, 140, 210)
)

# 打印原始数据
print("Q1 销售数据:")
print(sales_q1)

print("Q2 销售数据:")
print(sales_q2)

# 使用 bind_rows()函数合并数据
sales_all <- bind_rows(sales_q1, sales_q2)

# 打印合并后的数据
print("合并后的销售数据:")
print(sales_all)
```

表 5-9　合并后的销售数据

product	sales
A	100
B	150
C	200
A	120
B	140
C	210

上述代码使用 bind_rows()函数将 sales_q1 和 sales_q2 两个数据框垂直合并,生成一个包含所有销售数据的新数据框 sales_all,如表 5-9 所示,合并后的数据框整合了两个季度的销售记录,每行代表一个产品及其对应的销售量。

示例运行后输出结果如下。

```
[1] "Q1 销售数据:"
  product sales
1    A    100
2    B    150
3    C    200
[1] "Q2 销售数据:"
  product sales
1    A    120
2    B    140
3    C    210
[1] "合并后的销售数据:"
  product sales
1    A    100
2    B    150
3    C    200
4    A    120
5    B    140
6    C    210
```

5.4.2　列合并

列合并适用于将两个或多个数据集按列整合。dplyr 包中的 bind_cols()函数可以快速实现列合并,要求数据集具有相同的行数。

以下示例演示如何使用 dplyr 包中的 bind_cols()函数,将用户信息与购买记录按列合并。

用户信息如表 5-10 所示。

购买记录如表 5-11 所示。

表 5-10　用户信息

user_id	name
1	小明
2	小红
3	小强

表 5-11　购买记录

user_id	purchase_amount
1	500
2	300
3	400

用户信息和购买记录的对比显示,它们均包含公共列 user_id,但记录了不同的维度信息。

- user_info:用户信息,记录用户 ID(user_id)和姓名(name)。
- purchase_data:购买记录,记录用户 ID(user_id)和购买金额(purchase_amount)。

两个数据框通过 user_id 关联,各自提供不同的内容维度。

示例代码如下。

```
# 安装 dplyr 包(如果已经安装,则可以省略)
install.packages("dplyr")

# 加载 dplyr 包
```

```
library(dplyr)


# 创建数据集
user_info <- data.frame(
  user_id = c(1, 2, 3),
  name = c("小明", "小红", "小强")
)

purchase_data <- data.frame(
  user_id = c(1, 2, 3),
  purchase_amount = c(500, 300, 400)
)

# 打印原始数据
print("用户信息表:")
print(user_info)

print("购买记录表:")
print(purchase_data)
# 使用 bind_cols()函数合并数据
user_purchase <- bind_cols(user_info, purchase_data[, -1])      # 排除重复列
# 给合并后的列命名,避免列名为...3
colnames(user_purchase)[3] <- "purchase_amount"

# 打印合并后的数据
print("合并后的用户购买信息表:")
print(user_purchase)
```

上述代码使用 bind_cols()函数按列合并了两个数据框,其中 purchase_data[, -1]通过[, -1]删除了 purchase_data 中的 user_id 列,从而避免了重复列的出现。

表 5-12   合并后的用户购买信息

user_id	name	purchase_amount
1	小明	500
2	小红	300
3	小强	400

另外,需要注意的是:因为合并时 purchase_data[, -1]返回的是没有列名的向量,所以 R 语言为其分配了一个默认的列名...3。为了确保 purchase_amount 列名的正确性,需要手动修改这个列名。

合并后的用户购买信息如表 5-12 所示。

示例运行输出结果如下。

```
[1] "用户信息表:"
  user_id name
1      1  小明
2      2  小红
3      3  小强
[1] "购买记录表:"
  user_id purchase_amount
1      1             500
2      2             300
```

```
3     3              400
[1] "合并后的用户购买信息表:"
  user_id name purchase_amount
1     1  小明            500
2     2  小红            300
3     3  小强            400
```

5.5 数据连接

在 5.4 节中,介绍了数据合并的基本方法,主要按行或按列拼接数据集。虽然这种合并方式在一些场景下非常有效,但当数据结构更加复杂时,单纯的合并往往无法满足需求。此时,数据连接提供了一种更灵活的方式:通过共享的**键列**精准关联数据集。

常见的数据连接类型如下。

(1)左连接(left join)。

(2)右连接(right join)。

(3)内连接(inner join)。

(4)全连接(full join)。

本节将通过实例展示如何使用 dplyr 包高效完成各种数据连接操作,帮助读者掌握数据整合的核心技能。

5.5.1 左连接

左连接用于保留左侧数据集中的所有行,右侧数据集中未匹配到的值会用 NA 填充,常用于在主数据集中补充来自另一个数据集的信息。

假设有两个数据集。

(1)订单信息(左表):记录订单号和商品名称,如表 5-13 所示。

(2)价格信息(右表):记录订单号和商品价格,如表 5-14 所示。

表 5-13 订单信息

订单号(order_id)	商品名称(product_name)
1	苹果
2	香蕉
3	草莓

表 5-14 价格信息

订单号(order_id)	商品价格(price)
2	2.5
3	3.0
4	4.0

那么,左连接操作通过 order_id 列对两表进行连接,确保订单信息表中的所有记录完整保留。对于右表中未匹配的订单,其价格列将填充为 NA,从而维持左表信息的完整性,如表 5-15 所示。

表 5-15 左连接结果

订单号	商品名称	商品价格
1	苹果	NA
2	香蕉	2.5
3	草莓	3.0

示例实现代码如下。

```
# 加载 dplyr 包
library(dplyr)

# 创建左表(订单信息)
orders <- data.frame(
  order_id = c(1, 2, 3),
  product_name = c("苹果", "香蕉", "草莓")
)

# 创建右表(价格信息)
prices <- data.frame(
  order_id = c(2, 3, 4),
  price = c(2.5, 3.0, 4.0)
)

# 打印原始数据
print("订单信息:")
print(orders)

print("价格信息:")
print(prices)

# 左连接操作
left_join_result <- left_join(orders, prices, by = "order_id")

# 打印左连接结果
print("左连接后的数据:")
print(left_join_result)
```

示例运行输出结果如下。

```
[1] "订单信息:"
  order_id product_name
1        1         苹果
2        2         香蕉
3        3         草莓
[1] "价格信息:"
  order_id price
1        2   2.5
2        3   3.0
3        4   4.0
[1] "左连接后的数据:"
  order_id product_name price
1        1         苹果   NA
2        2         香蕉  2.5
3        3         草莓  3.0
```

5.5.2 右连接

右连接与左连接类似,保留右侧数据集中的所有行,而左侧数据集中未匹配的值会用

NA 填充,适合在次要数据集中找补充信息的场景。

假设有两个数据集。

(1) 订单信息(左表):记录订单号和商品名称,如表 5-13 所示。

(2) 价格信息(右表):记录订单号和商品价格,如表 5-14 所示。

那么,右连接操作通过 order_id 列连接两表,确保价格信息表中的所有记录完整保留。对于左表中未匹配的订单信息,其相关字段将被填充为 NA,从而保证右表信息的完整性,如表 5-16 所示。

表 5-16　右连接结果

订单号 (order_id)	商品名称 (product_name)	商品价格 (price)
2	香蕉	2.5
3	草莓	3.0
4	NA	4.0

示例实现代码如下。

```
# 加载 dplyr 包
library(dplyr)

# 创建左表(订单信息)
orders <- data.frame(
  order_id = c(1, 2, 3),
  product_name = c("苹果", "香蕉", "草莓")
)

# 创建右表(价格信息)
prices <- data.frame(
  order_id = c(2, 3, 4),
  price = c(2.5, 3.0, 4.0)
)

# 打印原始数据
print("订单信息:")
print(orders)

print("价格信息:")
print(prices)

# 右连接操作
right_join_result <- right_join(orders, prices, by = "order_id")

# 打印右连接结果
print("右连接后的数据:")
print(right_join_result)
```

示例运行后输出结果如下。

```
[1] "订单信息:"
  order_id product_name
1        1         苹果
2        2         香蕉
3        3         草莓
```

```
[1] "价格信息:"
  order_id price
1        2   2.5
2        3   3.0
3        4   4.0
[1] "右连接后的数据:"
  order_id product_name price
1        2         香蕉   2.5
2        3         草莓   3.0
3        4        <NA>   4.0
```

5.5.3 内连接

内连接只保留两个数据集中键列匹配成功的行,适用于需要提取两组数据的交集部分的情况。

表 5-17 内连接结果

订单号	商品名称	商品价格
2	香蕉	2.5
3	草莓	3.0

假设有两个数据集:订单信息表(如表 5-13 所示)和价格信息表(如表 5-14 所示)。

那么,使用内连接操作,仅会保留在两个数据表中都出现的订单号,最终的结果如表 5-17 所示。

示例实现代码如下。

```r
# 加载 dplyr 包
library(dplyr)

# 创建订单信息
orders <- data.frame(
  order_id = c(1, 2, 3),
  product_name = c("苹果", "香蕉", "草莓")
)

# 创建价格信息
prices <- data.frame(
  order_id = c(2, 3, 4),
  price = c(2.5, 3.0, 4.0)
)

# 打印原始数据
print("订单信息:")
print(orders)

print("价格信息:")
print(prices)

# 内连接操作
inner_join_result <- inner_join(orders, prices, by = "order_id")

# 打印内连接结果
```

```
print("内连接后的数据:")
print(inner_join_result)
```

示例运行后输出结果如下。

```
[1] "订单信息:"
  order_id product_name
1     1           苹果
2     2           香蕉
3     3           草莓
[1] "价格信息:"
  order_id price
1     2   2.5
2     3   3.0
3     4   4.0
[1] "内连接后的数据:"
  order_id product_name price
1     2           香蕉   2.5
2     3           草莓   3.0
```

5.5.4　全连接

全连接保留两个数据集中的所有行,对于未匹配的部分,用 NA 填充,适合将两组数据完全整合的需求。

假设有两个数据集:订单信息表(如表 5-13 所示)和价格信息表(如表 5-14 所示)。

那么,使用全连接后,结果将包括两个表中的所有记录,不论它们是否匹配。没有匹配的行会用 NA 填充。全连接结果如表 5-18 所示。

示例实现代码如下。

表 5-18　全连接结果

订单号	商品名称	商品价格
1	苹果	NA
2	香蕉	2.5
3	草莓	3.0
4	NA	4.0

```
# 加载 dplyr 包
library(dplyr)

# 创建订单信息
orders <- data.frame(
  order_id = c(1, 2, 3),
  product_name = c("苹果", "香蕉", "草莓")
)

# 创建价格信息
prices <- data.frame(
  order_id = c(2, 3, 4),
  price = c(2.5, 3.0, 4.0)
)

# 打印原始数据
print("订单信息:")
```

```
print(orders)

print("价格信息:")
print(prices)

# 全连接操作
full_join_result <- full_join(orders, prices, by = "order_id")

# 打印全连接结果
print("全连接后的数据:")
print(full_join_result)
```

示例运行后输出结果如下。

```
[1] "订单信息:"
  order_id product_name
1        1          苹果
2        2          香蕉
3        3          草莓
[1] "价格信息:"
  order_id price
1        2   2.5
2        3   3.0
3        4   4.0
[1] "全连接后的数据:"
  order_id product_name price
1        1          苹果    NA
2        2          香蕉   2.5
3        3          草莓   3.0
4        4        <NA>   4.0
```

5.6 本章练习

1. 问答题

(1) 什么是数据清洗? 数据清洗在数据分析中的作用是什么?

(2) 数据结构检查有哪些常见方法? 为什么数据结构检查是数据清洗的重要步骤?

(3) 什么是数据重塑? 如何实现数据宽格式和长格式的互相转换?

(4) 什么是数据合并和数据连接? 行合并和列合并的区别是什么?

2. 选择题

(1) 在 R 语言中,检查数据框的结构(例如数据类型、缺失值)时,以下哪个函数可以用来检查数据框的结构?(   )

    A. str()　　　　B. summary()　　　　C. head()　　　　D. tail()

(2) 在 R 语言中,以下哪个函数被推荐用于将数据从长格式转换为宽格式?(   )

    A. reshape()　　B. gather()　　　　C. pivot_wider()　　D. pivot_longer()

(3) 在数据合并中,以下哪个操作将两个数据框按行连接在一起?(   )

    A. merge()   B. cbind()   C. bind_rows()   D. join()

(4) 在数据清洗过程中,以下哪种方法用于处理缺失值?(　　)

    A. impute()   B. na.omit()   C. fill()   D. dropna()

3. 编程题

编写一个 R 语言脚本,进行以下数据清洗操作:

- 读取一个包含缺失值的 CSV 文件(如 ecommerce_data.csv)。
- 使用 na.omit()函数删除数据框中的缺失值。
- 检查删除后的数据框结构,并打印前几行数据。

第6章 数据可视化基础——使用 Base R 工具绘制图形

在数据分析领域,R 语言凭借其强大的数据处理能力和丰富的可视化工具,成为许多数据科学家和分析师的首选语言。与其他编程语言相比,R 语言不仅具备卓越的统计分析功能,还提供了灵活的可视化支持。无论是简单的图形,还是复杂的自定义图表,R 语言都能满足广泛的数据展示需求。

数据可视化是数据分析过程中不可或缺的环节。通过图形展示,原本抽象的数字数据可以更加直观地呈现出来,使得数据中隐藏的趋势、模式和异常得以迅速识别。这种直观的方式不仅能帮助分析数据,还能在决策过程中提供重要参考。

本章将带领读者通过 R 语言中的基础绘图工具和 ggplot2 包,学习如何创建各种常见的图表。本章内容从 R 语言内置的基础图形绘制开始,逐步介绍如何利用 ggplot2 实现更为复杂和灵活的图形展示。

6.1 数据可视化

本节将探讨数据可视化的定义及其重要性,分析常见的图形类型及其应用场景。此外,本节还将介绍 R 语言中主要的可视化工具,包括基础绘图系统和功能强大的 ggplot2 包,为后续章节中的具体绘图方法奠定理论基础。

6.1.1 数据可视化的定义与重要性

数据可视化是将数据以图形化形式呈现的过程,旨在通过视觉手段帮助人们理解和分析数据。它不仅涉及图表和图形的创建,还包括设计、选择合适的图形类型以及确保信息的清晰传达。有效的数据可视化能将复杂的信息简化,使数据更易于理解和分析。

数据可视化的重要性体现在多个方面。

(1)直观性:通过图形展示数据,能够快速识别趋势、模式和异常值。这种直观性使得数据分析变得更高效,尤其是在处理大规模数据时。

(2)信息传达:图形化的数据显示能够有效地传达信息,帮助不同背景的受众理解数据。例如,决策者能够通过可视化图表迅速把握关键信息,从而做出明智决策。

（3）探索性分析：在数据探索过程中，数据可视化提供了强大的工具，使分析者能够动态查看数据，并从不同角度审视数据集，促进新发现的产生。

（4）增强记忆：与文字相比，视觉信息更容易被人们记住。良好的数据可视化设计能够增强观众对数据的记忆和理解。

（5）说服力：在数据驱动的决策环境中，数据可视化不仅是展示分析结果的工具，也是说服他人支持某种观点或决策的有力方式。

因此，理解数据可视化的基本概念及其重要性，对于有效地利用数据进行分析和决策至关重要。接下来将进一步探讨常见的图形类型及其在数据分析中的应用。

6.1.2　常见的图形类型及其用途

数据可视化中使用的图形类型多种多样，适用于不同的数据展示需求和分析目的。以下是几种常见的图形类型及其主要用途：

1. 散点图
- 用途：用于展示两个变量之间的关系，适合分析数据的相关性。
- 特点：每个点表示一个数据观测，能直观显示趋势和聚类情况。

2. 折线图
- 用途：常用于展示随时间变化的数据，适合显示趋势和变化。
- 特点：通过连接数据点形成线段，清晰展示数据的连续性和波动。

3. 柱状图
- 用途：用于比较不同类别的数据，适合展示分类变量的大小。
- 特点：柱子的长度或高度代表数值大小，便于进行横向或纵向比较。

4. 饼图
- 用途：用于显示各部分在整体中所占的比例，适合表示分类数据的构成。
- 特点：通过不同扇形展示比例关系，但不适合比较相近的部分。

5. 直方图
- 用途：用于展示数值型数据的分布情况，适合分析数据的频率。
- 特点：将数据分为若干区间，展示每个区间的观测数量，帮助识别数据分布的形状。

6. 箱线图
- 用途：用于展示数据的集中趋势及离散程度，适合比较多个数据集的分布。
- 特点：通过中位数、四分位数和异常值展示数据的分布特征，便于识别数据的异常情况。

7. 热力图
- 用途：用于展示矩阵数据的模式，适合可视化大量数据的相对强度。
- 特点：通过颜色深浅表示数值大小，直观展示数据之间的关系和趋势。

了解这些图形类型及其用途，有助于在数据分析中选择合适的可视化方式，从而有效地传达信息和洞察。接下来将进一步介绍R语言中的可视化工具及其应用。

6.1.3　R 语言中的可视化工具介绍

R 语言提供了多种强大的可视化工具，使得数据可视化变得灵活而高效。以下是 R 语言中两种主要的可视化工具。

1. Base R

- 特点：R 语言自带的基础绘图系统，功能强大且使用简单。用户可以通过基本的绘图函数如 plot()、barplot()、hist() 等快速生成常见的图形。
- 优点：无须安装额外包，适合快速绘制和简单数据展示。可以通过参数进行一定的图形自定义，如颜色、标题和坐标轴设置。
- 限制：在复杂的可视化需求和高度自定义方面可能显得力不从心。

2. ggplot2

- 特点：ggplot2 是一个功能强大的可视化包，基于"语法图形学"理论。ggplot2 通过将数据与图形的各个元素分离，允许用户灵活组合和自定义图形。
- 优点：提供了丰富的图形类型和美观的默认样式，支持高度自定义，包括主题、颜色、标签等，适合进行复杂的可视化，如分面图、层次图等。
- 限制：学习曲线相对较陡，初学者可能需要一定时间掌握其语法和逻辑。

这两种工具各有优势，基础绘图系统适合简单快速的图形生成，而 ggplot2 则适合需要精美和复杂可视化的场景。在实际应用中，可以根据具体需求选择合适的工具，以达到最佳的数据展示效果。接下来将介绍具体的图形绘制方法，帮助读者熟悉这两种工具的使用。

6.2　使用 Base R 工具绘制图形

本节介绍如何使用 Base R 工具绘制基本图形，包括散点图、折线图、柱状图、条形图和饼图。这些图形能够有效展示数据的特征和关系。

6.2.1　散点图

散点图用于展示两个连续变量之间的关系。通过在二维坐标系中将数据点绘制出来，能够直观地观察到变量之间的相关性和趋势。图 6-1 所示展示了身高与体重之间的关系散点图。

在 Base R 中使用 plot() 函数绘制散点图，语法如下。

```
plot(x, y,
     main = "散点图",
     xlab = "X轴标签",
     ylab = "Y轴标签",
     col = "blue",
     pch = 19)
```

参数说明如下。

- x：自变量(X 轴)。
- y：因变量(Y 轴)。
- main：图形标题。
- xlab 和 ylab：分别为 X 轴和 Y 轴的标签。
- col：数据点的颜色。
- pch：数据点的形状,19 表示实心圆点。此外,pch 的其他取值还有 pch＝1：空心圆；pch＝2：三角形；pch＝3：十字。

实现绘制 6-1 所示的散点图代码如下。

```
# 示例数据
height <- c(152, 161, 165, 182, 191)
weight <- c(50, 60, 70, 80, 90)

# 绘制散点图
plot(height, weight,
     main = "身高与体重散点图",
     xlab = "身高 (cm)",
     ylab = "体重 (kg)",
     col = "#00B0F0",
     pch = 19)                                    ①

# 添加线性回归线
abline(lm(weight ~ height), col = "black")        ②
```

代码解释：

代码第①行使用 plot()函数生成散点图,其中 height 和 weight 分别作为 X 轴和 Y 轴的数据。main 设置图形的标题为"身高与体重散点图"；xlab 设置 X 轴标签为"身高(cm)"；ylab 设置 Y 轴标签为"体重(kg)"；col 设置点的颜色为蓝色；pch 指定点的类型为实心圆(pch＝19)。

代码第②行使用 abline()函数添加线性回归线,其中 lm(weight～height)是构建线性模型,表示用身高预测体重；weight 是因变量(Y),height 是自变量(X)。col＝"black"设置回归线的颜色为黑色。

运行上述示例代码,在 Plots 窗口会输出如图 6-1 所示的图形。

💡提示　什么情况下需要线性回归线？

线性回归线用于揭示两个变量之间的关系,具体作用包括以下几个。

(1) 趋势分析：帮助识别自变量(如身高)与因变量(如体重)之间的线性关系,了解随着自变量变化,因变量如何变化。

(2) 预测：通过回归模型,可以预测因变量的值,例如在已知身高的情况下预测体重。

(3) 数据理解：提供对数据集的更深入理解,量化变量之间的关系强度和方向(正相关或负相关)。

（4）异常值识别：线性回归线可以帮助识别数据中的异常值或离群点，这些点偏离了模型的预期趋势。

（5）决策支持：在实际应用中，线性回归可以为决策提供依据，例如在健康管理、市场分析等领域。

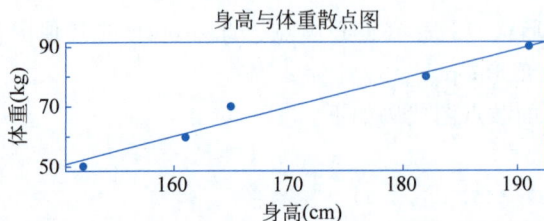

图 6-1　身高与体重之间的关系散点图

6.2.2　折线图

折线图用于展示随时间变化的数据，能够清晰地显示数据点之间的趋势和变化。它通常用于时间序列数据，帮助分析数据随时间的波动情况。图 6-2 所示展示了 2024 年每月销售额变化趋势折线图。

> **提示**　时间序列数据是按照时间顺序收集的观察值序列。每个数据点与特定的时间点相关联，常用于分析随时间变化的趋势、周期性和季节性。例如，股票价格、气温变化、销售额和经济指标等都属于时间序列数据。这种数据有助于理解动态变化和预测未来趋势。

在 Base R 中使用 plot()函数并设置 type＝"l"来绘制折线图，语法如下。

```
plot(x, y,
    type = "l",
    main = "折线图",
    xlab = "X 轴标签",
    ylab = "Y 轴标签",
    col = "red",
    lwd = 2)
```

参数说明如下。
- x：自变量（通常为时间）。
- y：因变量（数据值）。
- type＝"l"：指定图形类型为折线图。
- main：图形标题。
- xlab 和 ylab：分别为 X 轴和 Y 轴的标签。
- col：线条的颜色。
- lwd：线条的宽度。

实现绘制如图 6-2 所示折线图的代码如下。

```
# 创建示例数据
time <- seq.Date(from = as.Date("2024 - 01 - 01"),
                to = as.Date("2024 - 12 - 31"),
                by = "months")                                    ①
value <- c(100, 120, 130, 150, 170, 160, 180, 200, 210, 220, 240, 250)   ②

# 绘制折线图
plot(time, value, type = "l", col = "#00B0F0",
    xlab = "时间", ylab = "值",
    main = "2024 年每月销售额变化趋势图", pch = 16)                   ③

# 添加网格线
grid()                                                             ④
```

图 6-2　2024 年每月销售额变化趋势折线图

代码解释如下。

代码第①行使用 seq.Date() 函数生成从 2024 年 1 月 1 日到 2024 年 12 月 31 日的日期序列,其中 by="months"表示以每个月为步长。

seq.Date() 函数的语法如下。

```
seq.Date(from, to, by)
```

其中,参数说明如下。

- from:序列的起始日期,日期类型。
- to:序列的结束日期,日期类型。
- by:指定序列的步长,字符类型,常见的选项包括以下几个。
  - "days":按天生成序列(默认)。
  - "weeks":按周生成序列。
  - "months":按月生成序列。
  - "quarters":按季度生成序列。
  - "years":按年生成序列。

代码第②行定义一个数值向量 value,包含与 time 数据对应的每个月的值(例如,销售额)。

代码第③行使用 plot() 函数绘制折线图,其中 time 和 value 分别作为 X 轴和 Y 轴的数据。type="l"表示绘制折线图;如果 type="o",则会同时绘制线和点(如图 6-3 所示)。

col="♯00B0F0"设置折线的颜色为天蓝色，xlab 和 ylab 分别设置 X 轴和 Y 轴的标签为"时间"和"值"；main 设置图形的标题为"2024 年每月销售额变化趋势图"。

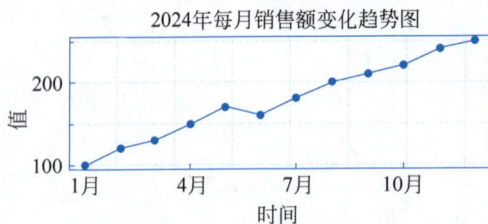

图 6-3　同时绘制线和点折线图

代码第④行使用 grid()函数在图中添加网格线，以便更容易读取数据值和观察趋势。

6.2.3　柱状图和条形图

柱状图（Bar Chart）和条形图（Horizontal Bar Chart）是数据可视化中常见的图表类型，通常用于展示不同类别或组之间的比较。它们用矩形条的长度或高度代表数据的大小，能够清晰地显示出不同数据项之间的差异。

1. 柱状图

柱状图是指条形沿垂直方向排列的图形，用于展示类别数据（通常是离散型数据）之间的比较。柱的高度表示数值的大小，通常适用于当需要显示数据变化趋势或比较不同类别的数据时。

在 Base R 中，绘制柱状图的主要函数是 barplot()，它的基本语法如下。

```
barplot(height,
        names.arg = NULL,
        main = NULL,
        xlab = NULL,
        ylab = NULL,
        col = NULL,
        xlim = NULL,
        ylim = NULL,
        ...)
```

参数说明如下。
- height：一个数值向量或矩阵，表示柱子的高度。
- names.arg：柱子的名称，通常是对应的类别名称。
- main：图形标题。
- xlab 和 ylab：X 轴和 Y 轴的标签。
- col：条形的颜色。
- xlim 轴和 ylim 轴：设置 X 轴和 Y 轴的取值范围。

实现绘制如图 6-4 所示柱状图的代码如下。

```
# 示例数据
products <- c("苹果", "香蕉", "橙子", "葡萄")
sales <- c(15000, 23000, 12000, 30000)

# 绘制柱状图
barplot(sales,
        names.arg = products,
        main = "水果销售额比较",
        xlab = "水果种类",
        ylab = "销售额（元）",
        col = "#00B0F0",
        ylim = c(0, 35000))
```

代码解释如下。

上述代码调用 barplot()函数以绘制柱状图,其中参数 height＝sales 指定每个柱子的高度,代表销售额;names.arg＝products 指定柱状图中每个柱子的名称,这里使用 products 向量中的水果名称;xlab="水果种类"设置 X 轴的标签为“水果种类”;ylab＝"销售额（元）"设置 Y 轴的标签为“销售额（元）”;col="#00B0F0"设置柱子的颜色为天蓝色（使用十六进制颜色代码）。

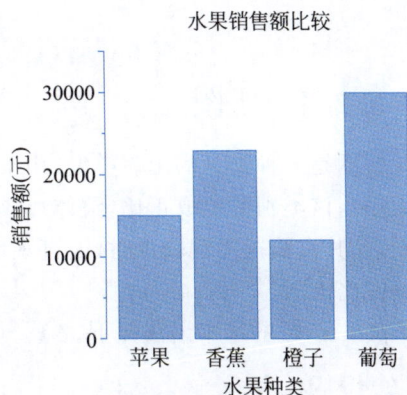

图 6-4　柱状图

2. 条形图

条形图和柱状图类似,但条形图是沿水平方向排列的,适用于显示长类别名称的数据,或者当类别的数量较多时。条形图可以避免过于拥挤或难以阅读。

在 Base R 中,绘制条形图也是使用 barplot()函数,使用 horiz = TRUE 参数。以下是相应的代码。

```
# 示例数据
products <- c("苹果", "香蕉", "橙子", "葡萄")
sales <- c(15000, 23000, 12000, 30000)

# 绘制水平条形图
barplot(sales,
        names.arg = products,
        main = "水果销售额比较",
        xlab = "销售额（元）",
        ylab = "水果种类",
        col = "#00B0F0",
        horiz = TRUE,              # 设置为水平条形图
        xlim = c(0, 35000))        # 注意,这里使用 xlim 设置 X 轴范围
```

代码解释如下。

在上述代码中,添加 horiz＝TRUE 参数到 barplot()函数中,并相应调整 X 轴和 Y 轴。

执行这段代码后,将生成如图 6-5 所示的水平条形图。

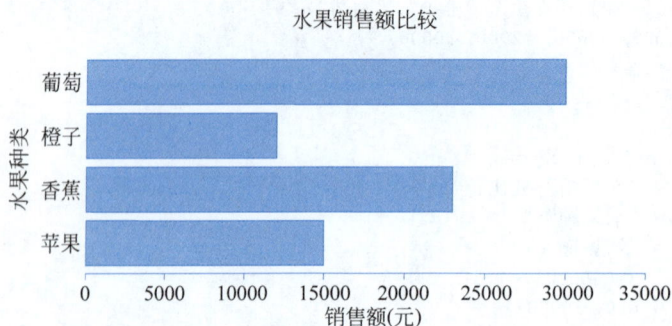

图 6-5 水平条形图

6.2.4 饼图

饼图是一种常见的图表类型,用于展示数据在总体中的占比。每个扇形代表一个类别,其大小与该类别的值成正比,整体形成一个完整的圆。饼图适用于比较部分与整体之间的关系,尤其在数据类别较少时,能直观地传达每个部分的重要性。图 6-6 所示展示了水果销售额占比饼图。

pie() 函数的基本语法如下。

```
pie(x,
    labels = NULL,          # 每个扇形的标签,默认为向量 x 的名称
    edges = 200,            # 圆的边数,该值越大表示圆越圆滑
    radius = 0.8,           # 饼图的相对半径,默认为 0.8
    clockwise = FALSE,      # 是否按顺时针绘制,默认为 FALSE
    col = NULL,             # 扇形的填充颜色
    main = NULL,            # 图形的标题
    ...
)
```

参数说明如下。

• x:每个扇形的大小,通常表示各部分的占比,例如各类销售额。

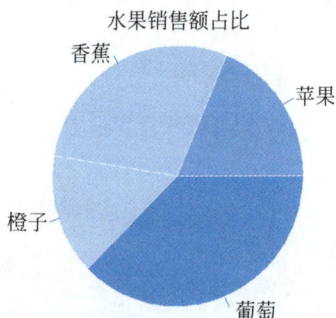

图 6-6 水果销售额占比饼图

• labels:为每个扇形指定标签,通常使用类别名称,如产品名称或分类。

• edges:饼图的边缘数,影响图形的平滑度,默认值为 200。

• radius:饼图的半径,控制图形的大小,默认值为 0.8。

• clockwise:是否按顺时针绘制。

• main:图形的主标题,说明饼图的内容。

• col:指定每个扇形的颜色,可以使用颜色名称或十六进制颜色代码。

实现绘制图 6-6 所示饼图的代码如下。

```
# 示例数据
products <- c("苹果", "香蕉", "橙子", "葡萄")
sales <- c(15000, 23000, 12000, 30000)

# 绘制饼图
pie(sales,
    labels = products,
    main = "水果销售额占比",
    col = rainbow(length(products)),
    radius = 1)
```

代码解释如下。

上述代码调用 pie()函数绘制饼图,其中 sales 向量用于指定每个扇形的大小;labels＝products 为每个扇形分配标签,使用 products 向量中的水果名称,使每个扇形清晰可辨;col＝rainbow(length(products))为每个扇形分配颜色,使用 rainbow()函数生成与水果数量相同的颜色,创建彩虹色的效果;radius＝1 设置饼图的半径为 1,以控制图形的整体大小。

> 💡提示　如果读者对图 6-6 所示的饼图视觉效果不满意,可从如下几方面增强视觉效果。
>
> (1)颜色渐变:使用渐变色代替单一颜色,使扇形更加生动。
>
> (2)突出某个扇形:将某个特定扇形稍微拉大,或将其阴影效果增强,吸引读者的注意力。
>
> (3)添加百分比标签:在扇形上方显示每个部分的百分比,增强信息传达。
>
> (4)使用透明度:通过设置颜色的透明度,创建层次感。

增强视觉效果的饼图实现代码如下。

```
# 示例数据
products <- c("苹果", "香蕉", "橙子", "葡萄")          # 创建一个包含水果名称的向量
sales <- c(15000, 23000, 12000, 30000)               # 创建一个包含对应销售额的向量

# 计算百分比
percentages <- round(sales / sum(sales) * 100)   # 计算每种水果的销售额占比,并四舍五入为整数

# 设置较小的边距
par(mar = c(1, 1, 1, 1))                              # 设置底部、左侧、顶部、右侧的边距   ①

# 绘制饼图
pie(sales,
    labels = paste(products, "\n", percentages, " % ", sep = ""),      # 设置标签,包含水果名
# 称和百分比
    main = "水果销售额占比",                          # 设置饼图标题
    col = colorRampPalette(c("#00B0F0", "#0072B2"))(length(products)),
# 使用渐变色创建颜色向量          ②
```

```
    radius = 1,               # 设置饼图的半径
    cex = 1.1                 # 增大标签字体的大小
```

代码解释如下。

上述代码第①行设置绘图区域的边距,参数为底部、左侧、顶部和右侧的边距。这里的设置将边距减小,以便图形可以更大地显示。其中,par()是一个全局设置函数,用于设置图形参数。这些参数控制图形的外观和布局,例如边距、字体大小、颜色等。mar 是 par()函数中的一个参数,用于设置绘图区域的边距。它的值是一个包含四个数字的向量,分别代表底部、左侧、顶部和右侧的边距,单位是行数。例如:par(mar=c(5,4,4,2))表示底部有 5 行、左侧有 4 行、顶部有 4 行、右侧有 2 行的边距。通过调整 mar 参数,可以控制图形周围的空白区域,从而影响图形的显示效果。

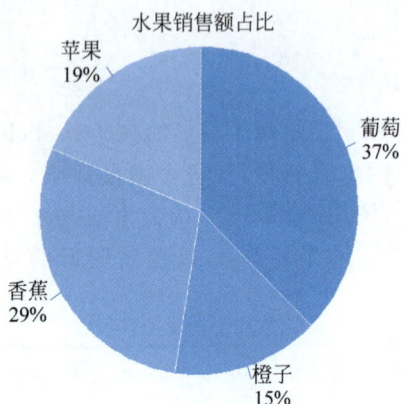

图 6-7　增强效果的饼图

代码第②行中使用 colorRampPalette()函数生成从蓝色到深蓝色的渐变色,为每个扇形分配颜色。

运行上述代码,可生成如图 6-7 所示的增强效果的饼图。

6.2.5　热力图

热力图(Heatmap)是数据可视化中一种用于展示矩阵数据的图表类型,它通过颜色的深浅表示数据的数值大小。在热力图中,每个矩阵单元格代表一个数据点,其颜色与数据值成正比。热力图广泛应用于展示多维数据的关联性,常用于基因表达数据、市场营销数据、用户行为分析等领域。图 6-8 所示展示了学生成绩热力图。

在 Base R 中使用 heatmap()函数绘制热力图,该函数的基本语法如下。

```
heatmap(x,
        na.rm = TRUE,
        col = heat.colors(256),
        main = NULL,
        xlab = NULL,
        ylab = NULL,
    ...)
```

参数说明如下。

- x:要绘制热力图的矩阵或数据框。
- na.rm:处理缺失值的方式,默认为 TRUE。
- col:热力图使用的颜色,可以自定义,默认为 heat.colors(256)。
- main,xlab,ylab:热力图的标题、X 轴和 Y 轴标签。

> 💡**提示**　heat.colors(256)是 R 语言中一个生成调色板的函数,用于创建一组从红色到黄色的渐变颜色,常用于绘制热力图或其他需要颜色渐变的图形。

实现绘制如图 6-8 所示热力图的代码如下。

```
# 创建成绩矩阵
grades_matrix <- matrix(
  c(85, 90, 78, 88,
    72, 80, 84, 76,
    92, 88, 90, 85,
    80, 75, 82, 78),
  nrow = 4, # 4 个学生
  ncol = 4, # 4 门科目
  byrow = TRUE,
  dimnames = list(
    c("Student1", "Student2", "Student3", "Student4"),   # 学生姓名作为行名
    c("Math", "English", "Science", "History")           # 科目名称作为列名
  )
)

# 使用 heatmap() 绘制热力图                               ①
heatmap(grades_matrix,
        col = heat.colors(256),                          # 使用热色调颜色
        margins = c(10, 10)                              # 设置图形边缘空间
)
```

代码解释如下。

代码第①行使用 heatmap()函数绘制学生成绩热力图,其中每个单元格的颜色表示对应学生和科目的成绩,颜色深浅反映分数的大小。

运行上述代码,可生成如图 6-8 所示的热力图。

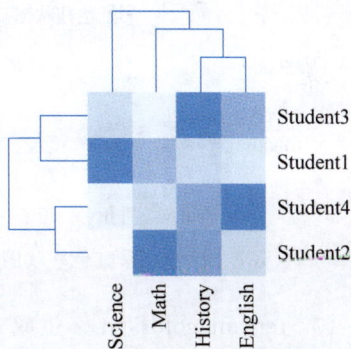

图 6-8　学生成绩热力图

6.3　图形自定义

在数据可视化中,图形的美观性和信息传达效果至关重要。图形自定义不仅可以提升视觉效果,还能帮助观众更好地理解数据。通过调整颜色、坐标轴以及添加图例和网格线等,可以创建出既专业又易于解读的图形。接下来将探讨如何在 R 语言中进行图形自定义,包括设置颜色、标题和坐标轴,添加图例与网格线,以及调整坐标轴的范围和比例。这些方法将有助于制作更具吸引力和信息量的图形。

6.3.1　设置颜色

在图形中,颜色可用来突出数据的不同部分或传达特定的信息。例如,在柱状图中,可

以为不同的条形分配不同的颜色,以便更直观地比较它们的大小。

在 R 语言中,可以使用多种函数生成颜色向量,以增强图形的可视性和美观性。以下是一些常用的颜色生成函数。

(1) rainbow(n):生成 n 种颜色,形成彩虹色的渐变,如图 6-9 所示。

示例代码如下。

```
# 示例数据
products <- c("苹果", "香蕉", "橙子", "葡萄")       # 创建水果名称向量
sales <- c(15000, 23000, 12000, 30000)            # 创建对应的销售额向量

# 使用 rainbow() 函数生成彩虹色柱状图
barplot(sales,
        names.arg = products,
        col = rainbow(length(products)),           # 使用彩虹色
        main = "彩虹色柱状图")                      # 设置图形标题
```

(2) heat.colors(n):生成 n 种颜色,颜色从红色到黄色的渐变,常用于表示热度,如图 6-10 所示。

示例代码如下。

```
# 使用 heat.colors() 函数生成热力图色柱状图
barplot(sales,
        names.arg = products,
        col = heat.colors(length(products)),       # 使用热力图色
        main = "热力图色柱状图")                    # 设置图形标题
```

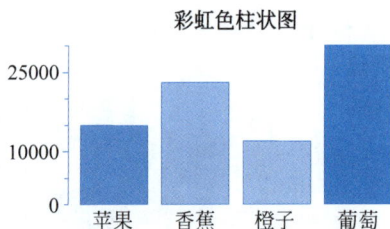

图 6-9　彩虹色柱状图

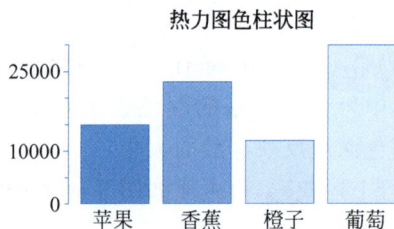

图 6-10　热力图色柱状图

彩图 6-9

彩图 6-10

(3) terrain.colors(n):生成 n 种颜色,适合表示地形的渐变,从绿色到棕色,如图 6-11 所示。

示例代码如下。

```
# 使用 terrain.colors() 函数生成地形高低色柱状图
barplot(sales,
        names.arg = products,
        col = terrain.colors(length(products)),    # 使用地形高低色
        main = "地形高低色柱状图")                  # 设置图形标题
```

(4) cm.colors(n):生成 n 种颜色,从青色到品红色的渐变,适合表示连续性数据,如图 6-12 所示。

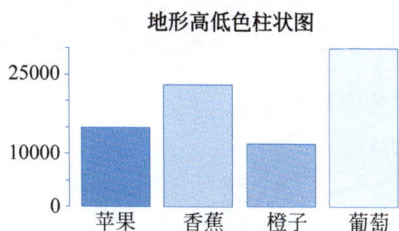

图 6-11 地形高低色柱状图

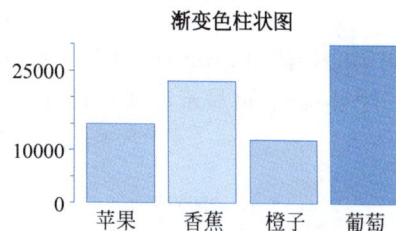

图 6-12 渐变色柱状图

彩图 6-11

彩图 6-12

示例代码如下。

```
# 使用 cm.colors()函数生成从青色到品红色的渐变色柱状图
barplot(sales,
        names.arg = products,
        col = cm.colors(length(products)),     # 使用渐变色
        main = "渐变色柱状图")                  # 设置图形标题
```

6.3.2 添加图例与网格线

图例可以帮助解释图形中的不同数据系列或元素。使用 legend()函数添加图例。同时,可以使用 grid()函数添加网格线,使图形更易于读取。示例代码如下。

```
# 示例数据
fruits <- c("苹果", "香蕉", "橙子", "葡萄")       # 水果名称
sales <- c(15000, 23000, 12000, 30000)           # 对应的销售额

# 1. 绘制柱状图
barplot(sales,
        names.arg = fruits,                       # 设置每个柱子的名称
        main = "水果销售额",                       # 设置图表标题
        col = c("red", "yellow", "orange", "purple"),   # 设置柱子颜色
        border = "black")                         # 设置柱子边框颜色    ①

# 2. 添加图例
legend("topright",                                # 图例位置
        legend = fruits,                          # 图例内容
        fill = c("red", "yellow", "orange", "purple"),  # 图例颜色与柱子一致
        border = "black",                         # 图例边框颜色
        bty = "o",                                # 边框类型
        cex = 1.2)                                # 字体大小          ②

# 3. 添加网格线
grid() # 添加网格线                                                   ③
```

代码解释如下。

代码第①行使用 barplot()函数绘制柱状图。

代码第②行使用 legend()函数在图中添加图例,其中参数"topright"指定图例显示在图的右上角,类似的取值还有"topleft"(左上角)、"bottomright"(右下角)和"bottomleft"(左

下角)等。

代码第③行使用 grid()函数在图中添加网格线。

运行上述代码,可显示如图 6-13 所示的水果销售额柱状图。

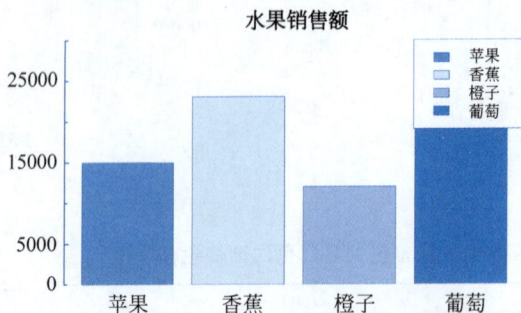

图 6-13 水果销售额柱状图

6.3.3 坐标轴设置

坐标轴设置是数据可视化中至关重要的部分,合适的坐标轴可以提高图表的可读性和信息传达的准确性。这一部分将讨论如何设置坐标轴范围、标签和刻度。

1. 设置坐标轴范围

通过 xlim 和 ylim 参数,可以指定 x 轴和 y 轴的显示范围。这有助于集中显示重要的数据部分。

设置坐标轴范围示例代码如下。

```
# 示例数据
months <- 1:12          # 月份
sales <- c(15000, 23000, 12000, 30000, 18000, 21000, 25000, 32000, 29000, 27000, 35000,
40000)                  # 销售额数据
plot(months, sales, type = "o", col = "blue", main = "每月销售额",
    xlim = c(1, 12), ylim = c(0, 45000))  # 设置 x 轴范围为 1 到 12,y 轴范围为 0 到 45000
```

在这个例子中,xlim 和 ylim 分别限制了 x 轴和 y 轴的显示范围,确保图表专注于特定的数据区域。

运行上述代码,可显示如图 6-14 所示的每月销售额。

2. 设置坐标轴标签

坐标轴标签可帮助读者理解数据的含义。使用 xlab 和 ylab 参数可以设置 x 轴和 y 轴的标签。

示例代码如下。

```
# 绘制折线图并设置坐标轴标签
plot(months, sales, type = "o", col = "blue", main = "每月销售额",
    xlab = "月份", ylab = "销售额")
```

在上述代码中,xlab 和 ylab 分别设置了 x 轴和 y 轴的标签,增强了图表的可读性。

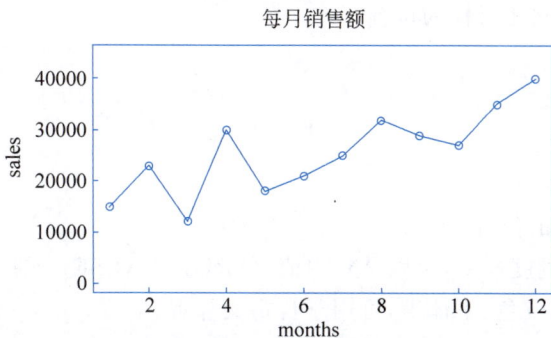

图 6-14　每月销售额 1

运行上述代码，可显示如图 6-15 所示的每月销售额。

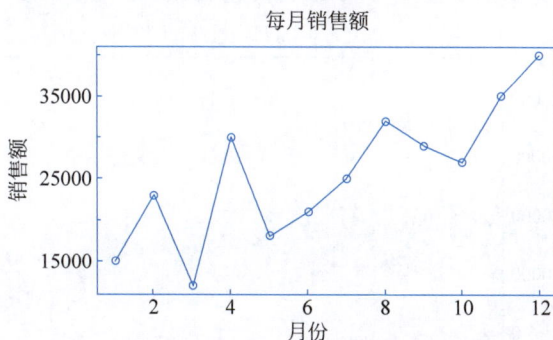

图 6-15　每月销售额 2

3. 设置坐标轴刻度

坐标轴刻度决定了坐标轴上显示的刻度线和对应的标签。使用 axis() 函数可以自定义坐标轴的刻度和标签。

示例代码如下。

```
# 绘制折线图并自定义坐标轴刻度
plot(months, sales, type = "o", col = "blue", main = "每月销售额",
    xaxt = "n", yaxt = "n", xlim = c(1, 12), ylim = c(0, 45000))    # 不绘制默认坐标轴

# 自定义 x 轴和 y 轴刻度
axis(1, at = 1:12, labels = month.abb)        # x 轴使用月份缩写
axis(2, at = seq(0, 45000, by = 5000))        # y 轴每 5000 设置一个刻度
```

在这个示例中，xaxt＝"n"和 yaxt＝"n"不绘制默认坐标轴。然后，通过 axis() 函数手动添加自定义的刻度，使图表更加清晰。

axis() 函数的语法如下。

```
axis(side, at = NULL, labels = TRUE, …)
```

参数说明如下。

（1）side：指定绘制相对轴的位置。

- 1：x 轴（下方）。
- 2：y 轴（左侧）。
- 3：上方的 x 轴。
- 4：右侧的 y 轴。

（2）at：指定刻度的位置。

（3）labels：设置刻度标签，可以是布尔值（TRUE/FALSE）或指定的标签向量。

（4）其他参数：如颜色、字体等，可用于自定义外观。

另外，month.abb 是一个内置的常量，包含了月份的缩写（即 "Jan"，"Feb"，"Mar"，"Apr"，"May"，"Jun"，"Jul"，"Aug"，"Sep"，"Oct"，"Nov"，"Dec"）。

运行上述代码，可显示如图 6-16 所示的每月销售额。

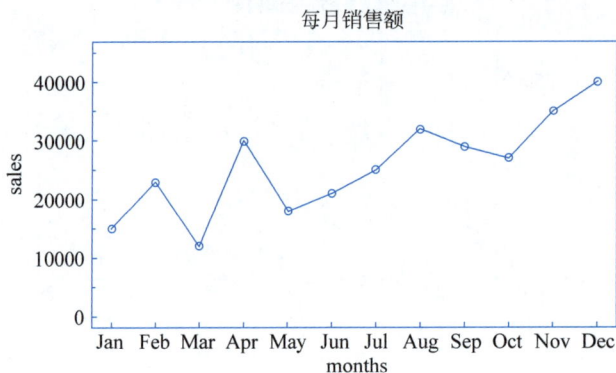

图 6-16　每月销售额 3

6.4　本章练习

1. 问答题

（1）什么是数据可视化？它在数据分析中的作用是什么？

（2）常见的图形类型有哪些？每种图形的适用场景是什么？

（3）在 R 语言中，Base R 工具与 ggplot2 包有哪些区别？为什么有时选择使用 Base R 工具进行绘图？

（4）请解释在 R 中如何设置图形的颜色和标题。请列出相关的函数并简要说明每个函数的功能。

2. 选择题

（1）在 R 语言中，哪种图形最适合展示两个变量之间的关系？（　　）

　　A. 折线图　　　　B. 散点图　　　　C. 柱状图　　　　D. 饼图

（2）以下哪种图形通常用于显示分类变量的频数分布？（　　）

A. 折线图　　　　　B. 饼图　　　　　C. 柱状图　　　　　D. 散点图

（3）在 R 语言中，哪一个函数用于设置绘图的标题？（　　）

A. title()　　　　　B. main()　　　　　C. labels()　　　　　D. subtitle()

（4）在 R 语言中，绘制饼图时，哪个参数控制饼图的颜色？（　　）

A. col　　　　　B. type　　　　　C. border　　　　　D. pie_color

3. 编程题

编写一个 R 语言脚本，绘制一个散点图并进行自定义设置：

- 使用 R 语言内置数据集 mtcars 绘制 mpg（每加仑英里数）和 hp（马力）之间的散点图。

- 设置标题为"马力与每加仑英里数的关系"，点的颜色为红色，点的大小为3，添加网格线。

## 第 7 章

高级数据可视化——使用 ggplot2 绘制图形

第 6 章介绍了如何使用 Base R 工具进行基础数据可视化,通过简单的绘图函数生成散点图、柱状图、条形图和折线图,以满足基本的数据展示需求。然而,随着数据分析需求的日益复杂,图形的美观性、定制化,以及信息传达的准确性变得至关重要。因此,本章将引入功能强大的 ggplot2 包,为数据可视化提供更高层次的灵活性和表达能力。

7.1 使用 ggplot2 绘制图形

ggplot2 是 R 语言中广泛应用的数据可视化工具,具有强大的灵活性和图层组合能力,适用于从基础到高级的数据可视化需求。ggplot2 通过将数据、映射美学、几何对象等各要素图层化,使得绘制过程更加直观且易于调整。本节将详细介绍 ggplot2 的基本语法结构及其核心概念。

7.1.1 ggplot2 的基本语法结构

ggplot2 是 R 语言中一个非常强大的数据可视化包,它使用了一种"语法化图形"的概念,使得创建图形的过程直观而灵活。ggplot2 的基本绘图语法通常如下所示。

```
ggplot(data = <数据集>, mapping = aes(<映射关系>)) +
  <几何对象> +
  <其他设置>
```

(1) ggplot(data = , mapping = aes()):定义绘图的基本框架,指定数据集和美学映射(如 x 轴、y 轴)。

(2) <几何对象>:使用几何对象(如 geom_point()、geom_line()等)指定要绘制的图形类型,如散点图、折线图等。

(3) <其他设置>:可以包含图例、标题、坐标轴等元素的设置,或添加主题风格。

以下是一个简单的 ggplot2 绘图示例。

```
# 创建一个简单的数据框
data <- data.frame(
  x = c(1, 2, 3, 4, 5),
```

```
  y = c(5, 3, 6, 2, 8)
)
```

```
install.packages("ggplot2")        # 第一次使用需要安装 ggplot2          ①
library(ggplot2)                    # 加载 ggplot2
```

```
# 使用 ggplot2 绘制散点图
ggplot(data = data, mapping = aes(x = x, y = y)) +                        ②
  geom_point()                                                           ③
```

代码解释如下。

代码第①行安装 ggplot2 包。如果之前已安装,则可以省略此步骤。

代码第②行通过 ggplot()函数创建 ggplot 图形对象,其中 data＝data 指定数据框 data 作为绘图的数据源;mapping＝aes()是定义美学映射(aes,即将数据列映射到图形元素)。

- x＝x:将数据框的列 x 映射到横轴。
- y＝y:将数据框的列 y 映射到纵轴。

代码第③行通过 geom_point()函数添加散点图的几何对象,将点绘制在对应的(x,y)坐标上。

上述示例代码需要在交互式环境(如 RStudio、R 的命令行界面)运行,代码运行后在 Plots 窗口会输出如图 7-1 所示的图形。

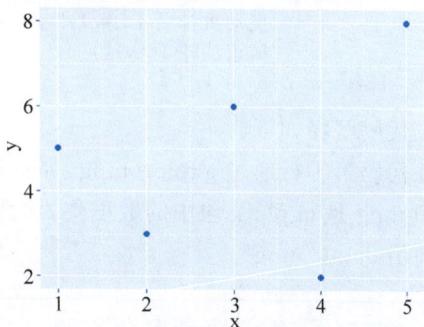

图 7-1　使用 ggplot2 绘制散点图

7.1.2　ggplot2 中的图层概念

在 ggplot2 中,图层(Layer)是构建图形的核心概念。图层定义了数据的展示方式,每个图层可以包括:不同的数据处理、几何对象(geom)、统计变换(stat)、坐标系统(coord)和主题(theme)等。通过组合多个图层,可以灵活地展示数据和复杂的可视化效果。

1. 图层的组成部分

ggplot2 图层通常由以下几部分组成。

(1)数据层:定义要绘制的数据源。ggplot()函数的第一个参数就是数据集。

(2)美学映射层:通过 aes()函数将数据映射到图形的属性上,如颜色、形状、大小等。

(3)几何对象层:定义数据点的具体表现形式,如点(geom_point())、线(geom_line())、柱状图(geom_bar())等。

(4)统计变换层:对数据应用统计变换,如计算均值、标准差等。默认情况下,ggplot2会自动为某些几何对象应用统计变换(如 geom_smooth()会应用平滑线拟合)。

(5)坐标系统层:控制数据如何在二维空间中映射和展示,如默认的直角坐标系(coord_cartesian()),或极坐标系(coord_polar())。

(6)主题层:控制图形的外观,如背景、网格线、字体等。常见的主题有 theme_minimal()、theme_bw()等。

2. 图层的叠加方式

在 ggplot2 中，图层利用符号 + 进行叠加。通过叠加多个图层，可以构建更复杂的图形。例如，将常见的散点图（点图）与回归线（平滑曲线）叠加，或将柱状图与数据标签、比例显示等元素结合。

以下示例，采用 ggplot2 包提供 mpg 数据集绘制散点图，并在其中叠加一条回归线。

```
# 加载 ggplot2 包
library(ggplot2)

# 使用 mpg 数据集绘制散点图并叠加回归线
ggplot(mpg, aes(x = displ, y = cty)) +                                  ①
  geom_point(color = "#00B0F0", size = 3) +        # 散点图图层        ②
  geom_smooth(method = "lm", color = "#00B0F0") +  # 线性回归平滑线图层  ③
  labs(title = "散点图与回归线：发动机排量 vs 城市油耗",              ④
       x = "发动机排量 (displ)",
       y = "城市油耗 (cty)") +                      # 标签层
  theme_minimal()                                   # 主题层           ⑤
```

代码解释如下。

代码第①行通过 ggplot(mpg, aes(x = displ, y = cty)) 函数创建数据与美学映射层，其中 mpg 是 ggplot2 包中的数据集，加载 ggplot2 后 mpg 数据集会自动加载，用户不需要显式调用 data("mpg")。

💡**提示**　mpg 数据集包含了 234 行（即 234 辆车的数据）和 11 列。

主要变量说明如下。

- manufacturer(生产商)：汽车制造商名称，如 "audi"、"ford" 等。
- model(车型)：汽车的型号名称。
- displ(排量)：发动机排量，以升(L)为单位。例如 1.8 表示 1.8 升的发动机。
- year(年份)：汽车的生产年份。
- cyl(气缸数)：汽车发动机的气缸数量(如 4、6 或 8)。
- trans(变速器类型)：通常为手动("manual")或自动("automatic")。
- drv(驱动类型)：车辆的驱动方式，通常为前驱("f")，后驱("r")或四轮驱动("4")。
- cty(城市每加仑英里数)：车辆在城市环境中的每加仑油可行驶的英里数。
- hwy(高速公路每加仑英里数)：车辆在高速公路环境中的每加仑油可行驶的英里数。
- fl(燃料类型)：车辆使用的燃料类型(如 "r" 表示常规燃料，"p" 表示乙醇，"e" 表示电力等)。
- class(车类)：汽车的类型类别(如 "compact""midsize""suv" 等)。

代码第②行通过 geom_point() 绘制散点图，color="00B0F0"设置点的颜色为浅蓝色，size=3 设置点的大小。

代码第③行通过 geom_smooth()添加平滑线。在这里使用线性回归(method＝"lm")，并设置线条颜色。

代码第④行通过 labs()函数创建标签层，通过标签层为图形添加标题和坐标轴标签。

代码第⑤行通过 theme_minimal()函数创建主题层，它简约的主题去掉了图形背景的网格线和多余的元素，使图形更清晰。

> 💡**提示**　ggplot2 提供的主要主题列表如下。
>
> - theme_gray()：默认主题，背景灰色，网格线较为明显，适合一般数据可视化展示。
> - theme_bw()：黑白主题，背景为白色，坐标轴和网格线为黑色，适合打印或需要高对比度的显示。
> - theme_minimal()：简约主题，去除了多余的背景元素，凸显数据，图表外观简洁，适合需要简洁展示的场合。
> - theme_classic()：经典主题，保留传统的坐标轴和网格线，适用于复古风格或正式的报告。
> - theme_light()：浅色主题，背景为浅灰色，细致的网格线，适合现代化、清新的设计风格。
> - theme_dark()：深色主题，背景为深色，适合暗色模式或夜间展示，能缓解眼睛疲劳。
> - theme_void()：空白主题，没有任何背景、坐标轴或网格线，适用于极简风格或自定义图表设计。
> - theme_test()：测试主题，简单设计，适用于快速测试和预览。

上述示例代码需要在交互式环境(如 RStudio、R 的命令行界面)运行，代码运行后在 Plots 窗口会输出如图 7-2 所示的图形。

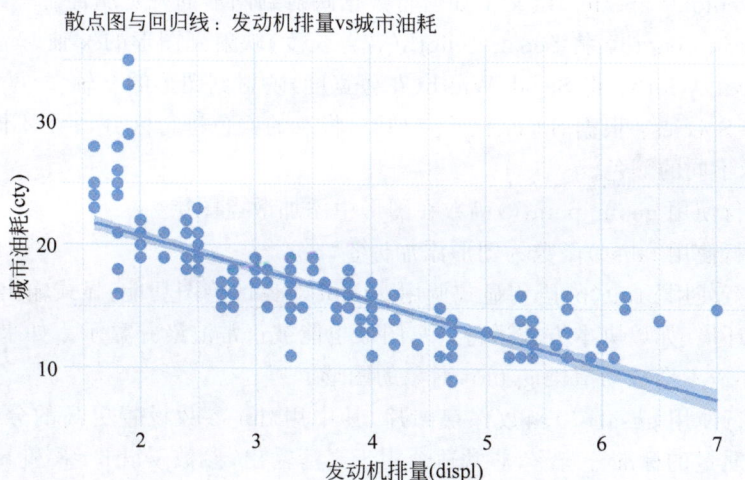

图 7-2　图层的叠加

7.1.3　ggplot2 中的映射美学

在 ggplot2 中,映射美学是将数据的属性(如数值、类别等)映射到图形元素的视觉属性上(如位置、颜色、大小等)。通过美学映射,可以控制数据如何在图形上表现,使得数据的特征更加直观、易懂。

ggplot2 中的 aes()函数用于将数据映射到视觉属性上。在 ggplot2 中,美学映射通常指数据如何被映射到坐标轴(x 和 y)、颜色、形状、大小、透明度等视觉元素。

美学映射有以下两种类型。

(1) 位置映射:决定数据在图形中的位置,通常通过 x 和 y 轴映射实现。

(2) 非位置映射:决定数据的视觉属性,如颜色、大小、形状、透明度等。

通过以下代码示例,说明如何将数据列映射到图形的不同美学属性。

```
# 加载 ggplot2 包
library(ggplot2)
# 使用内置的 iris 数据集绘制散点图
p <- ggplot(iris, aes(x = Sepal.Length, y = Sepal.Width, color = Species)) +    ①
  geom_point() +                                                                 ②
  labs(title = "散点图:花萼长度 vs 花萼宽度", x = "花萼长度", y = "花萼宽度") +   ③
  theme_minimal()

# 显示图形
print(p)                                                                         ④
# 保存高清图形为 PNG 文件,设置分辨率为 300 dpi
ggsave("plot_high_res.png", plot = p, dpi = 300, width = 8, height = 6)          ⑤
```

代码解释如下。

代码第①行使用 ggplot()函数创建一个 ggplot 对象 p,aes(x＝Sepal. Length,y＝Sepal. Width,color＝Species)定义了如何将数据映射到图形的视觉属性。

- x＝Sepal. Length:将 Sepal. Length(花萼长度)映射到图形的 x 轴。
- y＝Sepal. Width:将 Sepal. Width(花萼宽度)映射到图形的 y 轴。
- color＝Species:根据 Species(花卉种类)将点的颜色进行区分,3 个不同的花卉种类会显示不同的颜色。

代码第②行使用 geom_point()函数在图形中添加散点图层。

代码第③行使用 labs()函数为图形添加标签。

代码第④行使用 print(p)语句显式调用 ggplot 对象的绘图功能,显式输出图形,因此即使在非交互式环境(如以脚本方式运行)中,图形也能被正常渲染并显示。如果没有 print()调用,非交互环境不会自动渲染 ggplot 对象的图形。

代码第⑤行使用 ggsave()函数保存图片,其中用 dpi 参数设置更高的分辨率。通常,300dpi 是打印质量的标准分辨率,非常适合用于高清输出,参数 width＝8 和 height＝6:指定图像的尺寸,单位为英寸(可以根据需求调整尺寸)。ggsave()默认会根据文件扩展名自动选择合适的格式,如. png,. jpg,. pdf 等。

运行上述代码,绘制的图形如图 7-3 所示,同时会在工作目录下生成一个 plot_high_res.png 文件。

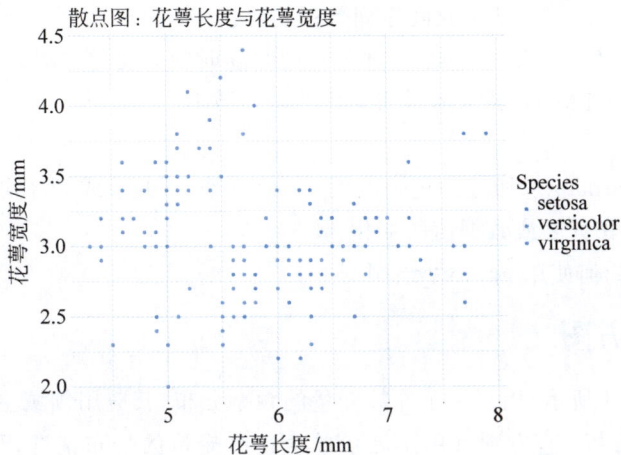

图 7-3　散点图示例

7.2　使用 ggplot2 绘制图形

可以根据图形的用途和数据的类型将 ggplot2 的常见图形分为以下几类。

1. 分布类图形
这些图形展示数据的分布情况,包括频率、密度等。
- 直方图(Histogram):展示连续变量的频率分布。
- 密度图(Density Plot):展示变量的平滑分布。
- 小提琴图(Violin Plot):结合密度图和箱线图,展示数据分布。
- 箱线图(Box Plot):展示数据的分布、中心趋势及离群点。

2. 关系类图形
关系类图形用于展示变量间的关系和趋势,适合分析变量间的相关性。
- 散点图(Scatter Plot):展示两个连续变量间的关系。
- 气泡图(Bubble Chart):扩展散点图,利用气泡大小表示第 3 个变量。
- 散点平滑图(Scatter Plot with Smooth Line):在散点图上添加平滑线,揭示趋势。

3. 比较类图形
比较类图形用于比较不同分类的数据,适合展示组间差异。
- 柱状图(Bar Plot):展示分类变量的频数或其他指标。
- 堆叠柱状图(Stacked Bar Plot):在一个柱子上显示多个分类的比例。
- 分组柱状图(Grouped Bar Plot):比较不同组之间的分类数据。
- 饼图(Pie Chart):展示分类数据的比例,占比情况。

4. 时间序列类图形

时间序列类图形适合分析随时间变化的数据,展示变量的趋势和变化。

- 折线图(Line Plot):展示时间序列数据趋势。
- 多条折线图(Multi-Line Plot):展示不同组随时间的变化趋势。
- 面积图(Area Plot):展示随时间变化的累积数据。

5. 热力类图形

- 热力图(Heatmap):通过颜色强度展示二维变量的关系或频率分布,适用于显示某区域内的密集程度或数据值的变化。

下面详细介绍如何使用 ggplot2 绘制图形。

7.2.1　直方图

直方图(如图 7-4 所示)用于展示连续变量的频率分布,其应用领域主要有以下几个。

(1) 数据分布分析:直方图常用于展示单个连续变量的分布情况,帮助分析数据的频率分布、集中趋势、偏态或异常值。例如,了解一组学生考试成绩的分布情况。

(2) 质量控制:在生产过程中,直方图用来监控产品尺寸的分布情况,判断生产过程是否稳定,是否存在偏差或异常。

(3) 市场研究:通过直方图展示顾客年龄、收入等变量的分布,帮助分析目标市场的特点。

图 7-4 所示是一个直方图示例,它通过将数据划分为不同的区间 bin(或称为"箱")展示每个区间内数据点的数量(频数),帮助了解数据的分布情况。ggplot2 提供了 geom_histogram()函数来绘制直方图。

绘制直方图的基本语法如下。

```
ggplot(data, aes(x = variable)) +
  geom_histogram(binwidth = 1, fill = "blue", color = "black") +
  ggtitle("直方图") +
  xlab("X轴标题") +
  ylab("频数")
```

参数说明如下。

- data:数据框,包含需要绘制直方图的变量。
- aes(x = variable):设置需要绘制的变量(通常是连续型变量)在 X 轴上。
- geom_histogram():ggplot2 中用于绘制直方图的几何对象。binwidth 用于设置每个柱子的宽度,可以根据数据的分布进行调整。fill 用于设置柱子的填充颜色,color 表示柱子的边框颜色。
- ggtitle():设置图形标题。
- xlab()和 ylab():设置 X 轴和 Y 轴的标签。

绘制简单的直方图示例代码如下。

```
# 加载 ggplot2 包
library(ggplot2)
# 示例数据
df <- data.frame(value = c(1, 2, 2, 3, 3, 3, 4, 4, 4, 4, 5, 5, 5, 5, 5))

# 绘制直方图
ggplot(df, aes(x = value)) +
  geom_histogram(binwidth = 1, fill = "#00B0F0", color = "black") +
  ggtitle("直方图示例") +
  xlab("值") +
  ylab("频数")
```

这段代码将根据 value 列的数据绘制直方图。每个柱子表示一个区间（例如，1-2，2-3，等等），每个区间的高度表示数据点的数量。

运行上述代码，绘制的图形如图 7-4 所示。

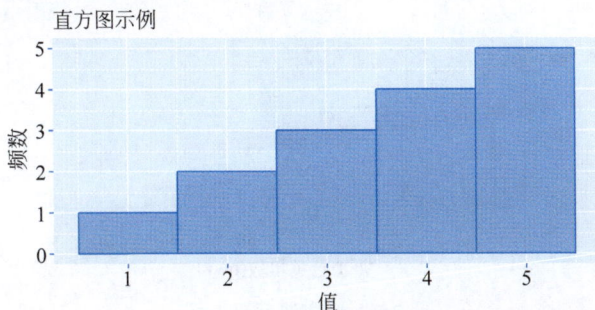

图 7-4　直方图示例

7.2.2　示例 8：绘制高速公路油耗直方图

本节将使用 mpg 数据集，以高速公路油耗（hwy）为变量，绘制直方图。直方图是一种常用的图表，用于展示数据的分布情况。在这个示例中，将演示如何使用 ggplot2 绘制油耗直方图，从而了解汽车在高速公路行驶时的燃油效率在数据集中的分布情况。

示例实现代码如下。

```
# 加载 ggplot2 包
library(ggplot2)

# 绘制直方图
ggplot(mpg, aes(hwy)) +                                                    ①
  geom_histogram(binwidth = 2, fill = "#00B0F0", color = "black", alpha = 0.7) +   ②
  ggtitle("高速公路油耗直方图") +
  xlab("每加仑英里数（hwy）") +
  ylab("频数")
```

代码解释如下。

代码第①行通过 ggplot(mpg,aes(x=hwy)) 函数绘制图形对象，在此指定数据集 mpg

和用于绘制直方图的变量 hwy,aes(x = hwy)表示将 hwy 作为 x 轴的变量。

代码第②行的 geom_histogram()函数用于绘制直方图,其中参数 binwidth＝2 设置直方图的柱子宽度为 2,这决定了 x 轴上每个区间的大小;fill＝"♯00B0F0"设置柱子的填充颜色为浅蓝色;color＝"black"设置柱子的边框颜色为黑色;alpha＝0.7 设置透明度为 0.7,使得柱子稍微透明。

其他代码不再赘述。

运行上述代码,绘制的图形如图 7-5 所示。

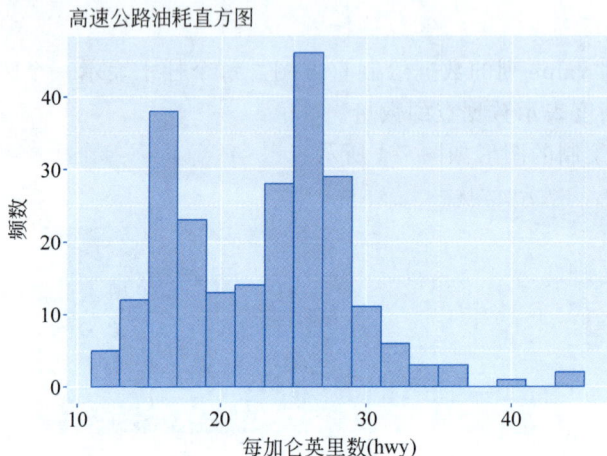

图 7-5　城市油耗直方图

7.2.3　密度图

在数据可视化中,密度图(Density Plot)如图 7-6 所示,用于展示连续变量的概率分布,通常用于替代直方图,以更加平滑的曲线呈现数据分布。密度图通过计算数据的概率密度函数并在图上绘制平滑曲线,能够更清晰地展示数据的趋势和集中区域。

在 7.2.1 节讨论了如何绘制直方图,接下来将基于相同的数据集,展示如何绘制密度图。

ggplot2 中,使用 geom_density()函数绘制密度图,示例代码如下。

```
# 加载 ggplot2 包
library(ggplot2)

# 示例数据集
df <- data.frame(value = c(1, 2, 2, 3, 3, 3, 4, 4, 4, 4, 5, 5, 5, 5, 5))

# 绘制密度图
ggplot(df, aes(x = value)) +
  geom_density(fill = "♯00B0F0", color = "black", alpha = 0.5) +    # 绘制密度曲线
  ggtitle("密度图示例") +                                            # 添加标题
  xlab("值") +                                                       # x 轴标签
```

```
ylab("密度")                                                # y 轴标签
```

代码解释如下。

上述代码通过 geom_density() 函数绘制密度曲线，其中参数 fill 设置曲线的填充颜色；color 设置边框颜色；alpha 控制透明度。

运行上述代码，绘制的图形如图 7-6 所示。

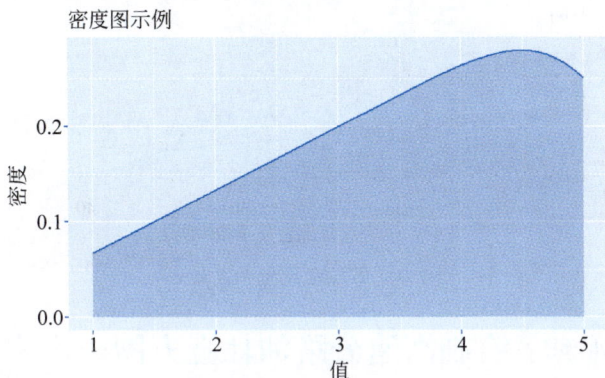

图 7-6　密度图

直方图与密度图的区别如下。

（1）直方图首先将数据分入固定的区间，然后计算每个区间的频数，而密度图则通过估算概率密度展示数据分布的平滑曲线。

（2）直方图通常依赖于 bin（箱）的宽度来影响结果的平滑度，而密度图则更具连续性，适合更好地显示数据分布的整体趋势。

7.2.4　示例 9：绘制高速公路油耗密度图

在 7.2.3 节已讨论如何绘制密度图。以下代码展示了如何基于 mpg 数据集绘制 hwy（每加仑英里数，表示高速公路燃油效率）的密度图。密度图通过平滑曲线表示数据的分布情况，相比直方图，密度图能更清晰地揭示数据的分布趋势和形态。

示例实现代码如下。

```
# 加载 ggplot2 包
library(ggplot2)


# 绘制 mpg(每加仑英里数)的密度图
ggplot(mpg, aes(x = hwy)) +            # 选择 hwy 列,表示高速公路上的每加仑英里数
  geom_density(fill = "#00B0F0", color = "black", alpha = 0.7) +
# 设置填充颜色、边框颜色、透明度
  ggtitle("每加仑英里数密度图") +      # 图表标题
  xlab("每加仑英里数 (hwy)") +         # x 轴标签
  ylab("密度")                         # y 轴标签
```

运行上述代码，绘制的图形如图 7-7 所示，可见密度图通过平滑曲线的方式展示数据的

集中区域和分布趋势，提供了比直方图更细腻的分布表现。

每加仑英里数密度图

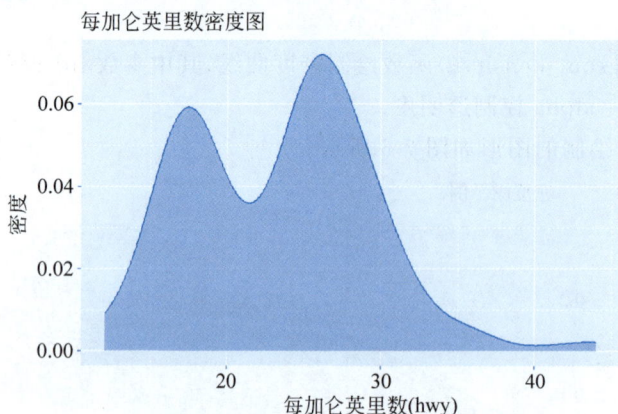

图 7-7　每加仑英里数密度图

7.2.5　示例 10：绘制高速公路油耗直方图＋密度图

直方图与密度图结合可以同时展示数据的分布（通过直方图）和数据的平滑分布趋势（通过密度图）。这种组合使得数据的分布更加清晰，可以帮助识别数据的峰值、对称性以及可能的偏态。

本节展示如何将直方图与密度图结合使用，以分析 mpg 数据集的 hwy（高速公路油耗）数据的分布情况。通过将直方图与平滑的密度曲线结合，能更清晰地观察数据的整体分布形态和趋势。这种组合图表可以有效地揭示数据的分布密度和趋势变化，从而提供对数据更加深入的理解。下面是具体的实现代码。

```
# 加载 ggplot2 包
library(ggplot2)


# 绘制直方图与密度图
ggplot(mpg, aes(x = hwy)) +                    # 使用 hwy 变量(高速公路油耗)绘制图形
  geom_histogram(aes(y = ..density..), binwidth = 2,    # 绘制直方图并将 y 轴设置为密
                                                        # 度,控制每个箱子的宽度为 2
                 fill = "#00B0F0",             # 设置直方图的填充颜色为浅蓝色
                 color = "black",              # 设置直方图的边框颜色为黑色
                 alpha = 0.7) +                # 设置填充颜色的透明度为 0.7
  geom_density(color = "blue", size = 1) +     # 添加密度曲线,颜色为蓝色,线条粗细为 1
  ggtitle("高速公路油耗直方图与密度图") +       # 设置图形标题
  xlab("每加仑英里数(高速公路油耗)") +          # 设置 x 轴标签
  ylab("密度")                                 # 设置 y 轴标签
```

代码解释如下。

在上述代码中，首先使用 ggplot(mpg, aes(x = hwy)) 和 geom_histogram() 函数绘制直方图，其中 ..density.. 用来引用每个箱子的"密度"，而不是传统的"频数"，使得直方图显示

的是数据的"概率密度"。

同时,代码通过 geom_density() 添加"密度曲线",这条曲线基于核密度估计①(KDE)方法计算,平滑地展示了数据的总体分布趋势。将直方图与密度曲线结合,可以更清晰地理解数据的分布特征。

运行上述代码,绘制的图形如图 7-8 所示。

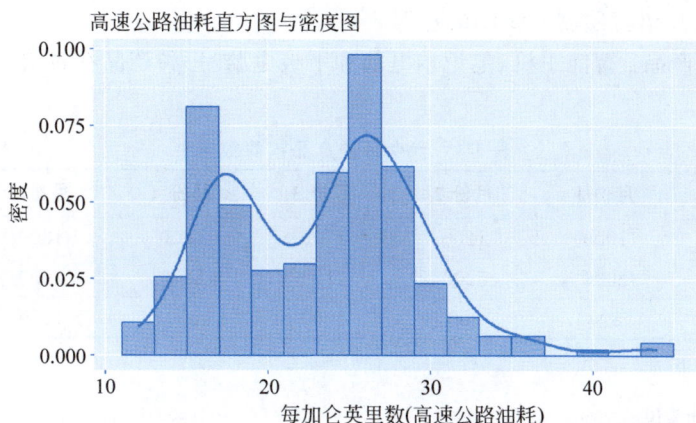

图 7-8   高速公路油耗直方图与密度图

7.2.6   箱线图

箱线图(Box Plot)(如图 7-9 所示),也称为盒须图,是一种用于展示数据分布的统计图表。它主要显示数据的中位数、四分位数以及异常值等信息,这些概念将在第 8 章中详细解释。箱线图的应用场景包括以下几个。

- 数据分布的集中趋势:查看数据的中位数和四分位数情况。
- 异常值检测:显示出数据集中偏离大部分分布的异常值。
- 多组数据对比:适用于多个组的分布特征对比分析,如实验组和对照组之间的数据分布差异。

箱线图的组成如图 7-9 所示。

(1)箱体(Box):箱体的上下边缘代表数据的第 1 四分位数(Q1)和第 3 四分位数(Q3),箱体中间的线表示数据的中位数(Q2)。

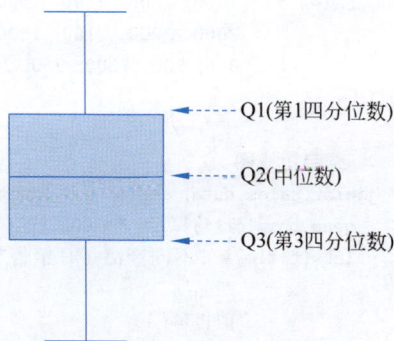

图 7-9   箱线图的组成

---

① 核密度估计(Kernel Density Estimation,KDE)是一种用于估计连续随机变量概率密度函数的非参数方法。简单来说,KDE 是通过对数据点进行平滑处理,生成一个平滑的曲线,来表示数据的分布情况。

（2）胡须（Whiskers）：通常延伸到最小值和最大值，或延伸到 Q1－1.5IQR 和 Q3＋1.5IQR 范围（IQR 是四分位距，即 Q3－Q1）。

（3）异常值：位于胡须之外的点，即比下界（Q1－1.5IQR）小或比上界（Q3＋1.5IQR）大的值，通常用单独的点表示。

在 R 语言中，可以使用 ggplot2 包的 geom_boxplot()函数绘制箱线图。

以下是使用 R 语言绘制箱线图的示例。

假设有 3 种产品：智能手机、笔记本电脑和平板电脑，每种产品在过去六个月的销售数据如表 7-1 所示。

表 7-1　六个月的产品销售数据

产　　品	月份 1	月份 2	月份 3	月份 4	月份 5	月份 6
智能手机	1000	1200	1100	1500	1300	1400
笔记本电脑	2000	2200	2100	1800	2400	2300
平板电脑	800	900	1000	950	1050	1100

示例代码如下。

```
# 加载 ggplot2 包
library(ggplot2)

# 创建销售数据框
sales_data <- data.frame(                                         ①
  Product = c("智能手机", "智能手机", "智能手机", "智能手机", "智能手机", "智能手机",
            "笔记本电脑", "笔记本电脑", "笔记本电脑", "笔记本电脑", "笔记本电脑", "笔
记本电脑","平板电脑", "平板电脑", "平板电脑", "平板电脑", "平板电脑", "平板电脑"),
  Month = rep(c("月份 1", "月份 2", "月份 3", "月份 4", "月份 5", "月份 6"), 3),  # 6 个月数据
  Sales = c(1000, 1200, 1100, 1500, 1300, 1400,          # 智能手机的销售额
          2000, 2200, 2100, 1800, 2400, 2300,            # 笔记本电脑的销售额
          800, 900, 1000, 950, 1050, 1100)               # 平板电脑的销售额
)

# 绘制箱线图
ggplot(sales_data, aes(x = Product, y = Sales)) +                  ②
  geom_boxplot(fill = "#00B0F0", color = "black") +               ③
  labs(title = "不同产品每月销售额分布(6 个月)",
      x = "产品",
      y = "销售额")
```

代码说明。

上述代码第①行创建了数据框（sales_data），其中，

- Product：每个值表示一个产品。该列中有重复的产品名称，表示每个产品在不同月份的数据。例如，"智能手机"出现了 6 次，表示智能手机在 6 个月内的销售数据。
- Month：该列使用 rep()函数生成，表示月份。其中 rep(…,3)：重复上述向量 3 次，因为有 3 个产品，每个产品有 6 个月的数据。所以，月份列会重复出现 3 次，分别对

应智能手机、笔记本电脑和平板电脑的每个月数据。

- Sales：每个月的销售额数据。

创建的数据框 sales_data 内容如图 7-10 所示。

代码第 ② 行创建了 ggplot2 绘图对象，其中 aes(x＝Product，y＝Sales)定义 x 轴为产品，y 轴为销售额。

代码第③行 geom_boxplot()绘制了箱线图，并设置箱体颜色为浅蓝色，边框颜色为黑色。

其他代码不再赘述，运行上述代码后，将生成如图 7-11 所示的箱线图。

7.2.7　示例 11：绘制不同气缸数汽车的功率分布箱线图

本节将使用 mpg 数据集绘制箱线图。箱线图是一种常用的可视化工具，有助于分析数据的分布、集中趋势以及离散程度。本示例将根据不同气缸数（如 4 气缸、6 气缸、8 气缸）展示高速公路油耗（hwy）的分布，从而揭示不同气缸数之间的差异。

	Product	Month	Sales
1	智能手机	月份1	1000
2	智能手机	月份2	1200
3	智能手机	月份3	1100
4	智能手机	月份4	1500
5	智能手机	月份5	1300
6	智能手机	月份6	1400
7	笔记本电脑	月份1	2000
8	笔记本电脑	月份2	2200
9	笔记本电脑	月份3	2100
10	笔记本电脑	月份4	1800
11	笔记本电脑	月份5	2400
12	笔记本电脑	月份6	2300
13	平板电脑	月份1	800
14	平板电脑	月份2	900
15	平板电脑	月份3	1000
16	平板电脑	月份4	950
17	平板电脑	月份5	1050
18	平板电脑	月份6	1100

图 7-10　数据框 sales_data 内容

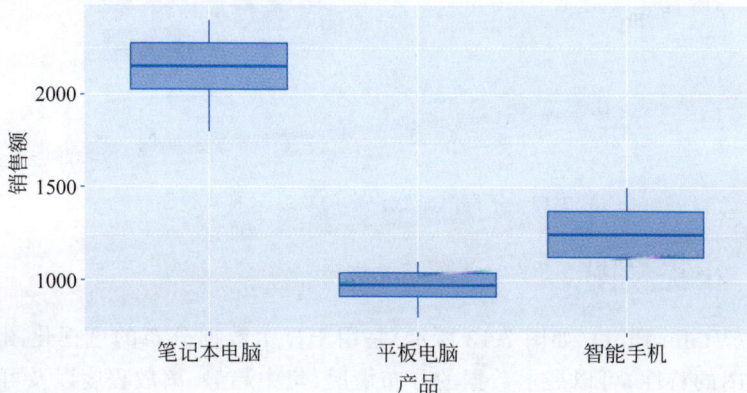

图 7-11　箱线图示例

示例实现代码如下。

```
# 加载 ggplot2 包
library(ggplot2)

# 使用 mpg 数据集绘制箱线图
ggplot(mpg, aes(x = factor(cyl), y = hwy)) +    # x 轴为气缸数,y 轴为高速公路油耗   ①
```

```
        geom_boxplot(fill = "#00B0F0",          ♯ 设置箱线图的填充颜色        ②
                     color = "black") +         ♯ 设置箱线图的边框颜色
        labs(title = "不同气缸数汽车的高速公路油耗分布",  ♯ 设置图形标题
             x = "气缸数",                       ♯ 设置 x 轴的标签
             y = "高速公路油耗 hwy")              ♯ 设置 y 轴的标签
```

代码解释如下。

代码第①行中,ggplot()是 ggplot2 的基础函数,用于开始绘制图形。参数 mpg 是输入的数据集,aes(x=factor(cyl),y=hwy)定义了美学映射,将气缸数(cyl)映射到 x 轴,高速公路油耗(hwy)映射到 y 轴。需要注意的是,factor(cyl)将 cyl 转换为因子类型,这意味着气缸数会被视为离散的分类变量,而不是连续的数值变量。

在第②行,geom_boxplot()函数用于绘制箱线图。fill 参数指定箱线图的填充颜色为浅蓝色(#00B0F0),color = "black"参数设置箱线图的边框颜色为黑色。这些设置使得箱线图更加直观、易于辨认。

运行上述代码,绘制的图形如图 7-12 所示。

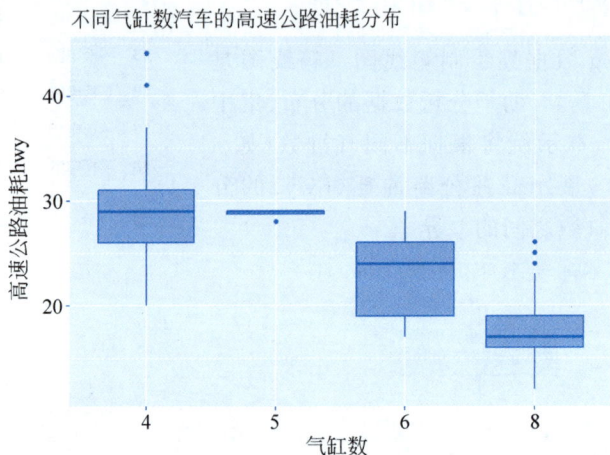

图 7-12　不同气缸数汽车的功率分布箱线图

7.2.8　小提琴图

小提琴图(Violin Plot)(如图 7-13 所示)是用于显示数据分布的可视化图表,它结合了箱线图和密度图的特性,可以展示数据的分布情况、集中趋势、离散程度以及可能的异常值。与箱线图类似,小提琴图的中位数和四分位数等统计量也可以被显示出来,但它通过密度估计提供数据的分布信息,这使得其在表现数据的密度和形态时更为直观。

小提琴图的主要应用场景集中在以下几种情况。

- 比较组间分布差异。
- 检测数据分布形状。
- 结合分布趋势和统计值的展示。

它适合那些需要比单纯箱线图或直方图更全面展示数据分布的场景，尤其是在分布形状复杂或组数较多时表现突出。

在 R 语言中，使用 ggplot2 包的 geom_violin() 函数可以绘制小提琴图。小提琴图结合了箱线图和密度图的特点，用于展示数据的分布和密度。

下面是绘制小提琴图的示例代码。

```
# 加载 ggplot2 包
library(ggplot2)

# 示例数据框
data <- data.frame(                                    ①
  category = rep(c("A", "B", "C"), each = 100),
  value = c(rnorm(100, mean = 5, sd = 1),
            rnorm(100, mean = 10, sd = 1.5),
            rnorm(100, mean = 15, sd = 2))
)

# 绘制小提琴图
ggplot(data, aes(x = category, y = value)) +            ②
  geom_violin(fill = "#00B0F0", color = "black") +      ③
  labs(title = "小提琴图示例", x = "类别", y = "值")
```

代码解释如下。

代码第①行创建了一个名为 data 的数据框，包含 category 和 value 两列。

(1) category：类别列，包含"A"、"B"和"C"3 种类别，每种类别重复 100 次。

(2) value：值列，使用正态分布生成每个类别的数据。

- rnorm(100，mean=5，sd=1)：类别"A"的 100 个值，均值为 5，标准差为 1。
- rnorm(100，mean=10，sd=1.5)：类别"B"的 100 个值，均值为 10，标准差为 1.5。
- rnorm(100，mean=15，sd=2)：类别"C"的 100 个值，均值为 15，标准差为 2。

此数据框用来模拟不同类别的数值分布情况，以便在小提琴图中显示。

代码第②行初始化绘图对象 p，使用 data 数据框，指定 category 为 x 轴，value 为 y 轴。

代码第③行添加小提琴图层，展示不同类别的值分布情况，参数 fill="#00B0F0"设置小提琴图的填充颜色为浅蓝色；color="black"设置小提琴图的边框颜色为黑色。

其他代码不再赘述，运行此代码后，将生成一个小提琴图（如图 7-13 所示），显示每个类别的值的分布情况和密度。

7.2.9 示例 12：绘制不同处理组植物生长量的小提琴图

在本节中，使用 R 语言中的 PlantGrowth 数据集绘制不同处理组植物生长量的小提琴图。该数据集包含 3 组植物，包括对照组和两种不同处理的实验。通过小提琴图，可以展示各组植物生长量的分布情况，从而更直观地比较各组之间的差异。

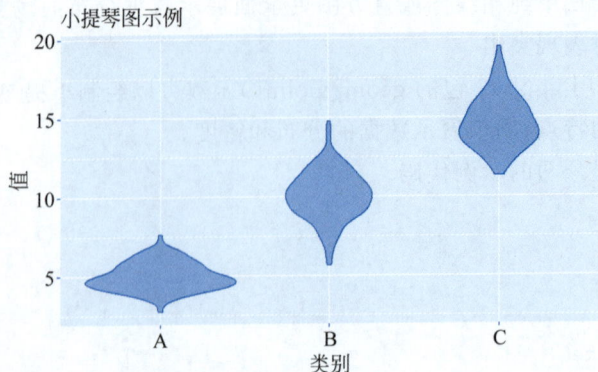

图 7-13　小提琴图示例

示例实现代码如下。

```
# 加载所需的包
library(ggplot2)

# 使用内置的 PlantGrowth 数据集
data(PlantGrowth)

# 绘制小提琴图
ggplot(PlantGrowth, aes(x = group, y = weight, fill = group)) +        ①
  geom_violin(trim = FALSE) +     # 绘制小提琴图,trim = FALSE 表示不截断密度曲线    ②
  labs(title = "不同处理组植物生长量的小提琴图",
       x = "处理组",
       y = "植物生长量") +       # 添加标题和轴标签
```

代码解释如下。

代码第①行是绘图的初始化部分,其中 aes(x＝group,y＝weight,fill＝group)表示 x 轴映射到 group(处理组),y 轴映射到 weight(植物生长量),并根据 group 填充颜色。

代码第②行 geom_violin(trim＝FALSE)用于绘制小提琴图,其中 trim＝FALSE 表示不截断密度曲线,从而展示数据的完整分布。如果将 trim 设置为 TRUE(默认值),则会裁减掉超出数据范围的部分,如图 7-14 所示。

运行上述代码,绘制的图形如图 7-15 所示。

7.2.10　散点图

散点图的基本概念在 6.2.1 节介绍过了,本节不再赘述。

使用 ggplot2 绘制一个散点图,可以使用 geom_point()函数。下面是一个使用 geom_point()函数绘制散点图的示例。

假设有一个数据集,其中包含了不同员工的工作经验(年数)和他们的年薪(万元)。通过散点图可以探究工作经验与年薪之间的关系。

不同处理组植物生长量的小提琴图

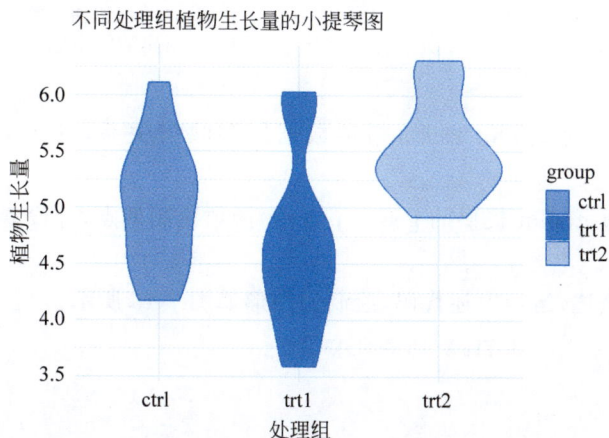

图 7-14　裁剪掉超出数据范围的部分小提琴图（trim＝TRUE）

不同处理组植物生长量的小提琴图

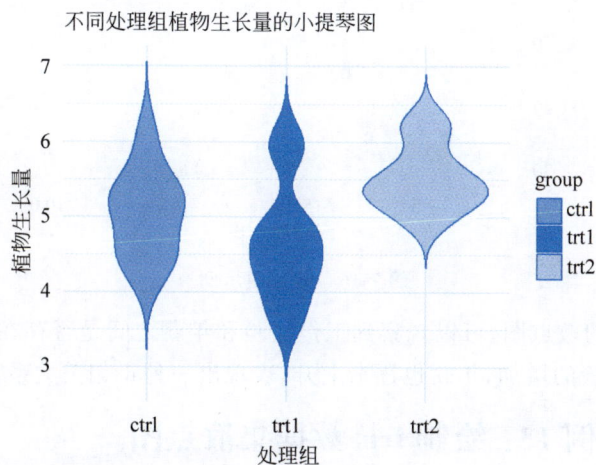

图 7-15　不同处理组植物生长量的小提琴图

示例代码如下。

```
# 加载 ggplot2 包
library(ggplot2)

# 创建一个自定义数据集
employee_data <- data.frame(
  experience = c(1, 2, 3, 4, 5, 6, 7, 8, 9, 10),          # 工作经验(年数)
  salary = c(30, 35, 40, 45, 50, 55, 60, 65, 70, 75)      # 年薪(万元)
)

# 绘制散点图
ggplot(employee_data, aes(x = experience, y = salary)) +                    ①
  geom_point(color = "#00B0F0", size = 4) +      # 绘制浅蓝色的散点,点的大小为 4    ②
  labs(title = "工作经验与年薪的关系",
       x = "工作经验(年数)",
```

```
      y = "年薪(万元)") +                    # 添加标题和轴标签
   theme_minimal()                            # 使用简洁的主题
```

代码解释如下。

代码第①行初始化 ggplot 图形,指定数据集和映射关系,其中 experience 为 x 轴, salary 为 y 轴。

代码第②行通过 ggplot 提供的 geom_point() 函数绘制散点,并设置散点的颜色为浅蓝色,大小为 4。

其他代码不再赘述,运行上述代码,绘制的图形如图 7-16 所示。

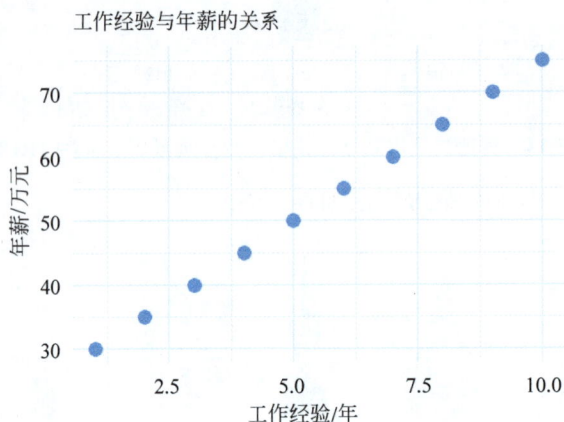

彩图 7-16

工作经验与年薪的关系

工作经验/年

图 7-16　散点图示例

从图 7-16 所示的散点图,可以观察到工作经验和年薪之间是否存在线性关系。在这个例子中,随着工作经验的增加,年薪也逐渐上升,表现出一种正相关关系。

7.2.11　示例 13:绘制 iris 数据集散点图

在本节中,将使用 iris 数据集绘制散点图。该数据集包含了鸢尾花的多个特征(如花瓣长度、花瓣宽度、萼片长度和萼片宽度),以及每个样本的种类。通过散点图来可视化其中两个变量之间的关系。

示例实现代码如下。

```
# 加载 ggplot2 包
library(ggplot2)

# 使用 iris 数据集
data(iris)

# 绘制散点图:花萼长度与花萼宽度的关系,按种类着色
ggplot(iris, aes(x = Sepal.Length, y = Sepal.Width, color = Species)) +     ①
  geom_point(size = 3) +              # 绘制散点,点的大小为 3       ②
  labs(title = "鸢尾花花萼长度与花萼宽度的散点图",
       x = "花萼长度 (cm)",
```

```
        y = "花萼宽度 (cm)") +        # 添加标题和轴标签
theme_minimal()                        # 使用简洁的主题
```

代码解释如下。

代码第①行初始化 ggplot 图形,指定数据集和映射关系,指定 x 轴为花萼长度,y 轴为花萼宽度,color＝Species 表示按鸢尾花的种类对点进行着色。

代码第②行通过 ggplot 提供的 geom_point() 函数绘制散点,size＝3 设置点的大小为 3。

其他代码不再赘述,运行上述代码,绘制的图形如图 7-17 所示。

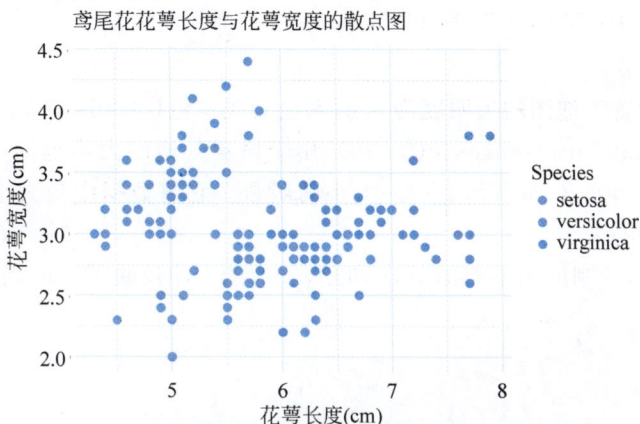

图 7-17 iris 数据集散点图

图 7-17 所示的散点图展示了鸢尾花数据集中花萼长度与花萼宽度之间的关系。每个点代表一个鸢尾花样本,图中不同颜色的点代表不同种类的鸢尾花(setosa、versicolor 和 virginica)。通过图中的分布情况,可以直观地看出不同种类的鸢尾花在花萼长度和花萼宽度上的差异。

7.2.12 气泡图

气泡图(如图 7-18 所示)是一种在散点图基础上扩展的图表。散点图通常用于展示两个变量的关系,一个变量在 X 轴上,另一个变量在 Y 轴上,每个数据点代表一个观测值。然而,散点图只能表达二维数据(X 和 Y 两个变量的关系),限制了它在多维数据展示中的应用。

为了避免这一限制,气泡图在散点图的基础上增加了第 3 个变量——气泡的大小。这使得气泡图可以在二维平面上展示三维数据,使得数据的对比更加直观。

以下是一个简单的气泡图示例,展示了多个数据点在 x 和 y 坐标轴上的分布情况,并使用气泡的大小表示第三个变量的变化。

```
# 导入 ggplot2 包
library(ggplot2)
```

```
# 创建示例数据
data <- data.frame(
  x = c(1, 2, 3, 4, 5),                              # x 坐标
  y = c(2, 3, 1, 5, 4),                              # y 坐标
  size = c(10, 5, 8, 3, 12)                          # 气泡大小
)

# 创建气泡图
ggplot(data, aes(x = x, y = y, size = size)) +
  geom_point(alpha = 0.6, color = "#00B0F0") +   # 添加点图层              ①
  scale_size(range = c(3, 10)) +                 # 设置气泡大小范围          ②
  labs(x = "X轴标签", y = "Y轴标签", title = "气泡图示例")    # 添加标签和标题
```

代码解释如下。

代码第①行设置气泡图的透明度为0.6,颜色为浅蓝色(#00B0F0)。

代码第②行 scale_size(range＝c(3，10))用于设置气泡的大小范围,其中 scale_size() 是一个用于控制图形元素(如气泡、点等)大小的函数。它将数据中与大小相关的数值映射到实际的图形元素的大小。

运行上述代码,绘制的图形如图 7-18 所示,气泡的大小反映了 size 列的值。

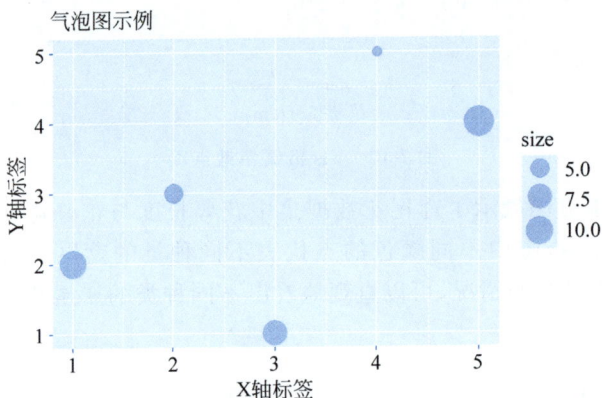

图 7-18　气泡图示例

7.2.13　示例 14：红葡萄酒质量与成分关系气泡图

本示例使用了来自 Cortez 等(2009 年)的葡萄酒质量数据集。该数据集包含葡萄酒的理化属性,如固定酸度、挥发酸度、酒精含量等,并通过专业评审的感官评分评估葡萄酒的质量(评分范围为 0～10)。数据集包括红葡萄酒(winequality-red. csv)和白葡萄酒(winequality-white. csv)两类,其中红葡萄酒样本数量为 1599 个。

气泡图用于探讨葡萄酒的各项理化成分与其质量评分之间的关系,其中横轴表示酒精含量,纵轴表示残留糖分,气泡的大小和颜色代表葡萄酒的质量评分。该气泡图可以直观展示这些成分如何共同影响葡萄酒的质量,并帮助分析成分与质量之间的潜在关联。

数据集中包含了两个文件：红葡萄酒(winequality-red. csv)和白葡萄酒(winequality-white. csv)，本示例只关注红葡萄酒数据集(见图 7-19)，它包含的变量(字段)如下。

- fixed acidity：固定酸度(葡萄酒的酸度，通常用 g/L 表示)。
- volatile acidity：挥发酸度(葡萄酒的挥发性酸度，通常用 g/L 表示)。
- citric acid：柠檬酸(葡萄酒中的柠檬酸含量，通常用 g/L 表示)。
- residual sugar：残糖(葡萄酒中未发酵的糖分，通常用 g/L 表示)。
- chlorides：氯化物(葡萄酒中的氯化物含量，通常用 g/L 表示)。
- free sulfur dioxide：游离二氧化硫(葡萄酒中未与其他成分反应的二氧化硫含量，通常用 mg/L 表示)。
- total sulfur dioxide：总二氧化硫(葡萄酒中二氧化硫的总量，通常用 mg/L 表示)。
- density：密度(葡萄酒的密度，通常用 g/cm^3 表示)。
- pH：pH 值(葡萄酒的酸碱度)。
- sulphates：硫酸盐(葡萄酒中的硫酸盐含量，通常用 g/L 表示)。
- alcohol：酒精(葡萄酒中的酒精浓度，通常以%表示)。
- quality：质量(葡萄酒的感官质量评分，范围为 0～10，代表葡萄酒的整体质量)。

注意　用文本编辑工具打开数据集文件，如图 7-19 所示，会发现字段之间使用的不是默认的逗号(,)，而是分号(;)。

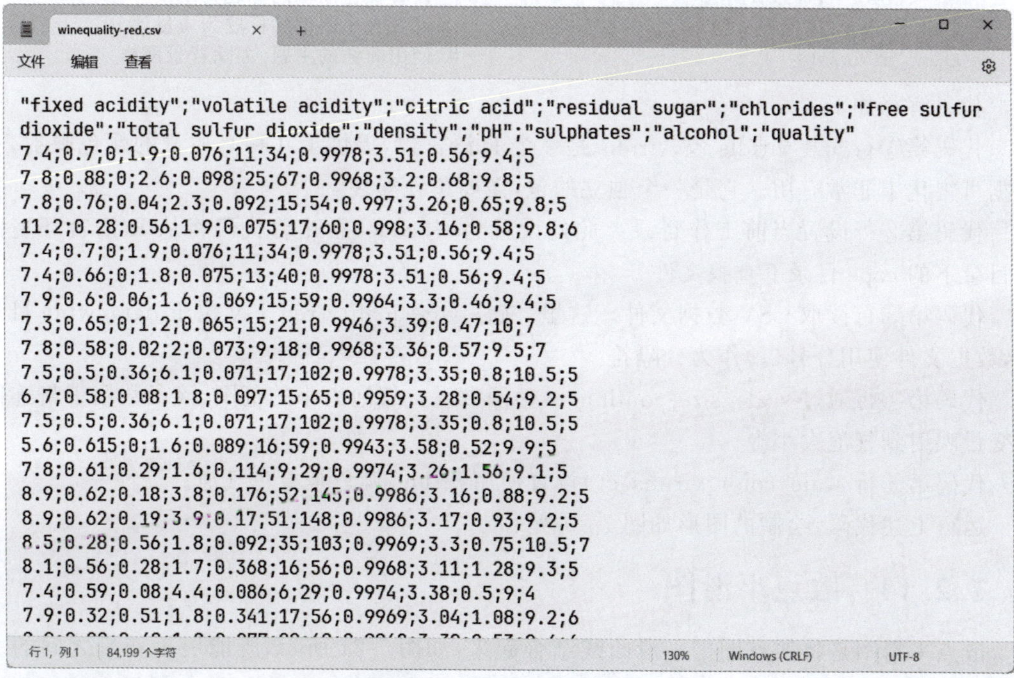
winequality-red.csv

文件　编辑　查看

```
"fixed acidity";"volatile acidity";"citric acid";"residual sugar";"chlorides";"free sulfur
dioxide";"total sulfur dioxide";"density";"pH";"sulphates";"alcohol";"quality"
7.4;0.7;0;1.9;0.076;11;34;0.9978;3.51;0.56;9.4;5
7.8;0.88;0;2.6;0.098;25;67;0.9968;3.2;0.68;9.8;5
7.8;0.76;0.04;2.3;0.092;15;54;0.997;3.26;0.65;9.8;5
11.2;0.28;0.56;1.9;0.075;17;60;0.998;3.16;0.58;9.8;6
7.4;0.7;0;1.9;0.076;11;34;0.9978;3.51;0.56;9.4;5
7.4;0.66;0;1.8;0.075;13;40;0.9978;3.51;0.56;9.4;5
7.9;0.6;0.06;1.6;0.069;15;59;0.9964;3.3;0.46;9.4;5
7.3;0.65;0;1.2;0.065;15;21;0.9946;3.39;0.47;10;7
7.8;0.58;0.02;2;0.073;9;18;0.9968;3.36;0.57;9.5;7
7.5;0.5;0.36;6.1;0.071;17;102;0.9978;3.35;0.8;10.5;5
6.7;0.58;0.08;1.8;0.097;15;65;0.9959;3.28;0.54;9.2;5
7.5;0.5;0.36;6.1;0.071;17;102;0.9978;3.35;0.8;10.5;5
5.6;0.615;0;1.6;0.089;16;59;0.9943;3.58;0.52;9.9;5
7.8;0.61;0.29;1.6;0.114;9;29;0.9974;3.26;1.56;9.1;5
8.9;0.62;0.18;3.8;0.176;52;145;0.9986;3.16;0.88;9.2;5
8.9;0.62;0.19;3.9;0.17;51;148;0.9986;3.17;0.93;9.2;5
8.5;0.28;0.56;1.8;0.092;35;103;0.9969;3.3;0.75;10.5;7
8.1;0.56;0.28;1.7;0.368;16;56;0.9968;3.11;1.28;9.3;5
7.4;0.59;0.08;4.4;0.086;6;29;0.9974;3.38;0.5;9;4
7.9;0.32;0.51;1.8;0.341;17;56;0.9969;3.04;1.08;9.2;6
```

行 1，列 1　84,199 个字符　130%　Windows (CRLF)　UTF-8

图 7-19　打开数据集文件

具体实现代码如下。

```
# 安装并加载所需的包
library(ggplot2)  # 用于绘图
# 安装 viridis 包(如果尚未安装)
install.packages("viridis")                                    ①
library(viridis)


# 设置当前工作目录
setwd("~/code")                                                ②


# 读取 CSV 文件,分隔符是分号(;)
df <- read.csv("data/wine/winequality-red.csv", sep = ";")     ③


# 绘制气泡图
ggplot(df, aes(x = alcohol, y = residual.sugar, size = quality, color = quality)) +
# 设置 x 轴为酒精度,y 轴为残留糖分,大小和颜色根据质量设定
  geom_point(alpha = 0.6) +                    # 设置气泡的透明度为 0.6
  scale_size_continuous(range = c(1, 10)) +    # 控制气泡大小的范围,最小为 1,最大为 10   ④
  scale_color_viridis_c +                      # 使用 viridis 颜色图                    ⑤
  labs(title = "红葡萄酒质量与成分关系气泡图",    # 设置图表标题
       x = "酒精含量",                          # 设置 x 轴标签为酒精含量
       y = "残留糖分",                          # 设置 y 轴标签为残留糖分
       color = "质量评分",                      # 设置颜色图例的标题为质量评分
       size = "质量评分") +                     # 设置大小图例的标题为质量评分
  theme_minimal()                              # 使用简洁的主题,去除背景网格
```

代码解释如下。

代码第①行安装 viridis 包,viridis 是一个 R 语言包,提供了几种高质量的颜色映射,在数据可视化中非常有用。它是一个独立的包,需要单独安装。

代码第②行设置当前工作目录。此处设置为~/code,意味着代码将从 R 语言环境的主目录下的 code 目录下查找文件。

代码第③行读取 CSV 数据文件。这里,文件 winequality-red.csv 位于 data/wine 目录下,数据文件使用分号(;)作为分隔符。

代码第④行通过 scale_size_continuous()函数设置气泡大小的范围,该函数用于将连续型变量映射到气泡大小上。

代码第⑤行 scale_color_viridis_c()设置使用 viridis 调色板着色气泡。

运行上述代码,绘制的图形如图 7-20 所示。

7.2.14 散点平滑图

散点平滑图是将散点图与平滑曲线结合起来,如图 7-21 所示,既能展示变量之间的关系,又能通过平滑曲线揭示数据的趋势。散点图显示了两组变量的关系,而平滑曲线通过拟合模型展示了数据的整体趋势,帮助分析潜在的模式或趋势。

以下是使用 ggplot2 包中的 geom_smooth()函数绘制散点平滑图的示例。

红葡萄酒质量与成分关系气泡图

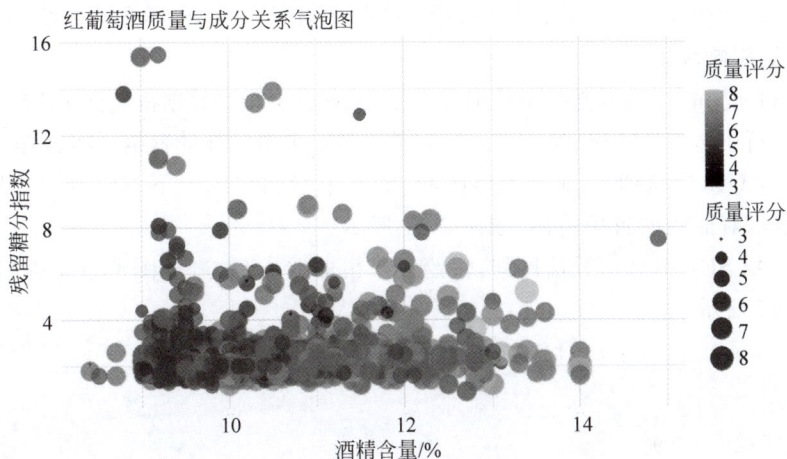

图 7-20　红葡萄酒质量与成分关系气泡图

```
# 加载 ggplot2 包
library(ggplot2)

# 创建自定义数据集
data <- data.frame(
  height = c(150, 160, 165, 170, 175, 180, 185, 190, 195, 200),    # 身高
  weight = c(50, 55, 60, 65, 70, 75, 80, 85, 90, 95)               # 体重
)

# 绘制散点平滑图
ggplot(data, aes(x = height, y = weight)) +            # x 轴为身高, y 轴为体重    ①
  geom_point(size = 3) +                               # 设置散点大小为 3
  geom_smooth(color = "#00B0F0", method = "loess", se = FALSE) +                  ②
  labs(title = "身高与体重的散点平滑图",                 # 图形标题
       x = "身高(cm)",                                  # x 轴标签
       y = "体重(kg)") +                                # y 轴标签
  theme_minimal()                                      # 使用简洁主题
```

代码解释如下。

代码第①行使用 ggplot()函数创建绘图对象,指定自定义数据集 data,并设置美学映射 aes(),将 height 映射到 x 轴、weight 映射到 y 轴。这一行是 ggplot 绘图的基础设置,定义了坐标轴和要绘制的变量。

代码第②行使用 geom_smooth()函数添加平滑曲线,其中参数 color="#00B0F0"设置平滑曲线颜色为浅蓝色;参数 method="loess"指定了 LOESS 平滑方法,适合小数据集,类似的 method 参数还有以下几种情况。

- method="lm":用于线性回归,适合数据有线性关系时,绘制出的平滑线是一条直线。
- method="glm":用于广义线性模型,可以用于非正态分布的数据,比如二元分类数据。
- method="gam":用于广义线性模型,适合数据关系较复杂、非线性时,绘制出更灵活的平滑曲线。

- method＝"rlm"：用于稳健回归,适合数据中有异常值(离群点)时,绘制出的曲线对异常值影响较小。
- method＝"auto"：自动选择最佳拟合方法,ggplot2 会根据数据特点自动选择 lm 或 loess。

代码第②行中 se＝FALSE 参数用于控制是否显示平滑曲线的置信区间,具体说明如下。

- se＝TRUE(默认值)：显示置信区间,即在平滑曲线的上下方绘制半透明的阴影区域,表示对曲线的置信范围,如图 7-21 所示。
- se＝FALSE：不显示置信区间,仅绘制平滑曲线本身,避免图形过于拥挤或复杂,如图 7-22 所示。

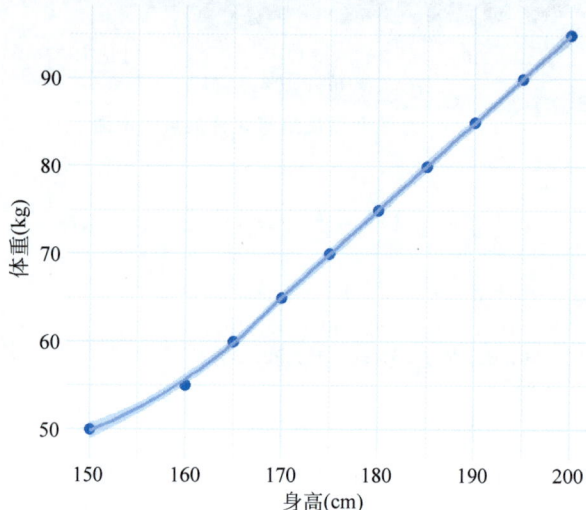

图 7-21　se＝TRUE 显示置信区间

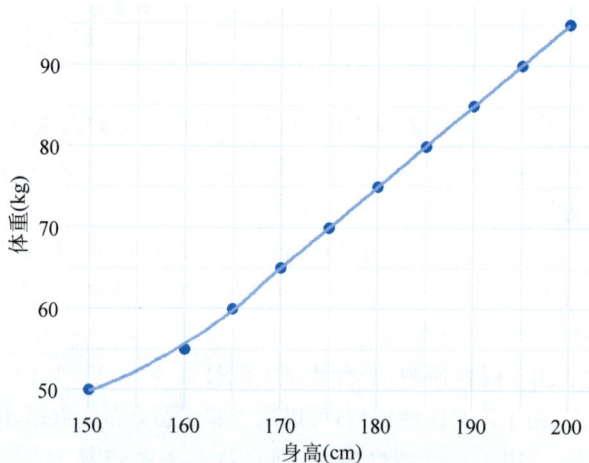

图 7-22　se＝FALSE 不显示置信区间

> 🎯**提示**　置信区间是一个统计概念,用于表示数据的某一估计值的可靠范围。在数据分析和可视化中,置信区间用来衡量平滑曲线、平均值等估计值的不确定性。
>
> 简单来说,置信区间表示"有多大的信心这个范围包含真实值"。例如,如果绘制了一条平滑曲线,并添加了95%的置信区间,那么可以说:有95%的信心,真实的趋势曲线会落在这个阴影区域。

7.2.15　示例15:绘制引擎排量与高速公路油耗的散点平滑图

本示例展示如何使用内置数据集 mpg 绘制引擎排量(displ)与高速公路油耗(hwy)的散点平滑图。散点平滑图通过散点图和平滑曲线的结合,能够清晰地揭示两个变量之间的关系和趋势。通过调整平滑方法,可以进一步分析数据中的潜在模式。

示例实现代码如下。

```
# 加载 ggplot2 包
library(ggplot2)

# 使用 mpg 数据集绘制散点平滑图
ggplot(mpg, aes(x = displ, y = hwy)) +          # 设置 x 轴为引擎排量,y 轴为高速公路油耗
  geom_point(size = 2, color = "#00B0F0") +     # 使用浅蓝色散点,设置大小为 2
  geom_smooth(method = "loess", color = "black" ) +  # 绘制平滑曲线,不显示置信区间
  labs(title = "引擎排量与高速公路油耗的关系",    # 图形标题
       x = "引擎排量(L)",                          # x 轴标签
       y = "高速公路油耗(MPG)") +                  # y 轴标签
  theme_minimal()                                 # 使用简洁主题
```

运行上述代码,绘制的图形如图 7-23 所示。

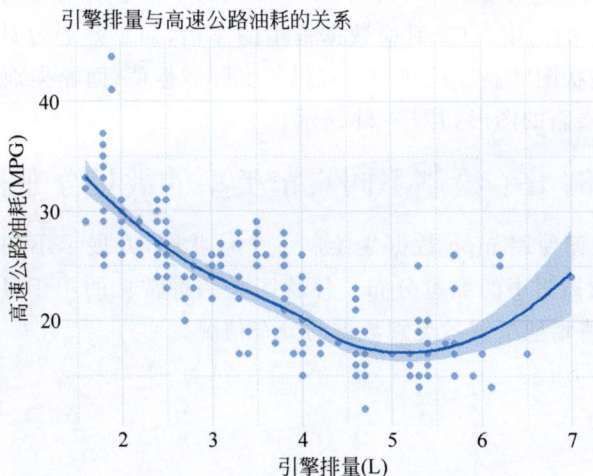

图 7-23　引擎排量与高速公路油耗的散点平滑图

7.2.16 柱状图

柱状图的基本概念在 6.2.3 节介绍过了,本节不再赘述。

geom_bar()是 ggplot2 中用于绘制柱状图的函数,主要用于展示类别数据的频率或数量分布。柱状图通过条形的高度表示数据的大小。

geom_bar()的 stat 参数决定了柱子的高度计算方式。

(1) stat="count"(默认):柱子的高度表示类别出现的频次,适用于显示类别分布。

(2) stat="identity":柱子的高度直接使用提供的 y 值,适用于展示实际数据值。

通过调整 stat 参数,可以根据需求灵活展示数据。

以下示例展示了如何使用 geom_bar()绘制一个表示不同城市年均降水量的柱状图。

```
# 加载 ggplot2 包
library(ggplot2)

# 创建数据框
data <- data.frame(
    城市 = c("北京", "上海", "广州"),           # 城市名称
    降水量 = c(600, 1200, 1800)                # 各城市年均降水量(单位:毫米)
)

# 使用 ggplot2 和 geom_bar() 绘制柱状图
ggplot(data, aes(x = 城市, y = 降水量)) +        # 设置 x 轴为城市,y 轴为降水量
    geom_bar(stat = "identity", fill = "#00B0F0") +  # 使用 geom_bar()    ①
    labs(title = "各城市年均降水量", x = "城市", y = "降水量 (毫米)") +  # 添加标题和轴
                                                      # 标签
    theme_minimal()                              # 使用简洁主题
```

这段代码通过 ggplot2 包创建了一个简单的柱状图,展示了 3 个城市的年均降水量。

其中,代码第①行使用 geom_bar(stat="identity")创建了柱状图,并通过 stat="identity"设置了柱子的高度,直接对应数据框中的 y 值,而不是通过计算每个类别的频次确定高度。这使得柱状图的高度反映的是提供的实际数据值,而非类别的频数。

运行上述代码,绘制的图形如图 7-24 所示。

7.2.17 示例 16:绘制不同汽车类型的数量分布柱状图

本示例将展示如何使用 mpg 数据集绘制一个柱状图,并展示不同汽车类型(如轿车、SUV、皮卡车等)在数据集中的数量分布。柱状图是一种常见的用于显示类别数据频数的图表类型,可以帮助清晰地了解各类别数据的分布情况。

示例实现代码如下。

```
# 加载 ggplot2 包
library(ggplot2)

# 使用 mpg 数据集绘制柱状图
```

各城市年均降水量

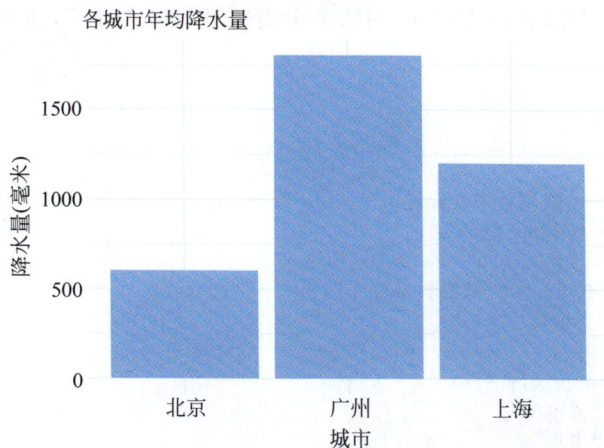

图 7-24 柱状图示例

```
ggplot(mpg, aes(x = class)) +            # 设置 x 轴为汽车类型
  geom_bar(fill = "#00B0F0", color = "black") +   # 绘制柱状图,填充颜色为浅蓝色,边框为黑色
  labs(title = "不同汽车类型的数量分布",   # 图形标题
      x = "汽车类型",                     # x 轴标签
      y = "数量") +                       # y 轴标签
  theme_minimal()                         # 使用简洁主题
```

在这个示例中,mpg 数据集的 class 列表示汽车的类型。通过 geom_bar()函数将每种汽车类型的数量绘制为柱状图,填充颜色为浅蓝色,边框为黑色。最终,图形展示了每种汽车类型的数量分布情况。

运行上述代码,绘制的图形如图 7-25 所示。

不同汽车类型的数量分布

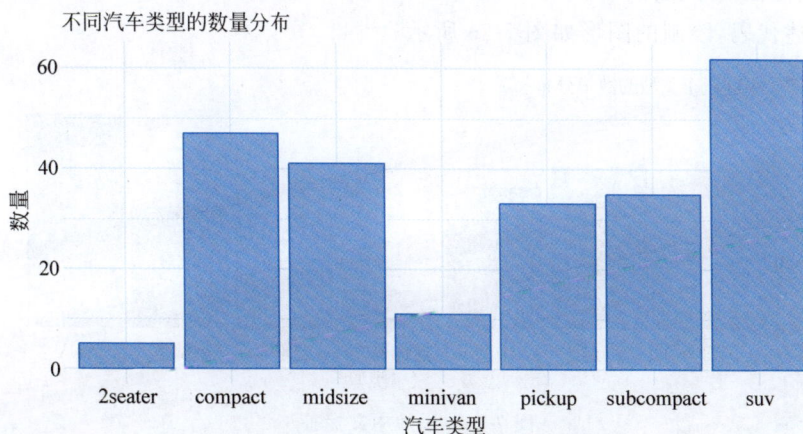

图 7-25 不同汽车类型的数量分布柱状图

从图 7-25 可以看出,x 轴的汽车类型为英文,这可能影响观察的便利性。为了解决这一问题,可以使用 scale_x_discrete()或 scale_y_discrete()函数手动设置 x 轴或 y 轴的标签。这样,可以在绘图时指定中文标签,而无须修改原始数据集中的内容。

以下是如何在绘制图表时为 class 列的每个类别设置中文标签,而不直接修改数据集的示例。

```
# 加载 ggplot2 包
library(ggplot2)

# 绘制柱状图并为 x 轴设置中文标签
ggplot(mpg, aes(x = class)) +
  geom_bar(fill = "#00B0F0", color = "black") +
  labs(title = "不同汽车类型的数量分布",
       x = "汽车类型",
       y = "数量") +
  scale_x_discrete(labels = c(                          ①
    "compact" = "紧凑型",
    "midsize" = "中型",
    "suv" = "SUV",
    "minivan" = "迷你厢车",
    "pickup" = "皮卡车",
    "2seater" = "双座车",
    "subcompact" = "小型车",
  )) +
  theme_minimal()
```

代码解释如下。

代码第①行的 scale_x_discrete(labels=｛…｝)函数,可以直接为 class 列中的每个英文值指定一个中文标签。例如,compact 映射为"紧凑型",suv 映射为"SUV",等等。

这样,数据集中的英文标签不会变动,但图表中的 x 轴标签将会是中文,提升了图表的可读性,尤其是面向中文用户时。

运行上述代码,绘制的图形如图 7-26 所示。

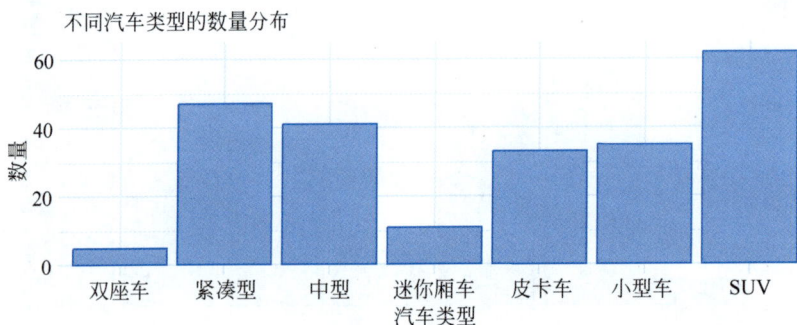

图 7-26　添加中文标签

💡提示　进行数据可视化时,特别是将英文标签转换为中文时,必须确保每个类别都已正确映射。如果映射过程中有遗漏,某些类别可能仍显示为英文,影响图表的可读性。为了避免这种情况,可以首先使用 unique()函数检查数据集中 class 列的所有唯一类别,确保每个英文类别都有对应的中文标签。如果发现未映射的类别，应及时更新映射表，确保所有类别都能正确转换。这样，可以确保在绘制图表时，所有类别都显示为中文，从而提升图表的准确性和易读性。

使用 unique() 函数查看数据集中 class 列示例代码如下。

```
# 查看数据集中 class 列的唯一值(英文类别)
unique(mpg $ class)
```

输出结果如下。

```
[1] "compact"    "midsize"    "suv"         "2seater"
[5] "minivan"    "pickup"     "subcompact"
```

7.2.18　堆叠柱状图

堆叠柱状图(如图 7-27 所示)是一种将多组数据按照不同类别在同一柱形中堆叠显示的柱状图(或条形图)类型。每一组数据会显示为柱形的一部分，整体高度(或宽度)代表类别的总和，而每组数据在柱形中的比例代表其占整体的比例。这种图表适合展示数据分组中的比例关系，并且清晰地呈现不同分组的相对贡献。

在 ggplot2 中绘制堆叠柱状图，可以通过 geom_bar() 函数，使用 fill 美学映射不同的类别到不同的颜色。堆叠柱状图通过将每个类别的值叠加在一起展示。以下是一个示例代码。

假设有如表 7-2 所示的数据，表示在不同地区(例如东区、西区和南区)销售的 3 个主要产品(电子产品、家具和服饰)的销售数量。

表 7-2　不同地区主要产品销售数据

地　　区	产　　品	销 售 数 量	地　　区	产　　品	销 售 数 量
东区	电子产品	500	西区	服饰	200
东区	家具	300	南区	电子产品	550
东区	服饰	150	南区	家具	400
西区	电子产品	450	南区	服饰	250
西区	家具	350			

这些数据绘制为堆叠柱状图，可以展示每个地区的不同产品的销售情况，示例代码如下。

```
# 加载 ggplot2 包
library(ggplot2)

# 示例数据
data <- data.frame(                                          ①
  region = rep(c("东区", "西区", "南区"), each = 3),
  product = rep(c("电子产品", "家具", "服饰"), times = 3),
  sales = c(500, 300, 150, 450, 350, 200, 550, 400, 250)
)
```

```
# 绘制分组柱状图并应用蓝色和灰色系配色方案
ggplot(data, aes(x = region, y = sales, fill = product)) +
  geom_bar(stat = "identity") +                                    ②
  labs(title = "不同区域不同产品的销售情况",
       x = "区域",
       y = "销售数量") +
  theme_minimal() +
  scale_fill_manual(values = c("电子产品" = "#00B0F0", "家具" = "#A6A6A6", "服饰" =
"#595959"))                                                        ③
```

代码解释如下。

代码第①行创建了一个数据框 data,包含 3 个变量。

- region:区域名称("东区""西区""南区"),使用 rep(c(…),each＝3)将每个区域重复 3 次。
- product:产品类型("电子产品""家具""服饰"),使用 rep(c(…),times＝3)使 3 种产品类型重复 3 组。
- sales:销售数量数据。

代码第②行通过 geom_bar()函数绘制柱状图,其中参数 stat＝"identity"表示 y 值直接取 sales 数据。

代码第③行 scale_fill_manual()指定手动填充颜色,其中 values＝c(…)指定颜色,使用十六进制代码设置"电子产品"为浅蓝色(#00B0F0),"家具"为浅灰色(#A6A6A6),"服饰"为深灰色(#595959)。

运行上述代码,绘制的图形如图 7-27 所示。

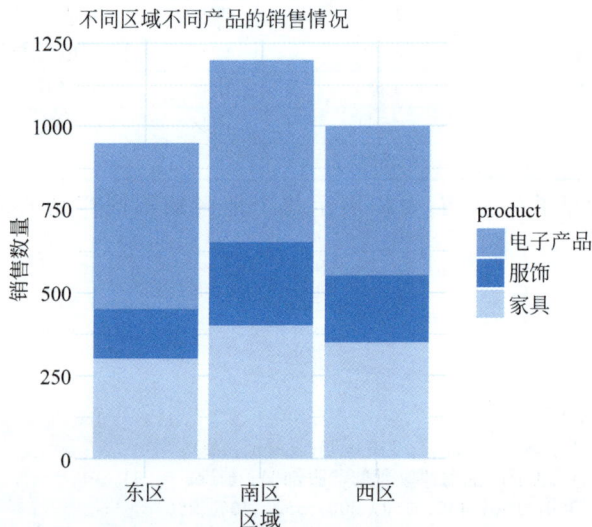

图 7-27　不同区域不同产品的销售情况

7.2.19 示例17：绘制不同汽车类别中的驱动方式分布堆叠柱状图

本示例使用 mpg 数据集绘制一个堆叠柱状图。该图展示不同汽车类别（如紧凑型车、SUV、轿车等）中各类驱动方式（前驱、后驱和四轮驱动）的分布情况，将每个类别中的不同驱动方式按比例堆叠在一起，从而清晰地呈现每个汽车类别内各驱动方式的占比和数量。

示例代码如下。

```
# 加载 ggplot2 包
library(ggplot2)

# 绘制堆叠柱状图：显示不同汽车类别中的驱动方式分布
ggplot(mpg, aes(x = class, fill = drv)) +
  geom_bar() +
  labs(title = "不同汽车类别中的驱动方式分布堆叠柱状图",
       x = "汽车类别",
       y = "汽车数量") +
  scale_x_discrete(labels = c(
                              "compact" = "紧凑型",
                              "midsize" = "中型",
                              "suv" = "SUV",
                              "minivan" = "迷你厢车",
                              "pickup" = "皮卡车",
                              "2seater" = "双座车",
                              "subcompact" = "小型车",
  )) +

  theme_minimal()
```

运行上述代码，绘制的图形如图 7-28 所示，它展示了不同汽车类别（如紧凑型、中型车、SUV 等）中各种驱动方式：前驱(f)、后驱(r)和四驱(4)的数量分布。通过堆叠柱状图，可以直观地看到每种汽车类别中不同驱动方式的比例和分布情况。

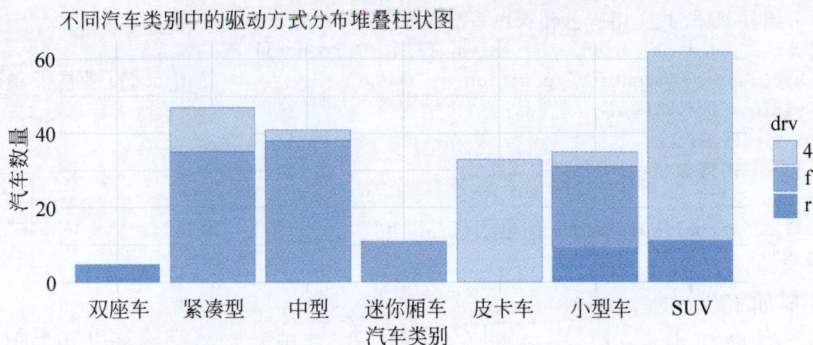

图 7-28 不同汽车类别中的驱动方式分布堆叠柱状图

7.2.20 分组柱状图

分组柱状图(如图 7-29 所示)是一种将数据按分组类别并排显示的柱状图形式。与堆叠柱状图不同,分组柱状图不会将数据堆叠在同一柱形内,而是将不同分组的数据在同一类别内并列放置。这种展示方式适合对比同类别下的不同组别之间的差异。

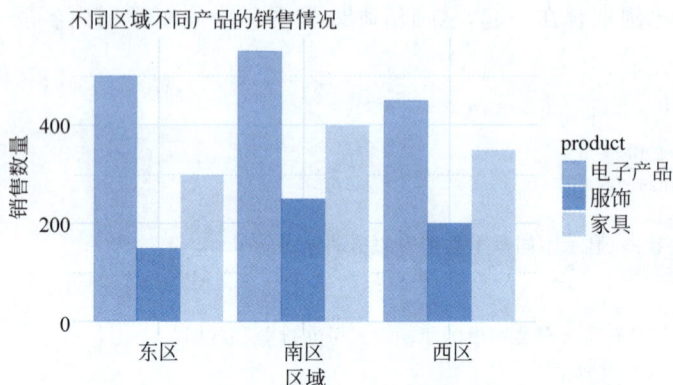

图 7-29 分组柱状图示例

分组柱状图通常用于展示不同条件、群体或时间段下的同类数据的差异,例如比较不同时间的产品销量、不同人群的消费习惯等。

以下是将 7.2.18 节"不同地区主要产品销售数据"示例修改为分组柱状图示例的代码。

```
# 加载 ggplot2 包
library(ggplot2)

# 示例数据
data <- data.frame(
  region = rep(c("东区", "西区", "南区"), each = 3),
  product = rep(c("电子产品", "家具", "服饰"), times = 3),
  sales = c(500, 300, 150, 450, 350, 200, 550, 400, 250)
)

# 绘制分组柱状图,并应用蓝色和灰色系配色方案
ggplot(data, aes(x = region, y = sales, fill = product)) +
  geom_bar(stat = "identity",position = "dodge") +      # 使用 dodge 使柱子并排显示    ①
  labs(title = "不同区域不同产品的销售情况",
      x = "区域",
      y = "销售数量") +
  theme_minimal() +
  scale_fill_manual(values = c("电子产品" = "#00B0F0", "家具" = "#A6A6A6", "服饰" =
"#595959"))
```

代码解释如下。

代码第①行通过 geom_bar()函数绘制柱状图,其中 position 参数控制图中几何对象(如条形、点等)在不同类别之间的相对位置。对于柱状图,position 参数决定了"柱子"如何

在 x 轴上排列，常见的值包括以下几个。

- position＝"stack"（默认值）：即堆叠柱状图。
- position＝"dodge"：柱子并排排列，如图 7-29 所示，而不是堆叠，这样可以更方便地比较不同组别的值。

7.2.21　示例 18：绘制不同汽车类别中的驱动方式分布分组柱状图

在本示例中，将 7.2.19 节中的堆叠柱状图示例修改为分组柱状图，以更直观地展示不同汽车类别中各驱动方式（前驱、后驱和四驱）的数量分布，便于对比堆叠柱状图和分组柱状图。

示例实现代码如下。

```
# 加载 ggplot2 包
library(ggplot2)


# 绘制分组柱状图：显示不同汽车类别中的驱动方式分布
pggplot(mpg, aes(x = class, fill = drv)) +
  geom_bar(position = "dodge") +        # 使用 dodge 参数生成分组柱状图    ①
  labs(title = "不同汽车类别中的驱动方式分布分组柱状图",
       x = "汽车类别",
       y = "汽车数量") +
  scale_x_discrete(labels = c(
    "compact" = "紧凑型",
    "midsize" = "中型",
    "suv" = "SUV",
    "minivan" = "迷你厢车",
    "pickup" = "皮卡车",
    "2seater" = "双座车",
    "subcompact" = "小型车",
  )) +
  theme_minimal()
```

上述代码第①行设置 geom_bar()函数的 position 参数为"dodge"，得到分组柱状图效果，使各驱动方式的柱形在每个汽车类别中并排显示，便于直接对比。

运行上述代码，绘制的图形如图 7-30 所示。

7.2.22　条形图

在 R 语言中，ggplot2 包中的 coord_flip()函数可以将垂直柱状图水平显示。通过调用 coord_flip()函数，X 轴和 Y 轴的坐标互换，从而将图形由垂直排列变为水平展示。这种方式使数据更易于阅读，尤其在类别标签较长的情况下，有助于提升可读性。

下面通过一个示例介绍条形图的优势。

mtcars 数据集（具体可参照表 4-7）存在这样一个特点：其行名对应的是车型名称，且这

不同汽车类别中的驱动方式分布分组柱状图

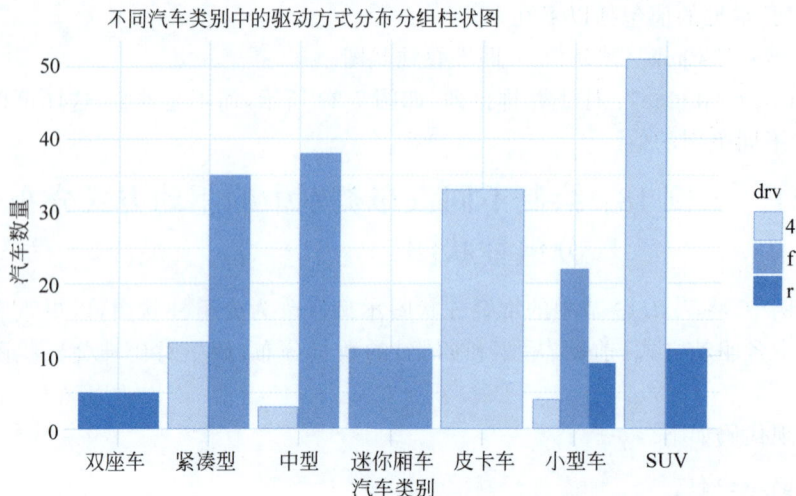

图 7-30　不同汽车类别中的驱动方式分布分组柱状图

些名称往往比较长。进行数据可视化呈现时,该数据集很适合采用条形图的方式展示。这是因为条形图能有效避免因行名(车型名称)过长而导致的坐标轴重叠问题,从而让最终呈现出的图形更加清晰、易读,方便人们查看和理解其中蕴含的数据信息。

示例实现代码如下。

```
library(ggplot2)
data("mtcars")
mtcars $ car <- rownames(mtcars)                        ①
# 创建条形图
ggplot(mtcars, aes(x = reorder(car, mpg), y = mpg)) +    ②
  geom_bar(stat = "identity", fill = "#00B0F0") +        ③
  coord_flip() +                                         ④
  labs(title = "各车型油耗(mpg)", x = "车型", y = "油耗(mpg)")
```

代码解释如下。

代码第①行为 mtcars 数据集添加了一列 car,其中每个值是 mtcars 数据集的行名(即车型名称)。这样,每辆车的名称就变成一个可用于绘图的变量。

代码第②行通过 ggplot()函数创建图形对象,其中 x=reorder(car, mpg)将 car(车型名称)按照油耗 mpg(从低到高)进行排序。reorder()函数根据 mpg 值重新排列 car 列的顺序。

代码第③行添加条形图层,其中 stat="identity"表示条形图的高度是通过数据本身提供的值(即 mpg)确定的,而不是默认的计数统计。

代码第④行旋转坐标轴,使得条形图从垂直排列变为水平排列,这样可以防止长车型名称与坐标轴重叠,使得标签更易于读取。

运行上述代码,绘制的图形如图 7-31 所示。

各车型油耗(mpg)

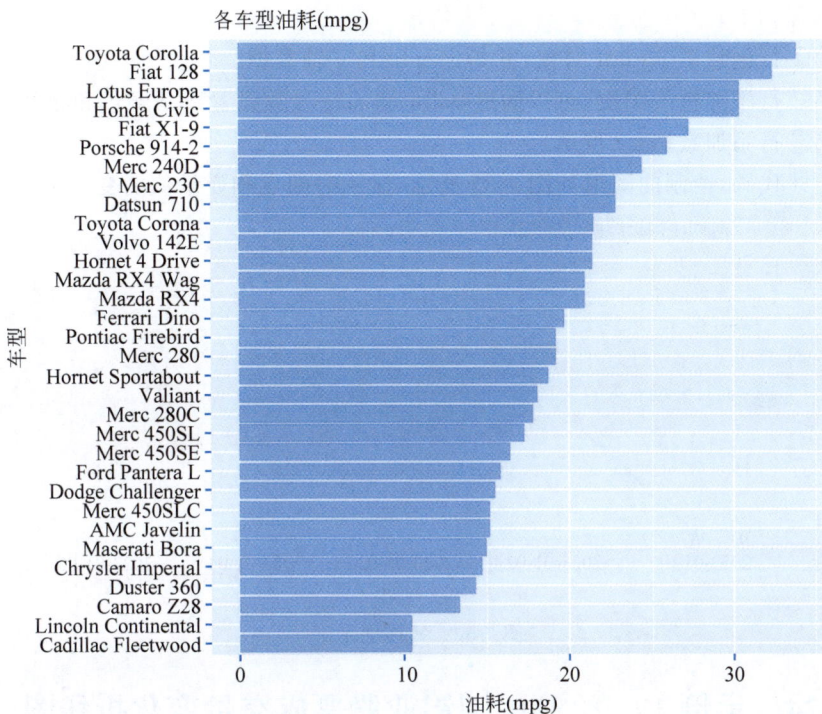

图 7-31　条形图示例

7.2.23　折线图

折线图的基本概念已经在 6.2.2 节介绍了,本节不再赘述。

用 ggplot2 绘制折线图,可以使用 geom_line()函数。使用 geom_line()函数绘制折线图示例如下。

```
library(ggplot2)

# 示例数据
data <- data.frame(
  date = as.Date(c("2023 - 01 - 01", "2023 - 01 - 02", "2023 - 01 - 03", "2023 - 01 - 04", "2023 -
01 - 05")),
  value = c(10, 20, 15, 25, 30)
)
# 绘制折线图
ggplot(data, aes(x = date, y = value)) +                          ①
  geom_line(color = "#00B0F0", size = 1) +      # 设置线条颜色和粗细    ②
  geom_point(color = "red", size = 2) +         # 为数据点加上红色点     ③
  labs(title = "时间序列折线图",                  # 设置中文标题
       x = "日期",                              # x 轴标签
       y = "值") +                              # y 轴标签
  theme_minimal()                               # 使用简洁主题
```

代码解释如下。

代码第①行创建了 ggplot 对象,并指定 x 轴和 y 轴数据。

代码第②行添加折线图层,可以通过 color 和 size 参数设置线条颜色和粗细。

代码第③行添加数据点(可选)。

运行上述代码,绘制的图形如图 7-32 所示,显示时间点和变量值的变化趋势。

时间序列折线图

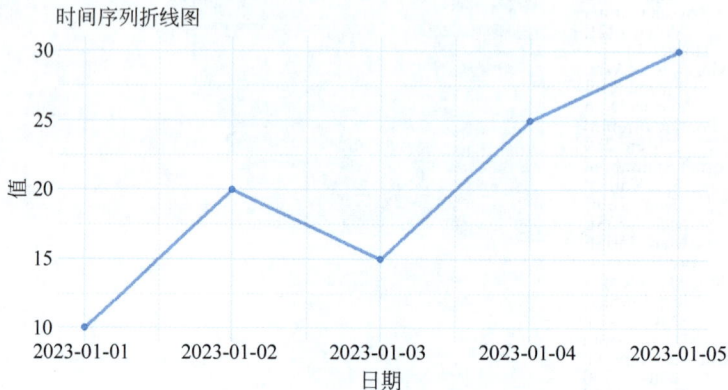

图 7-32　折线图示例

7.2.24　示例 19:绘制中国铝业股票成交量变化折线图

在本示例中,将使用 ggplot2 包绘制中国铝业股票的成交量变化折线图。通过该图,可以直观地查看股票成交量随时间的波动情况,这对于分析股票市场趋势、投资决策等非常有帮助。

该示例数据集来自"中国铝业.csv"文件,内容如图 7-33 所示。

示例具体实现代码如下。

```
# 加载必要的包
library(ggplot2)

# 设置工作目录
setwd("~/code")

# 从 CSV 文件加载数据
data <- read.csv("data/中国铝业.csv", header = TRUE, fileEncoding = "gbk")     ①
# 将日期列转换为日期格式
data$日期 <- as.Date(data$日期, format = "%Y-%m-%d")                           ②
# 按日期升序排序
data_sorted <- data[order(data$日期), ]                                        ③
# 选择最近 30 天的数据
data_recent <- tail(data_sorted, 30)                                           ④
# 绘制折线图(显示成交量随时间的变化)
ggplot(data, aes(x = 日期, y = 成交量)) +                                       ⑤
  geom_line(color = "#00B0F0") +
```

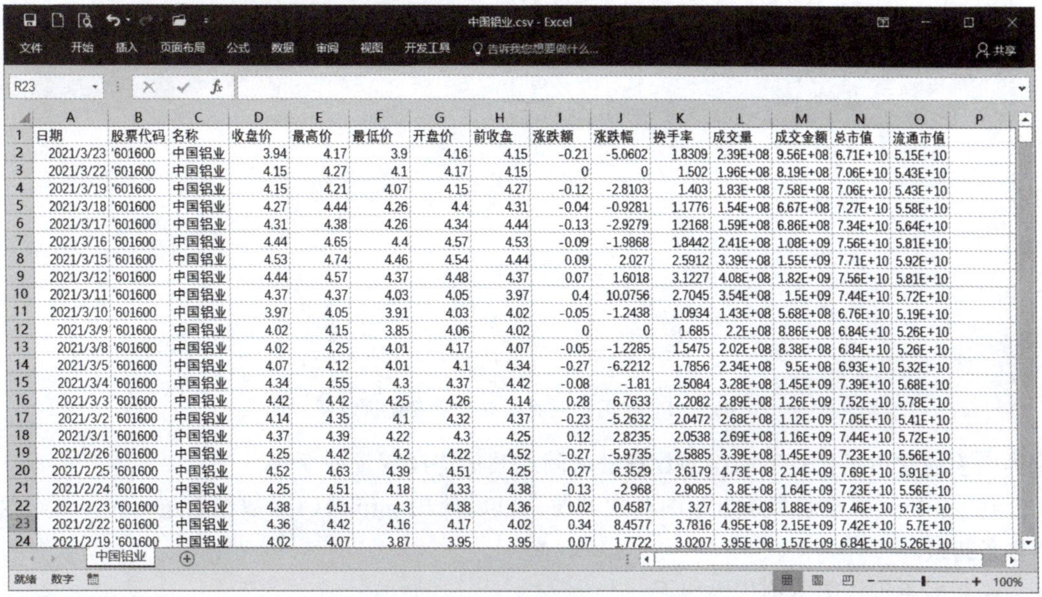

日期	股票代码	名称	收盘价	最高价	最低价	开盘价	前收盘	涨跌额	涨跌幅	换手率	成交量	成交金额	总市值	流通市值
2021/3/23	'601600	中国铝业	3.94	4.17	3.9	4.16	4.15	-0.21	-5.0602	1.8309	2.39E+08	9.56E+08	6.71E+10	5.15E+10
2021/3/22	'601600	中国铝业	4.15	4.27	4.1	4.17	4.15	0	0	1.502	1.96E+08	8.19E+08	7.06E+10	5.43E+10
2021/3/19	'601600	中国铝业	4.15	4.21	4.07	4.15	4.27	-0.12	-2.8103	1.403	1.83E+08	7.58E+08	7.06E+10	5.43E+10
2021/3/18	'601600	中国铝业	4.27	4.44	4.26	4.4	4.31	-0.04	-0.9281	1.1776	1.54E+08	6.67E+08	7.27E+10	5.58E+10
2021/3/17	'601600	中国铝业	4.31	4.38	4.26	4.34	4.44	-0.13	-2.9279	1.2168	1.59E+08	6.86E+08	7.34E+10	5.64E+10
2021/3/16	'601600	中国铝业	4.44	4.65	4.4	4.57	4.53	-0.09	-1.9868	1.8442	2.41E+08	1.08E+09	7.56E+10	5.81E+10
2021/3/15	'601600	中国铝业	4.53	4.74	4.46	4.54	4.44	0.09	2.027	2.5912	3.39E+08	1.55E+09	7.71E+10	5.92E+10
2021/3/12	'601600	中国铝业	4.44	4.57	4.37	4.48	4.37	0.07	1.6018	3.1227	4.08E+08	1.82E+09	7.56E+10	5.81E+10
2021/3/11	'601600	中国铝业	4.37	4.37	4.03	4.05	3.97	0.4	10.0756	2.7045	3.54E+08	1.5E+09	7.44E+10	5.72E+10
2021/3/10	'601600	中国铝业	3.97	4.05	3.91	4.03	4.02	-0.05	-1.2438	1.0934	1.43E+08	5.68E+08	6.76E+10	5.19E+10
2021/3/9	'601600	中国铝业	4.02	4.15	3.85	4.06	4.02	0	0	1.685	2.2E+08	8.86E+08	6.84E+10	5.26E+10
2021/3/8	'601600	中国铝业	4.02	4.25	4.01	4.17	4.07	-0.05	-1.2285	1.5475	2.02E+08	8.38E+08	6.84E+10	5.26E+10
2021/3/5	'601600	中国铝业	4.07	4.12	4.01	4.1	4.34	-0.27	-6.2212	1.7856	2.34E+08	9.5E+08	6.93E+10	5.32E+10
2021/3/4	'601600	中国铝业	4.34	4.55	4.3	4.37	4.42	-0.08	-1.81	2.5084	3.28E+08	1.45E+09	7.39E+10	5.68E+10
2021/3/3	'601600	中国铝业	4.42	4.42	4.25	4.26	4.14	0.28	6.7633	2.2082	2.89E+08	1.26E+09	7.52E+10	5.78E+10
2021/3/2	'601600	中国铝业	4.14	4.35	4.1	4.32	4.37	-0.23	-5.2632	2.0472	2.68E+08	1.12E+09	7.05E+10	5.41E+10
2021/3/1	'601600	中国铝业	4.37	4.39	4.22	4.3	4.25	0.12	2.8235	2.0538	2.69E+08	1.16E+09	7.44E+10	5.72E+10
2021/2/26	'601600	中国铝业	4.25	4.42	4.2	4.22	4.52	-0.27	-5.9735	2.5885	3.39E+08	1.45E+09	7.23E+10	5.56E+10
2021/2/25	'601600	中国铝业	4.52	4.63	4.39	4.51	4.25	0.27	6.3529	3.6179	4.73E+08	2.14E+09	7.69E+10	5.91E+10
2021/2/24	'601600	中国铝业	4.25	4.51	4.18	4.33	4.38	-0.13	-2.968	2.9085	3.8E+08	1.64E+09	7.23E+10	5.56E+10
2021/2/23	'601600	中国铝业	4.38	4.51	4.3	4.38	4.36	0.02	0.4587	3.27	4.28E+08	1.88E+09	7.46E+10	5.73E+10
2021/2/22	'601600	中国铝业	4.36	4.42	4.16	4.17	4.02	0.34	8.4577	3.7816	4.95E+08	2.15E+09	7.42E+10	5.7E+10
2021/2/19	'601600	中国铝业	4.02	4.07	3.87	3.95	3.95	0.07	1.7722	3.0207	3.95E+08	1.57E+09	6.84E+10	5.26E+10

图 7-33　中国铝业数据集(部分)

```
    labs(title = "中国铝业股票成交量变化折线图", x = "日期", y = "成交量") +
    theme_minimal() +
  # 旋转 x 轴的日期标签,防止重叠
  theme(axis.text.x = element_text(angle = 45, hjust = 1)) +           ⑥
    # 设置 x 轴日期格式
    scale_x_date(labels = scales::date_format("%Y-%m-%d"))             ⑦
```

代码解释如下。

代码第①行通过 read.csv()函数读取 CSV 文件,这里,文件路径为“data/中国铝业.csv”,header=TRUE 表示第一行是列名;fileEncoding="gbk"参数指定文件的编码集为 GBK。

代码第②行将日期列转换为适当的日期格式。

代码第③行按日期升序排序数据。

代码第④行选择最近 30 天的数据。

代码第⑤行指定了数据源 data,并映射“日期”列到 x 轴,“成交量”列到 y 轴。

代码第⑥行为了防止 x 轴标签重叠,调整 x 轴的标签,使其旋转 45°,hjust=1 用于控制标签水平对齐。

代码第⑦行设置 x 轴日期格式,其中 labels=scales::date_format("%Y-%m-%d")设置日期标签格式化为 yyyy-mm-dd。

运行上述代码,绘制的图形如图 7-34 所示。

7.2.25　多条折线图

多条折线图是在同一坐标系中绘制多条折线,以展示多个数据集之间的关系和趋势。

中国铝业股票成立量变化折线图

图 7-34　中国铝业股票成交量变化折线图

这种图表通常用于比较不同组的数据随时间或其他连续变量的变化。

在 ggplot2 中绘制多条折线图非常方便。可以使用 ggplot()函数结合 geom_line()绘制多条折线。

绘制多条折线图示例代码如下。

```
# 加载必要的包
library(ggplot2)

# 创建示例数据框,模拟 3 种产品的销量随时间的变化
df <- data.frame(                                                    ①
  time = 1:10,          # 时间序列
  group1 = c(12, 15, 18, 20, 22, 25, 28, 30, 35, 40),    # 产品 1 的销量
  group2 = c(30, 28, 25, 23, 21, 20, 18, 17, 15, 13),    # 产品 2 的销量
  group3 = c(5, 10, 15, 20, 22, 24, 30, 35, 40, 45)      # 产品 3 的销量
)

# 绘制多条折线图,表示 3 种产品的销量变化
ggplot(data = df, aes(x = time)) +
  geom_line(aes(y = group1, color = "Product 1"), size = 0.8) +    # 产品 1 的销量    ②
  geom_line(aes(y = group2, color = "Product 2"), size = 0.8) +    # 产品 2 的销量
  geom_line(aes(y = group3, color = "Product 3"), size = 0.8) +    # 产品 3 的销量
  labs(title = "产品销量随时间的变化",                # 图表标题
       x = "时间 (天)",                              # x 轴标签
       y = "销量",                                   # y 轴标签
       color = "产品类别") +                         # 图例标签
  theme_minimal()                                   # 使用简洁主题
```

代码解释如下。

代码第①行创建了一个数据框 df,其中 time 表示时间,范围是 1～10(例如天数或时间点);group1、group2、group3 分别表示产品 1、产品 2 和产品 3 的销量,这些数据点随时间变化。

代码第②行绘制第一条折线,表示产品 1 的销量;颜色设置为"Product1",用于图例;线宽为 0.8。

运行上述代码,绘制的图形如图 7-35 所示。

产品销量随时间的变化

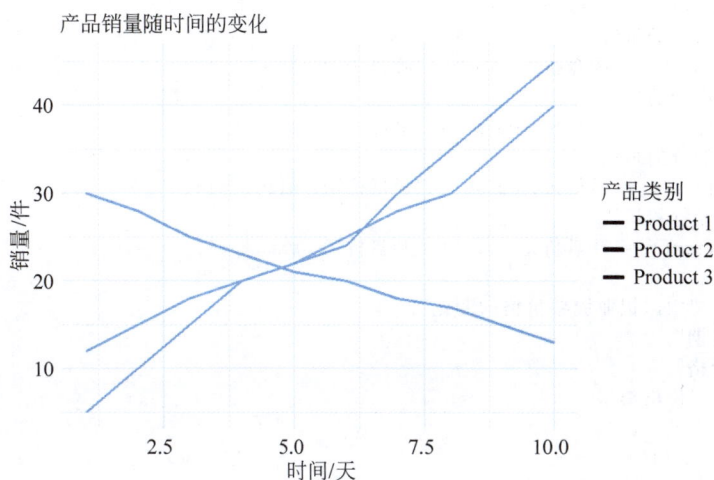

彩图 7-35

图 7-35　多条折线图示例

7.2.26　示例 20：绘制中国铝业股票价格的变化多条折线图

在 7.2.24 节中,演示了如何绘制中国铝业股票的成交量变化折线图,展示了不同日期的成交量趋势,这为直观了解成交量的波动情况提供了有效的视角。然而,仅观察成交量变化并不足以全面评估股票的市场表现。

因此,本节将进一步深入绘制一张包含开盘价、收盘价、最高价和最低价的多条折线图,以全面展示中国铝业股票在不同日期的价格波动情况。股民通过这种多变量折线图,可以更清晰地观察到股票价格的变化,并对整体趋势有更直观的理解。

示例具体实现代码如下。

```
# 加载必要的包
library(ggplot2)

# 设置工作目录
setwd("~/code")
# 从 CSV 文件加载数据
data <- read.csv("data/stock/中国铝业.csv",
                header = TRUE,
                fileEncoding = "gbk")
# 将日期列转换为日期格式
data$日期 <- as.Date(data$日期, format = "%Y-%m-%d")
# 按日期升序排序
data_sorted <- data[order(data$日期), ]

# 选择最近 30 天的数据
data_recent <- tail(data_sorted, 30)
```

```
# 绘制多条折线图
ggplot(data_recent, aes(x = 日期)) +
  # 绘制收盘价的折线
  geom_line(aes(y = 收盘价, color = "收盘价"), size = 1) +
  # 绘制最高价的折线
  geom_line(aes(y = 最高价, color = "最高价"), size = 1) +
  # 绘制最低价的折线
  geom_line(aes(y = 最低价, color = "最低价"), size = 1) +
  # 绘制开盘价的折线
  geom_line(aes(y = 开盘价, color = "开盘价"), size = 1) +
  labs(
    title = "中国铝业股票价格的变化",
    x = "日期",
    y = "价格",
    color = "价格类型"
  ) +
  theme_minimal() +
  # 旋转 x 轴的日期标签,防止重叠
  theme(axis.text.x = element_text(angle = 45, hjust = 1)) +
  # 设置 x 轴的日期格式
  scale_x_date(labels = scales::date_format("%Y-%m-%d"))
```

运行上述代码,绘制的图形如图 7-36 所示。

彩图 7-36

图 7-36　中国铝业股票价格的变化多条折线图

7.2.27　面积图

面积图(AreaChart)是一种用来显示数据随时间或类别变化的图表类型,通常用于展示连续数据的累积变化或比较多个类别的变化趋势。面积图是通过将线图的区域填充上颜色而成,从而更直观地表现出数据的整体变化和累积效果。

在 ggplot2 中,可以通过 geom_area()函数绘制面积图。

下面是一个简单的 ggplot2 示例,该示例的面积图展示了某产品或某业务的销售额从

2016 年到 2023 年的变化趋势。通过面积的高低,可以直观地观察出数据的增长或下降情况。

示例代码如下。

```
# 加载 ggplot2 包
library(ggplot2)

# 创建示例数据
data <- data.frame(
  year = 2016:2023,                        # 从 2016 年到 2023 年
  sales = c(10, 15, 18, 20, 30, 35, 45, 50) # 每年对应的销售额
)

# 绘制面积图
ggplot(data, aes(x = year, y = sales)) +
  geom_area(fill = "#00B0F0", alpha = 0.6) +   # 使用浅蓝色填充,透明度设为 0.6    ①
  labs(title = "年度销售额变化趋势",
       x = "年份",
       y = "销售额(千元)") +
  theme_minimal()                              # 使用简洁主题
```

运行上述代码,绘制的图形如图 7-37 所示。

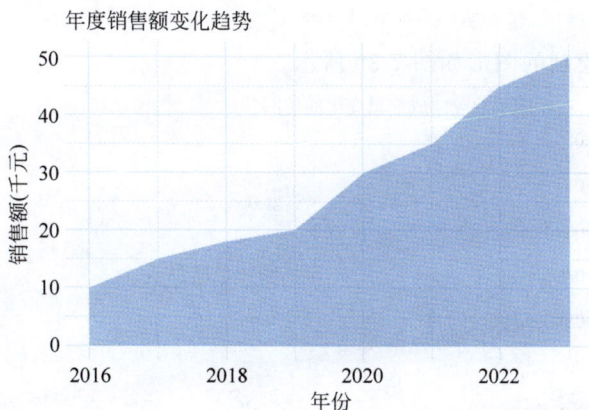

图 7-37　面积图示例

7.2.28　示例 21:绘制中国铝业股票成交量变化面积图

在本示例中,将中国铝业股票的成交量变化从折线图修改为面积图。与折线图相比,面积图通过填充色彩突出显示成交量的变化,使得数据的波动范围和趋势更加直观。

示例实现代码如下。

```
# 加载必要的包
library(ggplot2)

# 设置工作目录
setwd("~/code")
```

```
# 从 CSV 文件加载数据
data <- read.csv("data/stock/中国铝业.csv",
                 header = TRUE,
                 fileEncoding = "gbk")
# 将日期列转换为日期格式
data$日期 <- as.Date(data$日期, format = "%Y-%m-%d")
# 按日期升序排序
data_sorted <- data[order(data$日期), ]

# 选择最近 30 天的数据
data_recent <- tail(data_sorted, 30)


# 绘制面积图(显示成交量随时间的变化)
ggplot(data_recent, aes(x = 日期, y = 成交量)) +
  geom_area(fill = "#00B0F0", alpha = 0.5) +           # 使用面积图填充颜色
  labs(title = "中国铝业股票成交量变化面积图", x = "日期", y = "成交量") +
  theme_minimal() +
  # 旋转 x 轴的日期标签,防止重叠
  theme(axis.text.x = element_text(angle = 45, hjust = 1)) +
  # 设置 x 轴的日期格式
  scale_x_date(labels = scales::date_format("%Y-%m-%d"))
```

运行上述代码,绘制的图形如图 7-38 所示。

图 7-38　中国铝业股票成交量变化面积图

7.2.29　饼图

饼图的基本概念已经在 6.2.4 节介绍了,本节不再赘述。

在 ggplot2 中制作饼图并不是一个直接支持的功能,但可以通过柱状图(geom_bar())的转换实现。通常通过绘制一个柱状图并使用 coord_polar()将它转换为饼图。

下面是一个使用 ggplot2 绘制饼图的示例。

```
# 加载 ggplot2 包
library(ggplot2)
```

```
# 创建数据集
data <- data.frame(
    地区 = c("北美", "欧洲", "亚洲", "南美"),
    销售额 = c(45, 25, 20, 10)
)

# 绘制饼图
ggplot(data, aes(x = "", y = 销售额, fill = 地区)) +          ①
    geom_bar(stat = "identity", width = 1) +       # 以柱状图作为基础   ②
    coord_polar(theta = "y") +      # 转换为极坐标系,形成饼图   ③
    theme_void() +                  # 移除背景网格
    labs(title = "公司在不同地区的销售额占比") +    # 添加标题

    geom_text(aes(label = paste(round(销售额 / sum(
        销售额
    ) * 100, 1), "%", sep = "")),                            ④

        position = position_stack(vjust = 0.5))   # 添加百分比标签   ⑤
```

代码解释如下。

代码第①行 ggplot()函数初始化绘图,x=""将 x 轴设置为空字符串,这是因为在后续转换为极坐标绘制饼图时,不需要常规的 x 轴变量。

代码第②行 stat="identity"表示直接使用"销售额"数据,width=1 设置柱子的宽度为1,意味着每个柱子会填充整个圆形空间,进而形成饼图的扇区。

代码第③行通过 coord_polar()函数将直角坐标系(常规的 xOy 坐标系统)转换为极坐标系,其中参数 theta="y"将 y 轴"销售额"列映射到极坐标的角度,因此每个扇形的角度将基于"销售额"列的比例。

代码第④行设置要显示的文本内容,这里使用 paste()函数将计算得到的各地区销售额占比数值拼接成带有百分号的字符串作为标签,具体计算是先将每个地区的销售额除以所有地区销售额总和(sum(销售额))得到占比,再乘以 100 转换为百分比形式,最后使用 round()函数保留一位小数(round(…,1))。

代码第⑤行用于指定文本标签的位置,这里使用 position_stack()是因为饼图是由堆叠的柱状图转换而来的,vjust=0.5表示将文本沿每个扇形区域的半径方向居中对齐,这使得百分比标签能清晰、美观地展示在饼图上。

运行上述代码,绘制的图形如图 7-39 所示。

公司在不同地区的销售额占比

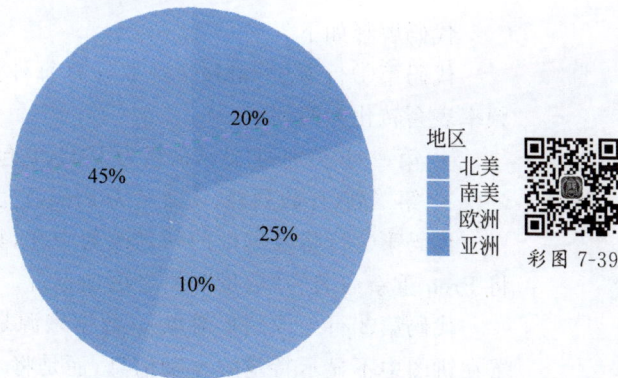

图 7-39　饼图示例

7.2.30 示例22：绘制不同汽车类型的数量占比饼图

本节展示如何使用ggplot2包绘制饼图,利用mpg数据集中的不同汽车类型数据,展示各类型汽车的数量占比。此示例演示如何创建饼图,并为每个扇形区域添加百分比标签,使数据呈现更加直观。

具体实现代码如下。

```
# 加载 ggplot2 包
library(ggplot2)

# 统计不同汽车类型 (class) 的数量
class_counts <- as.data.frame(table(mpg$class))              ①
names(class_counts) <- c("汽车类型", "数量")    # 重命名列名为中文   ②

# 绘制饼图
ggplot(class_counts, aes(x = "", y = 数量, fill = 汽车类型)) +    ③
  geom_bar(stat = "identity", width = 1) +        # 以柱状图作为基础   ④
  coord_polar(theta = "y") +                      # 转换为极坐标系,形成饼图
  theme_void() +                                  # 移除背景网格
  labs(title = "不同汽车类型的数量占比") +          # 添加标题
  scale_fill_brewer(palette = "Set3",             # 设置调色板       ⑤
                    labels = c(                   # 设置中文标签      ⑥
                      "compact" = "紧凑型",
                      "midsize" = "中型",
                      "suv" = "SUV",
                      "minivan" = "迷你厢车",
                      "pickup" = "皮卡车",
                      "2seater" = "双座车",
                      "subcompact" = "小型车",
  geom_text(aes(label = paste0(round(数量 / sum(数量) * 100, 1), "%")),   ⑦
            position = position_stack(vjust = 0.5))    # 添加百分比标签    ⑧
```

代码解释如下。

代码第①行通过table()函数计算每种汽车类型出现的频次,并返回一个频次表,这个频率表会转化为两列。

- 第一列(类别列)默认命名为Var1,它包含不同的汽车类型(如compact、suv、pickup等)。
- 第二列(计数列)默认命名为Freq,它表示每个类别(汽车类型)出现的次数(即数量)。

代码第②行将数据框的列名改为中文,具体而言,就是将Var1重新命名为"汽车类型"将Freq重新命名为"数量",使之更加直观。

代码第③行生成图形对象p,数据来源是class_counts。其中,x设为空字符串"",是为了在饼图中不显示特定的x轴信息,而是将y作为扇形的大小,fill则根据不同的汽车类型(汽车类型)填充颜色。

代码第④行生成一个柱状图,其中stat="identity"表示柱子的高度直接取自数据中的数量值。width=1设置柱子的宽度为1,便于后续生成完整的饼图。

代码第⑤行 scale_fill_brewer(palette＝"Set2")将 fill 颜色设置为 ColorBrewer 的 Set2 调色板,该调色板为分类数据提供了一组有良好对比度的颜色。

代码第⑥行 labels＝c(…)为每个汽车类型设置中文标签,例如,将 compact 显示为"紧凑型"。

代码第⑦行 geom_text(…)在饼图的扇形部分显示百分比标签;label＝paste0(round (数量/sum(数量)＊100,1),"%")将"数量"转换为百分比格式并保留 1 位小数。

代码第⑧行 position＝position_stack(vjust＝0.5)的作用是将文本在每个扇形区域的半径方向上居中对齐。这样做的目的是将标签放置在每个扇形的中心位置,而不是偏向顶部或底部,使得标签更加美观和易读。

运行上述代码,绘制的图形如图 7-40 所示。

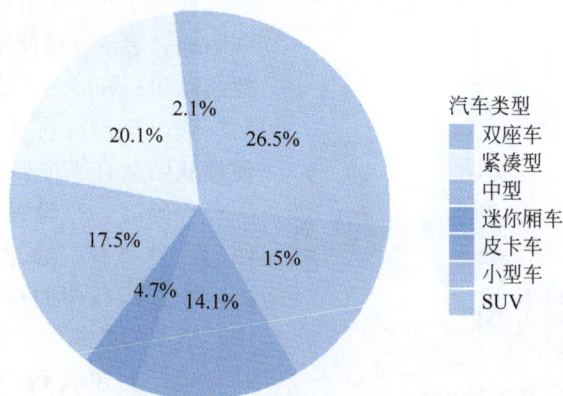

图 7-40　不同汽车类型的数量占比饼图

7.2.31　环形图

环形图(也称为甜甜圈图)是饼图的变体,与饼图类似,用于显示部分与整体的比例关系。环形图在圆心位置有一个空白区域,形成环状视觉效果,更加简洁,还可以在空白区域添加标签或说明。

在 ggplot2 中可以使用和饼图类似的方式创建环形图,只需将柱状图的宽度减少,使得图中心有一个空洞,从而形成环形效果。

以下是使用 ggplot2 绘制环形图的示例代码。

```
# 加载 ggplot2 包
library(ggplot2)

# 创建示例数据
data <- data.frame(
  product = c("产品 A", "产品 B", "产品 C", "产品 D"),
  market_share = c(40, 25, 20, 15)
)
```

```
# 绘制环形图
ggplot(data, aes(x = 2, y = market_share, fill = product)) +        ①
  geom_bar(stat = "identity", width = 1) +     # 创建柱状图          ②
  coord_polar("y") +                           # 转换为极坐标系      ③
  xlim(0.5, 2.5) +                # 设置 x 轴限制,使中心空出一部分形成环  ④
  labs(title = "产品市场占有率") +
  theme_void() +
  theme(legend.position = "right")
```

代码解释如下。

代码第①行指定了数据源 data 和美学映射,其中参数 x＝2 设置所有的柱状图在 x 轴的位置都为2,意味着它们都位于同一位置,从而形成环形的效果;market_share 是 y 轴,代表市场占有率的数值,决定了每个柱状图的高度;fill＝product 根据 product 变量的不同,为每个柱状图赋予不同的颜色。

产品市场占有率

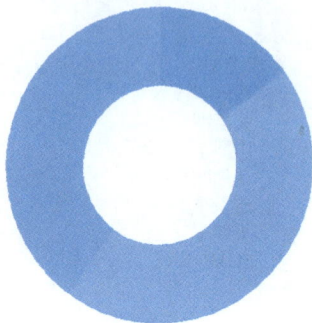

彩图 7-41

图 7-41　环形图示例

代码第②行用于绘制柱状图。stat＝"identity"表示直接使用 y 的值,而不是计算计数或总和;width＝1 设置了柱状图的宽度。

代码第③行将柱状图转换为极坐标系,使柱状图从直线排列变为圆周排列。

代码第④行设置 x 轴的范围,控制环形图的内外半径。通过将 x 轴的范围设置为0.5 到 2.5,在图的中心留出空心区域,形成了环形图的效果。

运行上述代码,绘制的图形如图 7-41 所示。

7.2.32　示例 23：绘制不同汽车类型的数量占比环形图

在 7.2.30 节中,介绍了如何绘制不同汽车类型的数量占比饼图。相比饼图,环形图通过在中心留白的设计,能更直观地展示数据,同时在视觉上更加美观和简洁。本节将基于相同的数据,介绍如何使用 ggplot2 包绘制环形图,并展示各类型汽车数量占比的具体实现方法。

具体实现代码如下。

```
#加载 ggplot2 包
library(ggplot2)

# 统计不同汽车类型 (class) 的数量
class_counts <- as.data.frame(table(mpg$class))
names(class_counts) <- c("汽车类型","数量")              # 重命名列名为中文

# 绘制环形图
ggplot(class_counts, aes(x = 2, y = 数量, fill = 汽车类型)) +
```

```
geom_bar(stat = "identity", width = 1, color = "white") +    # 以柱状图作为基础
  coord_polar(theta = "y") +                                  # 转换为极坐标系,形成环形图
  xlim(0.5, 2.5) +                                            # 调整 x 轴范围,形成环形效果
  theme_void() +                                              # 移除背景网格
  labs(title = "不同汽车类型的数量占比") +                      # 添加标题
  scale_fill_brewer(palette = "Set3",                         # 设置调色板

                    labels = c(                               # 设置中文标签
                      "compact" = "紧凑型",
                      "midsize" = "中型",
                      "suv" = "SUV",
                      "minivan" = "迷你厢车",
                      "pickup" = "皮卡车",
                      "2seater" = "双座车",
                      "subcompact" = "小型车",
geom_text(aes(label = paste(round(数量 / sum(数量) * 100, 1), "%", sep = "")),
          position = position_stack(vjust = 0.5))             # 添加百分比标签
```

运行上述代码,绘制的图形如图 7-42 所示。

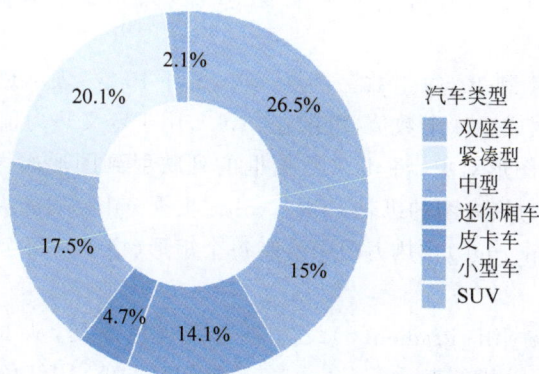

图 7-42　不同汽车类型的数量占比环形图

7.2.33　热力图

热力图的基本概念已经在 6.2.5 节介绍了,本节不再赘述。

在 R 语言中使用 ggplot2 绘制热力图非常直观,通常是通过 geom_tile()函数实现的。下面的例子展示如何使用 ggplot2 绘制热力图。

以下是一个完整示例,展示如何创建一个包含 x、y 和 value 的数据框,并用 ggplot2 绘制热力图。

```
# 加载 ggplot2 包
library(ggplot2)

# 创建示例数据框
data <- data.frame(
```

①

```
  x = rep(1:10, each = 10),                              # 横轴（x 变量）
  y = rep(1:10, times = 10),                             # 纵轴（y 变量）
  value = runif(100, min = 0, max = 1)                   # 随机生成的热力值
)

# 绘制热力图
ggplot(data, aes(x = x, y = y, fill = value)) +                        ②
  geom_tile() + # 使用 geom_tile() 绘制每个热力矩形                        ③
  scale_fill_gradient(low = "yellow", high = "red") +  # 定义颜色梯度      ④
  labs(
    title = "热力图示例",                                # 图标题
    x = "X 轴",                                          # x 轴标签
    y = "Y 轴",                                          # y 轴标签
    fill = "热力值"                                      # 图例标题
  ) +
  theme_minimal()                                        # 简洁主题
```

代码解释如下。

代码第①行创建了一个包含 3 列(x,y,value)的数据框。

- x：重复数字 1 到 10，每个数字重复 10 次（共 100 个数据点），用于表示热力图的横轴。
- y：重复数字 1 到 10，每组数字重复一次，循环 10 次，表示热力图的纵轴。
- value：随机生成 100 个数值，范围在[0,1]，用于定义热力值（矩形颜色的强弱）。

代码第②行创建图形对象，将 data 数据框的列映射到图形属性，将 x 列映射为热力图的横轴；将 y 列映射为热力图的纵轴；fill=value 根据 value 列的大小填充矩形颜色。

代码第③行 geom_tile()在热力图中绘制每个矩形（格子），每个矩形对应数据框中的一个 x,y 组合。

代码第④行 scale_fill_gradient()设置热力值颜色渐变，从 low 到 high，其中 low="yellow"是较低的值，用黄色表示；high="red"是较高的值，用红色表示。

运行上述代码，绘制的图形如图 7-43 所示。

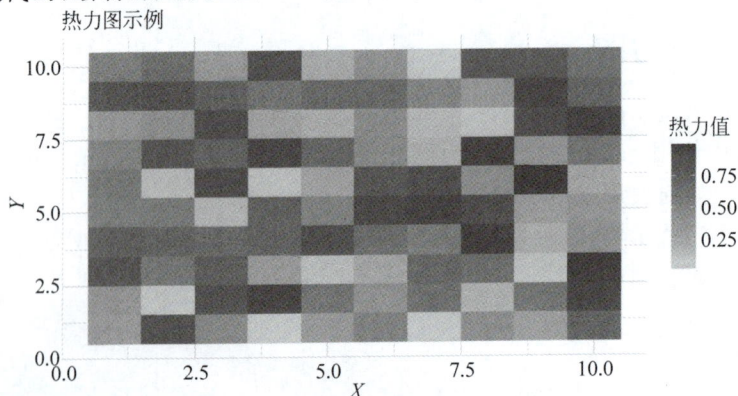

彩图 7-43

图 7-43　热力图示例

7.2.34　示例 24：绘制 mtcars 数据集相关性热力图

在本节中,通过示例介绍如何使用 R 语言计算并可视化数据集中的相关性。相关性是衡量变量间关系强度与方向的统计指标,常用于探索数据集中变量间的相互关系。为了直观展示 mtcars 数据集中的变量相关性,可以使用热力图,通过颜色变化清晰地呈现不同变量之间的关系。相关性的具体概念和计算方法将在第 9 章详细讨论。

示例实现代码如下。

```
# 加载必要的包
library(ggplot2) # 用于绘图
# 加载 mtcars 数据集
data("mtcars")

# 计算相关矩阵
cor_matrix <- cor(mtcars)                                           ①

# 将相关矩阵转换为长格式数据框
correlation_data <- as.data.frame(as.table(cor_matrix))            ②

# 使用 ggplot2 绘制相关性热力图
ggplot(data = correlation_data, aes(Var1, Var2, fill = Freq)) +
  geom_tile() +
  scale_fill_gradient2(low = "blue", high = "red", mid = "white") +    ③
theme_minimal() +
  theme(axis.text.x = element_text(angle = 45, hjust = 1),      # 调整 x 轴标签
        axis.text.y = element_text(angle = 45, hjust = 1),      # 调整 y 轴标签
        plot.title = element_text(hjust = 0.5)) +               # 调整标题位置
  labs(title = "mtcars 数据集相关性热力图", x = "变量", y = "变量")# 添加标题和坐标轴标签
```

代码解释如下。

代码第①行通过 cor() 函数计算 mtcars 数据集中各个变量之间的相关系数矩阵。相关系数用于度量两个变量之间的线性关系,取值范围从 -1(完全负相关)到 1(完全正相关),0 表示没有线性关系。

代码第②行将相关矩阵转换为长格式数据框,其中 as.table(cor_matrix) 将相关性矩阵转换为表格形式,每一行表示一个变量对的相关系数。as.data.frame() 将其转换为数据框格式,方便后续使用ggplot2绘图。

转换后的数据框 correlation_data 部分内容如图 7-44 所示,具有以下几列。

• Var1:矩阵中的第一个变量。

	Var1	Var2	Freq
1	mpg	mpg	1.00000000
2	cyl	mpg	-0.85216196
3	disp	mpg	-0.84755138
4	hp	mpg	-0.77616837
5	drat	mpg	0.68117191
6	wt	mpg	-0.86765938
7	qsec	mpg	0.41868403
8	vs	mpg	0.66403892
9	am	mpg	0.59983243

图 7-44　转换后的数据框 correlation_data 部分内容

- Var2：矩阵中的第二个变量。
- Freq：这两个变量之间的相关性系数。

代码第③行通过 scale_fill_gradient2() 函数设置颜色渐变，它控制了热力图的颜色映射，其中各参数说明如下。

low="blue"：指定相关性最小（负相关时，−1）时的颜色为蓝色。负相关的值越小，颜色越接近蓝色。

high="red"：指定相关性最大（正相关时，+1）时的颜色为红色。正相关的值越大，颜色越接近红色。

mid="white"：指定相关性接近 0 时的颜色为白色。相关性为零时，格子的颜色会是白色，表示没有线性关系。

运行上述代码，绘制的图形如图 7-45 所示。

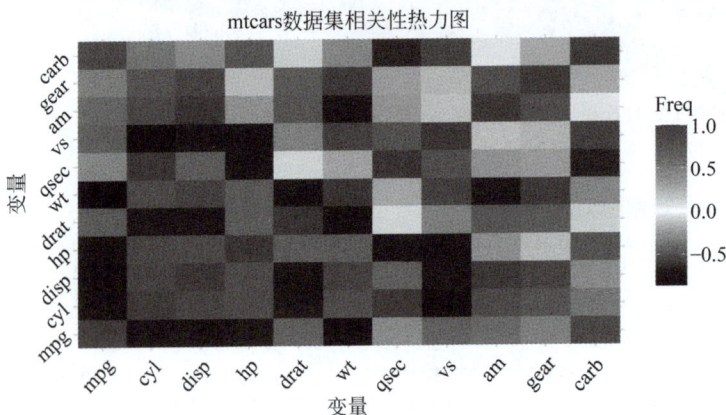

图 7-45　mtcars 数据集相关性热力图

7.3　本章练习

1. 问答题

(1) 什么是 ggplot2 中的图层概念？

(2) ggplot2 中的美学映射是什么？它在数据可视化中有什么作用？

(3) 在 ggplot2 中的箱线图和小提琴图有何区别？它们各自适合展示哪些类型的数据？

(4) 在 ggplot2 中如何绘制散点图？请描述其基本步骤。

2. 选择题

(1) 在 ggplot2 中，哪个函数用于绘制散点图？（　　　）

    A. geom_bar()   B. geom_point()

    C. geom_line()   D. geom_histogram()

(2) 在 ggplot2 中，哪个函数用于添加图形的标题？（　　　）

　　A. title()　　　　B. ggtitle()　　　C. labs()　　　　D. theme()

（3）下列哪一种图形适合用来展示数据的分布范围和中位数？（　　）

　　A. 散点图　　　　B. 箱线图　　　　C. 小提琴图　　　D. 直方图

（4）在 ggplot2 中绘制气泡图时，哪个美学属性控制气泡的大小？（　　）

　　A. size　　　　　B. color　　　　　C. alpha　　　　D. fill

3. 编程题

编写一个 R 语言脚本，使用 ggplot2 绘制 mtcars 数据集中 mpg（每加仑英里数）与 hp（马力）之间的散点图。

- 绘制散点图，点的颜色根据 cyl（气缸数）的不同分配不同的颜色，点的大小根据 wt（车重）进行调整。
- 添加图形标题和坐标轴标签。

第8章

描述性统计分析

描述性统计分析用于总结和理解数据的基本特征。本章将介绍如何使用各类统计量衡量数据的中心趋势和离散程度,识别异常值,并进行数据分组与汇总。具体内容包括均值、中位数、众数等中心趋势的测量,方差、标准差等离散程度的测量,以及通过箱线图分析四分位数和异常值。此外,本章还将探讨数据分组和汇总的方法,以便更高效地处理数据。这些方法为进一步的数据分析提供了坚实的基础。

8.1 中心趋势的测量

描述数据时,找到一个能概括整体特征的"中心点"非常重要。这种"中心点"反映了数据的集中趋势,是描述性统计分析的核心内容之一。本节介绍 3 种常见的中心趋势测量方法——均值、中位数和众数,分别说明其计算方法、适用场景以及各自的特点。

8.1.1 均值

在描述性统计分析中,均值、中位数和众数是常用的中心趋势统计量,分别描述数据集中位置的不同方面。这些统计量能帮助理解数据的总体分布和中心特征。

下面先介绍一下均值(Mean)。

均值是所有数据值的总和除以数据点的数量,反映数据的整体水平。均值易受极端值影响,数据集中或离散程度较高时可能无法准确代表数据的中心。

均值计算公式如下。

$$均值 = \frac{\sum_{i=1}^{N} X_i}{N}$$

其中,X_i 表示第 i 个数据点,N 是数据点的总数。

📝**注意**　如果数据集中存在缺失值(NA),计算均值时需要排除这些值,否则会影响结果。在 R 语言中,可以通过 mean()函数并设置参数 na.rm=TRUE 来忽略缺失值。

表 8-1 所示是包含不同月份的销售额数据。在这个数据框中,Sales 列包含一个缺失值,将演示如何计算包含缺失值的销售额均值。

表 8-1 包含不同月份的销售额数据

Month	Sales	Month	Sales
January	1200	April	1800
February	NA	May	1600
March	1500		

示例代码如下。

```
#创建一个数据框,记录不同月份的销售额
sales_data <- data.frame(
Month = c("January","February","March","April","May"),
Sales = c(1200,NA,1500,1800,1600)
)

#查看数据框
print(sales_data)

#计算 Sales 列的均值,忽略缺失值(na.rm = TRUE 表示忽略 NA 值)
mean_sales <- mean(sales_data$Sales,na.rm = TRUE)

#输出结果
print(mean_sales)
```

代码解释如下。

上述代码通过 mean(sales_data$Sales,na.rm＝TRUE)函数计算忽略缺失值后的平均销售额。

运行上述代码,结果如下。

```
    Month Sales
1  January  1200
2 February    NA
3    March  1500
4    April  1800
5      May  1600
[1] 1525
```

可以最终结果 mean_sales 的值 1525 表示四个月销售额的平均值。这个方法帮助计算出数据的均值,即使存在缺失值。

8.1.2 均值与数据可视化

均值是一种能反映数据集中趋势的统计量,表示数据的平均水平。然而,仅通过数值难以全面理解均值的意义。通过可视化工具,可以更直观地展示均值在数据分布中的位置和作用。下面的示例通过柱状图展示了这一过程,具体代码如下。

```r
# 加载 ggplot2
library(ggplot2)

# 创建数据框,去除缺失值
sales_data_clean <- na.omit(data.frame(                    ①
  Month = c("January", "February", "March", "April", "May"),
  Sales = c(1200, NA, 1500, 1800, 1600)
))

# 计算均值
mean_sales <- mean(sales_data_clean $ Sales)

# 绘制柱状图,并添加黑色的均值线和数值
ggplot(sales_data_clean, aes(x = Month, y = Sales)) +
  geom_bar(stat = "identity", fill = "#00B0F0") +
  geom_hline(                                              ②
    yintercept = mean_sales,
    linetype = "dashed",
    color = "black",
    linewidth = 0.5
  ) +
  # 标注均值数值
  annotate(                                                ③
    "text",
    x = 3, # 均值数值的 x 坐标位置(可以调整)
    y = mean_sales + 100, # 均值数值的 y 坐标位置(略高于均值线的位置)
    label = paste("均值 = ", mean_sales),
    color = "black",
    size = 4
  ) +
  ggtitle("月份的销售额") +
  xlab("Month") +
  ylab("Sales") +
  theme_minimal()
```

这段代码首先计算了销售数据的均值,并使用 ggplot2 绘制了柱状图。在图表中,通过 geom_hline()函数添加了一条表示均值的虚线,直观展示了各月销售额与均值的对比。代码同时设置了图表标题、坐标轴标签以及简洁的主题,进一步提升了图表的可读性和美观性。

代码第①行使用 na.omit()函数删除了包含缺失值的行。在数据框 sales_data_clean 中,原始数据中包含缺失值的第二行被移除。

代码第②行通过 geom_hline()函数在图表中添加水平线,参数 yintercept 指定水平线位置,即销售数据均值 mean_sales。样式设置为虚线(linetype = "dashed"),宽度为 0.5 (size=0.5)。

代码第③行利用 annotate()函数在图表上添加文字标注,用于说明或强调特定信息。

整体而言,该代码通过清晰的图表和合理的标注,使销售数据的比较和解读更加直观明了。

运行上述代码,绘制的图形如图 8-1 所示。

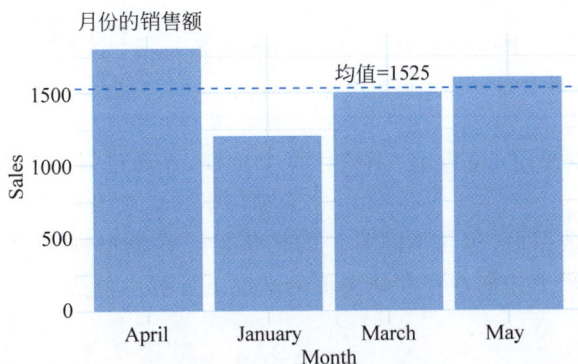

图 8-1　月份的销售额柱状图

如图 8-1 所示,虚线标示了销售额的均值(1525),帮助分析师快速掌握各月份销售额与均值的关系。通过对比,可以轻松判断哪些月份的销售额高于或低于均值,突出数据差异。同时,均值的标示直观展现了数据的整体分布特征和集中趋势。

8.1.3　中位数

中位数是一个统计学中的术语,它表示数据集中数值排序后位于中间的那个数。如果数据集的数量是奇数,则中位数就是正中间的数值;如果数据集的数量是偶数,则中位数是中间两个数值的平均值。

中位数的具体计算步骤如下。

确定中间位置:

(1)如果数据集的数量(n)是奇数,则中位数是第 $\dfrac{n+1}{2}$ 个数。

(2)如果数据集的数量(n)是偶数,则中位数是第 $\dfrac{n}{2}$ 个数和第 $\dfrac{n}{2}+1$ 个数的平均值。

例如:

数据集为{1,3,5,7,9},数量为 5(奇数),中位数为 5,如图 8-2 所示。

数据集为{2,4,6,8},数量为 4(偶数),中位数为(4+6)/2=5,如图 8-3 所示。

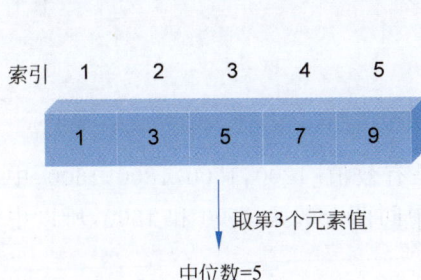

图 8-2　数据集的数量是奇数

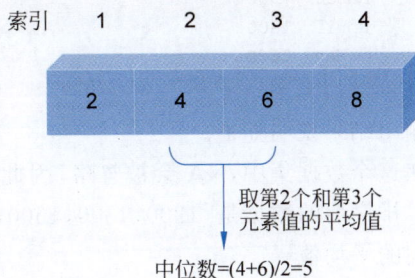

图 8-3　数据集的数量是偶数

中位数是描述数据集中心位置的一种度量,与均值不同,中位数不受极端值的影响。因此,处理具有极端值的数据集时,中位数可能更合适。

在 R 语言中,可以使用 median()函数计算中位数,并通过设置参数 na.rm＝TRUE 忽略缺失值。

以下是一个示例数据框,包含不同月份的销售额。在数据框中,"销售额"(Sales)列有一个缺失值(NA),展示了如何在存在缺失值的情况下计算中位数。

示例代码如下。

```
#创建一个数据框,记录不同月份的销售额
sales_data <- data.frame(
Month = c("January","February","March","April","May"),
Sales = c(1200,NA,1500,1800,1600)
)

#查看数据框
print(sales_data)

#计算 Sales 列的中位数,忽略缺失值
median_sales <- median(sales_data $ Sales,na.rm = TRUE)

#输出计算结果
cat("销售额的中位数(忽略缺失值):",median_sales,"\n")
```

代码解释如下。

median(sales_data $ Sales,na.rm＝TRUE)计算销售额列的中位数,na.rm＝TRUE 参数确保在计算时会忽略 NA 值,其中 sales_data $ Sales 是从数据框 sales_data 中提取的销售额列。

执行代码后,输出结果如下。

```
    Month  Sales
1   January  1200
2 February     NA
3    March  1500
4    April  1800
5      May  1600
销售额的中位数(忽略缺失值): 1550
```

输出结果说明如下。

在这个数据集中,NA 会被忽略,因此中位数是有效值[1200,1500,1800,1600]中的中位数。排序后的数据是[1200,1500,1600,1800],中间两个数是 1500 和 1600,所以中位数是它们的平均值:

$$中位数 = \frac{1500 + 1600}{2} = 1550$$

8.1.4　中位数与数据可视化

中位数与不同类型的图表结合，也可以更直观地展示数据的分布特征，揭示数据的集中趋势或分散情况。下面的示例通过柱状图展示了这一过程，具体代码如下。

```r
# 加载 ggplot2
library(ggplot2)

# 创建数据框,包含缺失值
sales_data <- data.frame(
  Month = c("January", "February", "March", "April", "May"),
  Sales = c(1200, NA, 1500, 1800, 1600)
)

# 数据清洗,移除缺失值
sales_data_clean <- na.omit(sales_data)

# 计算 Sales 列的中位数,忽略缺失值
median_sales <- median(sales_data$Sales, na.rm = TRUE)

# 绘制柱状图并添加中位数线和标注
ggplot(sales_data_clean, aes(x = Month, y = Sales)) +
  geom_bar(stat = "identity", fill = "#00B0F0") +
  geom_hline(yintercept = median_sales, linetype = "dashed", color = "black",
                                        linewidth = 0.7) +    # 添加中
# 位数线
  annotate("text", x = 3, y = median_sales + 100, label = paste("中位数 =", median_
sales), size = 4) +                                   # 标注中位数
  ggtitle("月份的销售额") +
  xlab("Month") +
  ylab("Sales") +
  theme_minimal()
```

运行上述代码，绘制的图形如图 8-4 所示。

8.1.5　众数

众数是数据集中出现频率最高的数值。如果数据中有多个数值出现的频率相同，并且是最高的，那么数据集可能有多个众数，称为多众数。如果没有任何数值重复，则数据集没有众数。

计算方法如下。

（1）找出数据中最常见的数值，即出现次数最多的数值。

（2）如果有多个数值出现次数相同且最高，则该数据集为多众数。

示例如下。

（1）如图 8-5 所示的数据集 1 的众数是 5，因为它出现的频率最高。

月份的销售额

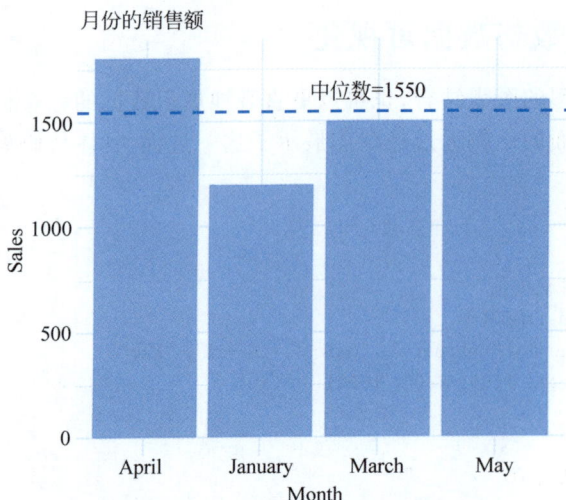

图 8-4　月份的销售额柱状图

（2）如图 8-6 所示的数据集 2 的多众数是 5 和 7，因为它们都出现了相同次数且次数最高。

图 8-5　数据集 1

图 8-6　数据集 2

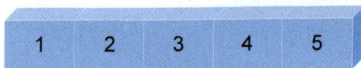

图 8-7　数据集 3

（3）如图 8-7 所示的数据集 3 没有众数，因为每个数值出现的频率相同。

在 R 语言中，可以使用 modeest 包轻松计算数据集的众数。modeest 包提供了专门的函数来计算众数，包括适用于单一众数和多众数的情况。

1. 安装和加载 modeest 包

如果还没有安装 modeest 包，可以使用以下命令进行安装。

```
install.packages("modeest")
```

安装完成后，使用 library()函数加载它。

```
library(modeest)
```

2. 使用 mlv()函数计算众数

modeest 包中的 mlv()函数可用来计算数据的众数，并且支持处理多个众数的情况。示例代码如下。

```
# 加载 modeest 包
library(modeest)

# 创建数据集
data<-c(3,5,7,5,2)
```

```
#计算众数
mode_value <- mlv(data,method = "mfv")

#输出众数
cat("数据集的众数是:",mode_value,"\n")
```

代码解释如下。

mlv()函数用于计算众数,mlv 是"Most Likely Value"的缩写。

method＝"mfv"表示使用"最频繁值"(Most Frequently Value)方法计算众数,这种方法适用于寻找出现次数最多的数值。

执行代码后,输出结果如下。

数据集的众数是: 5

8.1.6　众数与数据可视化

众数表示数据中出现频率最高的值,能揭示数据中的最常见特征。然而,众数本身往往难以通过单一的数值直接表达其在数据中的重要性。通过可视化工具,可以更直观地理解众数在数据分布中的位置和作用。

以下是与众数相关的数据可视化代码示例。

```
# 加载 ggplot2
library(ggplot2)
#加载 modeest 包
library(modeest)

#创建数据集
data <- c(3, 5, 7, 5, 2)
# 创建数据框
data_df <- data.frame(Value = data)

#计算众数
mode_value <- mlv(data, method = "mfv")

# 绘制直方图并标注众数
ggplot(data_df, aes(x = Value)) +
  geom_histogram(
    binwidth = 1,
    fill = "#00B0F0",
    color = "black",
    alpha = 0.7
  ) +
  geom_vline(xintercept = mode_value,
             linetype = "dashed",
             linewidth = 0.8) +
  annotate(
    "text",
```

```
    x = mode_value + 1.3,
    y = 2,
    label = paste("众数 =", mode_value),
    size = 4
) +
ggtitle("数据集的众数分布") +
xlab("值") +
ylab("频率") +
theme_minimal()
```

运行上述代码,绘制的图形如图 8-8 所示。

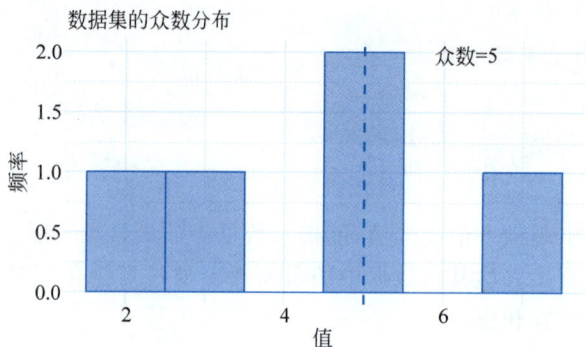

图 8-8   月份的销售额直方图

8.2   离散程度的测量

离散程度是统计学中用于衡量数据变异性的一个重要概念,表示数据点之间相对于中心趋势(如均值或中位数)的分散或扩展程度。离散程度越大,说明数据的变异性越大;反之,离散程度较小,则说明数据比较集中。

常见的离散程度的测量指标有极差、方差、标准差和四分位数等。每种测量方法都具有不同的优缺点,适用于不同的分析场景。

8.2.1   极差

极差也叫全距,是一组数据中最大值与最小值的差值。它计算简单直观,能快速反映数据的离散范围。

计算公式如下。

$$极差 = 最大值 - 最小值$$

例如,有一组数据为 3,5,7,9,12,其中最大值是 12,最小值是 3,则极差 = 12 - 3 = 9。

8.2.2   方差

方差是一个重要的统计指标,用于衡量数据分布的离散程度。它通过计算数据点与均值之间的偏差平方的平均值,描述数据的波动情况。简单来说,方差可以帮助判断数据是集中在均值附近,还是分布得较为分散。

具体来说,
- 方差小:表示数据集中,变化较小。
- 方差大:表示数据分散,波动较大。

在 R 语言中,计算方差可以通过内置的函数 var() 完成,该函数直接作用于数据向量,计算样本方差,提供了简单高效的解决方案。

以下是一个使用 R 语言计算方差的示例代码。

```
# 创建一个数据集
data <- c(10, 12, 23, 23, 16, 23, 21, 16)

# 计算方差
variance <- var(data)

# 输出方差结果
cat("数据的方差为:", variance, "\n")
```

执行代码后,输出结果如下。

```
数据的方差为: 27.42857
```

8.2.3　方差与数据可视化

方差可以与不同类型的图表结合,直观地展示数据的分布特征和集中趋势。常见的图表类型,如散点图、箱线图、直方图等,都可以有效地辅助理解数据的方差和分布情况。

以下是代码示例,结合方差的计算和散点图展示数据的集中趋势及离散程度,具体代码如下。

```
# 创建数据集
data <- c(10, 12, 23, 23, 16, 23, 21, 16)

# 计算均值和方差
mean_value <- mean(data)                                    ①
variance_value <- var(data)                                 ②

# 输出方差
cat("数据集的方差是:", variance_value, "\n")

# 创建数据框
df <- data.frame(Index = seq_along(data), Value = data)     ③

# 加载 ggplot2 包
library(ggplot2)

# 绘制散点图,显示数据点与均值的偏离
ggplot(df, aes(x = Index, y = Value)) +
```

```
  geom_point(size = 3, color = "blue") +          # 绘制数据点
  geom_hline(yintercept = mean_value, linetype = "dashed", color = "red",
linewidth = 0.6) +  # 添加均值线
  ggtitle("数据集的散点图及偏离展示") +
  annotate("text", x = 1.5, y = mean_value + 2, label = paste("均值 =", mean_value),
color = "red", size = 4) +
  xlab("数据点编号") +
  ylab("值")
```

代码解释如下。

其中，代码第①行计算均值；代码第②行计算方差；代码第③行创建一个数据框 df。df 包含以下两列。

- Index 列：使用 seq_along(data)生成 1 到 n(data 的长度)的索引。
- Value 列：直接将 data 向量的值赋给 Value 列。

运行上述代码，绘制的图形如图 8-9 所示。

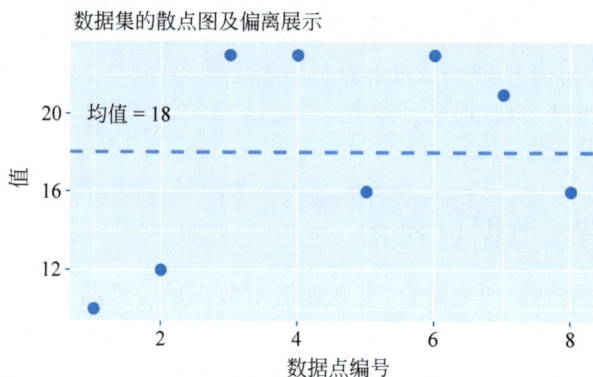

彩图 8-9

图 8-9　显示数据点与均值的偏离散点图

在散点图中，显示了每个数据点的位置及其与均值的偏离，红色虚线表示均值，直观展示数据的集中趋势，蓝色散点展示数据的实际分布。通过图 8-9，可以快速判断数据的离散程度和是否对称分布。

8.2.4　标准差

标准差是另一种衡量数据分散程度的指标。它是方差的平方根，表示数据点与均值之间的平均偏离程度。相比方差，标准差的单位与原始数据相同，因此更容易被直观理解。标准差是方差的平方根，用来表示数据的离散程度。

- 标准差越大，表示数据点离均值越远，数据的离散程度越高。
- 标准差较小时，表示数据点较为集中，波动性较小。

在 R 语言中，可以使用 sd()函数计算标准差。以下是示例代码。

```
# 创建示例数据集
data <- c(10,12,23,23,16,23,21,16)
```

```
# 计算方差
variance <- var(data)

# 计算标准差
std_dev <- sd(data)

# 输出结果
cat("方差:", variance, "\n")
cat("标准差:", std_dev, "\n")
```

代码解释如下。

var(data)会计算 data 的样本方差。

sd(data)会计算 data 的样本标准差。

代码执行后,输出结果如下。

```
方差:27.42857
标准差:5.237229
```

8.2.5 标准差与数据可视化

结合标准差和散点图展示数据的集中趋势及离散程度,具体代码如下。

```
# 创建数据集
data <- c(10, 12, 23, 23, 16, 23, 21, 16)

# 计算均值、方差和标准差
mean_value <- mean(data)
variance_value <- var(data)
sd_value <- sd(data)

# 输出标准差
cat("数据集的标准差是:", sd_value, "\n")
# 创建数据框
df <- data.frame(Index = seq_along(data), Value = data)

# 加载 ggplot2 包
library(ggplot2)

# 绘制散点图,显示数据点与均值的偏离
ggplot(df, aes(x = Index, y = Value)) +
  geom_point(size = 3, color = "blue") +         # 绘制数据点
  geom_hline(yintercept = mean_value, linetype = "dashed", color = "red", linewidth = 0.8) +
# 添加均值线
  geom_hline(yintercept = mean_value + sd_value, linetype = "dotted", linewidth = 0.8) +
# 添加均值 + 标准差线
  geom_hline(yintercept = mean_value - sd_value, linetype = "dotted", linewidth = 0.8) +
# 添加均值 - 标准差线
  annotate("text", x = 2.5, y = mean_value + sd_value + 2, label = paste("均值 + 标准差 =",
round(mean_value + sd_value, 2)), size = 4) +
```

```
    annotate("text", x = 2.5, y = mean_value - sd_value - 2, label = paste("均值 - 标准差 = ",
round(mean_value - sd_value, 2)), size = 4) +
    ggtitle("数据集的散点图及标准差展示") +
    xlab("数据点编号") +
    ylab("值") +
    theme_minimal()
```

运行上述代码,绘制的图形如图 8-10 所示。

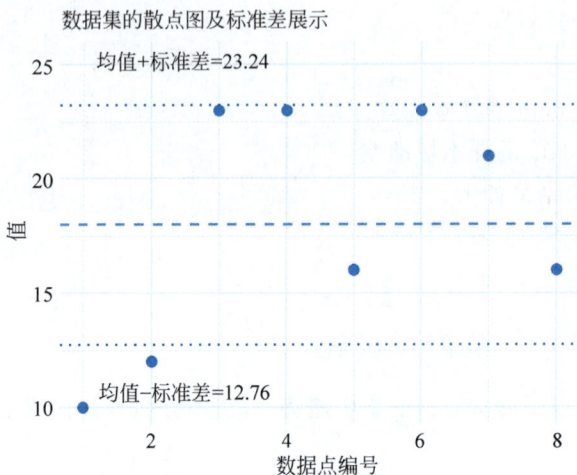

图 8-10　显示数据集及标准差散点图

图 8-10 所示的散点图展示了数据点的位置和数据的离散程度。其中,红色虚线(均值)是数据的中心,点线(标准差)是离散程度的衡量,如果大部分数据点都在"均值－标准差"至"均值＋标准差"范围,则说明数据较集中;如果超出范围较多,则说明数据较分散。

这是一种直观的方式,帮助理解统计概念(均值和标准差)及其在数据中的实际表现。

8.3　四分位数和异常值

四分位数用于描述数据的分布情况,将数据分为四等份,帮助识别数据的集中趋势和离散程度。结合四分位数,还可以识别数据中的异常值,即远离数据大多数值的点。

8.3.1　四分位数

四分位数将数据集按顺序排列,并分为四部分,主要包括以下三部分。

- 第一四分位数(Q1):表示下 25％的数据,位于第 25 个百分位,也称为"下四分位数"。
- 第二四分位数(Q2):表示中间 50％的数据,等同于数据的中位数。
- 第三四分位数(Q3):表示上 25％的数据,位于第 75 个百分位,也称为"上四分位数"。

从图 8-11 所示的数据集中,四分位数 Q1、Q2 和 Q3 的具体描述如下。

- 第一四分位数(Q1):Q1 是将数据集前 25％和后 75％分开的值。图 8-11 中显示,

Q1 是第 3 个数据点的值,例如数据为 3。

- 第二四分位数(Q2):Q2 是数据集的中位数,将数据集一分为二,使得一半的数据在 Q2 以下,另一半的数据在 Q2 以上。图 8-11 中显示的 Q2 是第 6 个数据点的值,例 如为 6。
- 第三四分位数(Q3):Q3 是将数据集前 75％和后 25％分开的值。图 8-11 中显示的 Q3 是第 9 个数据点的值,例如为 9。

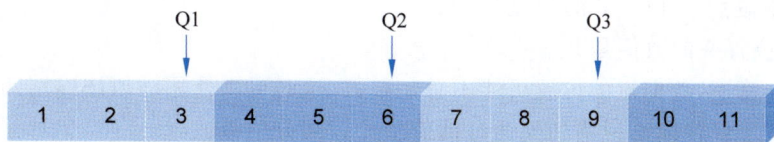

图 8-11　四分位数数据集

计算一组数据的四分位数,可以按以下步骤进行。

步骤 1:对数据进行排序。

首先,对数据按从小到大的顺序排序。

步骤 2:确定位置。

对于四分位数的计算,通常使用“位置”确定 Q1、Q2 和 Q3 的位置。对于 n 个数据点,

(1) Q1(第一四分位数)位置: $\dfrac{n+1}{4}$;

(2) Q2(第二四分位数)位置: $\dfrac{n+1}{2}$ (也就是中位数的位置);

(3) Q3(第三四分位数)位置: $\dfrac{3(n+1)}{4}$ 。

根据计算得到的位置,可以找到相应的数值。如果位置是整数,则该位置的数值就是四分位数;如果位置是小数,则在相邻的两个数值之间进行插值计算。

步骤 3:插值计算(如果需要)。

当位置不是整数时,可以用以下插值方法计算四分位数:

$$Q = 左边位置的数 +(右边位置的数 - 左边位置的数)\times(小数部分)$$

示例:

假设一组数据{11,1,2,3,4,5,6,7,8,9,10}按照四分位数的计算方法进行:

步骤 1:排序数据。

数据已经是按从小到大的顺序排列:

{1,2,3,4,5,6,7,8,9,10,11}。

步骤 2:确定位置。

数据集的大小 $n=11$ 。

- Q1(第一四分位数)位置: $\dfrac{11+1}{4}=3$

- Q2（第二四分位数）位置：$\dfrac{11+1}{2}=6$

- Q3（第三四分位数）位置：$\dfrac{3(11+1)}{4}=9$

步骤3：确定四分位数值。

- Q1：位置3的数值是3。
- Q2（中位数）：位置6的数值是6。
- Q3：位置9的数值是9。

在实际计算中，数据点的位置可能不总是整数，这时可以使用插值法确定四分位数的具体数值。以下示例将详细说明如何通过插值法计算四分位数。

假设有数据集：{3,7,8,12,13,14,21,23,27,18}

步骤1：排序数据。

数据已经按从小到大的顺序排列：{3,7,8,12,13,14,18,21,23,27}

步骤2：确定四分位数位置。

数据集大小 $n=10$。

- Q1（第一四分位数）位置：$\dfrac{10+1}{4}=2.75$

- Q2（第二四分位数，即中位数）位置：$\dfrac{10+1}{2}=5.5$

- Q3（第三四分位数）位置：$\dfrac{3(10+1)}{4}=8.25$

由于这些位置包含小数，因此需要用插值计算。

步骤3：插值计算四分位数。

（1）计算Q1：位置2.75在第2个数据点和第3个数据点之间，即在7和8之间。

使用插值计算。

$Q1=7+(8-7)\times0.75=7+1\times0.75=7+0.75=7.75$

所以，$Q1\approx7.75$

（2）计算Q2（中位数）：位置5.5在第5个数据点和第6个数据点之间，即在13和14之间。

使用插值计算。

$Q2=13+(14-13)\times0.5=13+1\times0.5=13+0.5=13.5$

所以，$Q2=13.5$

（3）计算Q3：位置8.25在第8个数据点和第9个数据点之间，即在21和23之间。

使用插值计算。

$Q3=21+(23-21)\times0.25=21+2\times0.25=21+0.5=21.5$

所以，$Q3\approx21.5$

结果这个数据集的四分位数为

- $Q1\approx7.75$

- Q2＝13.5
- Q3≈21.5

插值法可以很精确地找到四分位数在非整数位置的数据值。

8.3.2 异常值

在统计学中,异常值(或称离群值)是数据集中显著偏离其他数据点的数值。这些值往往会影响数据的整体分布和分析结果,因此识别和处理异常值是数据分析的重要步骤。

常用的检测异常值的方法是四分位间距(IQR)法。四分位间距用于衡量数据的集中程度,计算公式为:

$$IQR＝Q3－Q1$$

通常,低于 Q1－1.5×IQR 或高于 Q3＋1.5×IQR 的数据点被视为异常值。

在 R 语言中,可以使用 quantile()函数计算四分位数,使用 IQR()计算四分位间距,并通过条件语句识别异常值。

以下是一个示例代码。

```
#创建数据集
data <- c(10,12,23,23,16,23,21,16,100)

#计算四分位数
Q1 <- quantile(data,0.25)
Q2 <- quantile(data,0.5)         #中位数
Q3 <- quantile(data,0.75)

#计算四分位间距
iqr_value <- IQR(data)

#计算低异常值和高异常值的边界
lower_bound <- Q1 - 1.5 * iqr_value
upper_bound <- Q3 + 1.5 * iqr_value

#找出异常值
outliers <- data[data < lower_bound|data > upper_bound]

#输出结果
cat("第一四分位数(Q1):",Q1,"\n")
cat("中位数(Q2):",Q2,"\n")
cat("第三四分位数(Q3):",Q3,"\n")
cat("四分位间距(IQR):",iqr_value,"\n")
cat("低异常值边界:",lower_bound,"\n")
cat("高异常值边界:",upper_bound,"\n")
cat("异常值:",outliers,"\n")
```

示例输出结果如下。

```
第一四分位数(Q1):16
中位数(Q2):21
第三四分位数(Q3):23
```

四分位间距(IQR):7
低异常值边界:5.5
高异常值边界:33.5
异常值:100

在这个数据集中,100 是一个异常值,因为它大于高异常值边界(33.5)。

8.3.3 箱线图与四分位数和异常值分析

箱线图是一种有效的可视化工具,能清晰地展示数据的四分位数分布以及异常值的位置和范围。通过箱线图,可以快速了解数据的集中趋势、分散程度和潜在的离群点,为数据分析提供直观的支持。

示例代码如下。

```
# 创建数据集
data <- c(10, 12, 23, 23, 16, 23, 21, 16, 100)

# 可视化:箱线图
library(ggplot2)

# 创建数据框
df <- data.frame(Value = data)

# 绘制箱线图
ggplot(df, aes(x = "", y = Value)) +
  geom_boxplot(fill = "#00B0F0", outlier.color = "red", outlier.size = 3) +  ①
  ggtitle("数据分布的四分位数与异常值展示") +
  xlab("数据集") +
  ylab("值") +
  theme_minimal()
```

代码解释如下。

代码第①行通过 geom_boxplot()函数绘制箱线图。它通过展示数据的最小值、第一四分位数(Q1)、中位数(Q2)、第三四分位数(Q3)和最大值可视化数据的分布,其中参数 outlier.color="red" 设置异常值的颜色为红色;outlier.size=3 设置异常值的大小为 3。

运行上述代码,绘制的图形如图 8-12 所示。

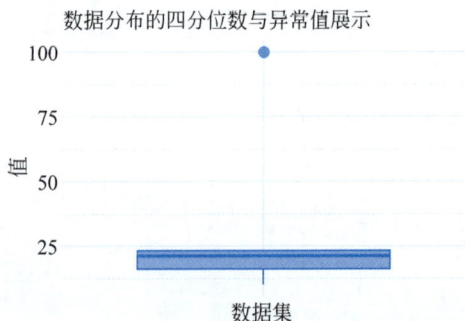

图 8-12 显示数据分布的四分位数与异常值箱线图

从图 8-12 所示的箱线图可以清楚地看到数据的集中趋势（如中位数）和离散程度（如四分位数）以及异常值的影响。

8.4 数据分组与汇总

描述性统计分析原本侧重通过一些基本统计量（如均值、中位数、标准差等）展现数据整体的集中趋势、离散程度等特征。而数据分组与汇总在此基础上进一步按照不同的规则细分数据。

在 R 语言中，dplyr 包提供了强大的分组与汇总功能，使得这些操作更加简捷和高效。

8.4.1 数据分组操作

数据分组操作是数据分析中一个重要的步骤，用于将数据集根据一个或多个列进行分组，以便在每组数据上进行独立的操作。例如，可以按类别、时间、人员等维度对数据进行分组，然后计算每组的统计信息。

假设有表 8-2 所示的销售数据，以下示例代码演示如何使用 dplyr 包中的 group_by() 函数按销售员分组。

表 8-2 销售数据

销售员	销售额	销售日期
张三	100	2024-01-01
李四	200	2024-01-02
张三	150	2024-01-03
王五	300	2024-01-04
李四	250	2024-01-05

示例代码如下。

```
# 加载 dplyr 包
library(dplyr)

# 创建示例数据
sales_data <- data.frame(
  sales_person = c("张三", "李四", "张三", "王五", "李四"),          ①
  sales_amount = c(100, 200, 150, 300, 250),
  sales_date = as.Date(c("2024-01-01", "2024-01-02", "2024-01-03", "2024-01-04",
"2024-01-05"))
)

# 按销售员分组
grouped_data <- sales_data %>%                                        ②
  group_by(sales_person)                                             ③

# 查看分组后的数据
print(grouped_data)
```

代码解释如下。

代码第①行创建一个名为 sales_data 的数据框，包含以下几列。

• sales_person：销售员姓名。
• sales_amount：销售额。

- sales_date：销售日期。

代码第②行的 %>%（管道操作符）是 dplyr 包中的一个核心工具,用于简化代码逻辑,使数据处理过程更加直观和易读。它的作用如下。

（1）自动传递数据：将左侧的数据（如 sales_data）作为右侧函数的第一个参数。

（2）增强可读性：避免使用复杂的嵌套函数结构,使代码层次清晰。

在本例中,sales_data 是一个数据框,管道操作符将其传递给 group_by()函数,效果等价于以下写法：

```
group_by(sales_data, sales_person)
```

因此,使用管道操作符时,group_by()函数不需要显式指定数据框作为参数。

代码第③行的函数 group_by(sales_person)按照"销售员"（sales_person）列对数据进行分组。此操作将数据分为"张三""李四"和"王五"三组。

示例输出结果如下。

```
# A tibble: 5 × 3
# Groups: sales_person [3]
  sales_person sales_amount sales_date
  <chr>               <dbl> <date>
1 张三                  100 2024 - 01 - 01
2 李四                  200 2024 - 01 - 02
3 张三                  150 2024 - 01 - 03
4 王五                  300 2024 - 01 - 04
5 李四                  250 2024 - 01 - 05
```

从输出结果中可见如下信息。

（1）行数不变：输出结果和原始数据框几乎一样,仍然显示了 5 行数据。

（2）分组信息：顶部有一行注释,# Groups：sales_person [3],表示数据是按 sales_person 列分组的,且分为 3 个不同的组（张三、李四、王五）。

◆ **注意**　使用 group_by()进行分组时,输出结果会包含如下所示的摘要信息,这些信息描述数据集的基本结构。

A tibble：5 × 3

Groups：　sales_person [3]

具体解释如下。

（1）# A tibble：5×3

A tibble 表示数据的类型是一个 tibble（即 tibble 类型的数据框）。

5×3 表示数据框有 5 行 3 列。

tibble 是 R 语言中比 data. frame 更现代、更友好的数据结构,通常使用 dplyr 等包时,默认的数据结构就是 tibble,它比 data. frame 在打印时更具可读性,不会自动显示过多内容。

（2）# Groups：sales_person [3]

这行注释表示数据已经按 sales_person 列分组。

8.4.2　数据汇总操作

数据汇总操作是数据处理中的关键步骤,用于对数据进行分类统计或整体分析,例如计算总和、平均值、最大值等指标。这在数据分析、报表生成和业务决策中尤为重要。

在 R 语言中,借助 dplyr 包,可以通过简洁的语法实现高效的数据汇总操作。下列将介绍如何通过 group_by()和 summarize()等函数完成数据汇总。

1. group_by()

作用:根据指定的列对数据进行分组,将数据按组划分,并为每行数据标记所属的分组。

输入:数据框＋分组列。

输出:分组后的数据框(grouped_df),为后续操作提供分组依据。

2. summarize()

作用:对分组后的数据进行汇总计算,生成统计结果。

输入:分组数据框＋汇总函数。

输出:包含每组汇总结果的新数据框。

以下是一个典型的数据汇总操作流程。

1. 创建示例数据

```
sales_data <- data.frame(
  sales_person = c("张三", "李四", "张三", "王五", "李四"),
  sales_amount = c(100, 200, 150, 300, 250),
  sales_date = as.Date(c("2024-01-01", "2024-01-02", "2024-01-03", "2024-01-04",
"2024-01-05"))
    )
```

2. 按销售员分组

```
grouped_data <- sales_data %>%
  group_by(sales_person)
```

此步骤按 sales_person 列进行分组。分组后,数据框仍然可见,但每行已归属特定组。

3. 数据汇总

```
# 计算每位销售员的总销售额
summary_data <- grouped_data %>%
  summarize(total_sales = sum(sales_amount))
```

代码中,grouped_data 是一个分组数据框,通过管道符传递给 summarize()函数对分组数据计算总和,其中的 total_sales 是想要创建的新列的名字,用来保存每个销售员的销售总额。

具体操作如下。

(1) 对每个分组(如"张三""李四""王五")单独计算 sales_amount 列的总和。

(2) 生成新的数据框 summary_data,包含每组的汇总结果。

代码输出结果如下。

```
# A tibble: 3 × 2
  sales_person total_sales
  <chr>              <dbl>
1 张三                 250
2 李四                 450
3 王五                 300
```

在 summarize()中，可以使用多种汇总函数计算不同的统计指标。

（1）sum()：计算总和；

（2）mean()：计算平均值；

（3）max()和 min()：计算最大值和最小值；

（4）n()：统计行数。

这些函数的组合能满足多维度分析的需求，为数据探索和总结提供了强有力的支持。

上述示例实现了按销售员分组，并计算每位销售员的总销售额。然而，实际分析中，通常需要计算多个指标，不仅仅是总销售额，还可能需要平均销售额、销售记录数量等。这时可以通过一次汇总操作完成多指标汇总。

```
summary_data <- grouped_data %>%
  summarize(
    total_sales = sum(sales_amount),     # 计算总和
    avg_sales = mean(sales_amount),      # 计算平均值
    max_sales = max(sales_amount),       # 计算最大值
    min_sales = min(sales_amount),       # 计算最小值
    sales_count = n()                    # 统计行数
  )
print(summary_data)
```

代码输出结果如下。

```
# A tibble: 3 × 6
  sales_person total_sales avg_sales max_sales min_sales sales_count
  <chr>              <dbl>     <dbl>     <dbl>     <dbl>       <int>
1 张三                 250       125       150       100           2
2 李四                 450       225       250       200           2
3 王五                 300       300       300       300           1
```

8.4.3 使用数据透视表进行汇总

透视表（Pivot Table）是一种数据汇总工具，广泛用于数据分析和报告，尤其是在 Excel 等电子表格软件中。它的核心功能是将数据按某些条件进行分组，并通过汇总操作（如求和、平均值、计数等）对这些分组的数据进行处理，最终展示出一个简洁、可视化的汇总结果。

关于透视表的几个基本概念如下。

（1）行（Row）：透视表的行通常代表某一类数据，分组的数据会显示在行上。例如，可以将"销售员"作为行来显示每个销售员的汇总数据。

（2）列（Column）：透视表的列通常代表另一个维度或类别，按照该类别的不同会有不同的列显示。例如，可以将"销售月份"作为列，显示每个月的销售额。

（3）值（Value）：值是想要计算的内容，如"销售总额""平均销售额"等。它是透视表的核心内容，通常通过某种汇总函数（如 sum()、mean()）计算。

通过透视表，可以更直观地看到各个维度之间的关系和数据汇总的结果。

假设有一个如表 8-3 所示的销售数据集，最终生成的透视表如表 8-4 所示。

表 8-3　销售数据集

sales_person	product_type	sales_amount
张三	食品	100
李四	书籍	200
张三	食品	150
王五	音乐	300
李四	书籍	250
张三	音乐	120
李四	食品	180

表 8-4　最终生成的透视表

sales_person	音乐	食品	书籍
张三	120	250	0
李四	0	180	450
王五	300	0	0

示例实现过程如下。

1. 创建数据集

创建数据集，代码如下。

```
sales_data <- data.frame(
  sales_person = c("张三", "李四", "张三", "王五", "李四", "张三", "李四"),
  product_type = c("食品", "书籍", "食品", "音乐", "书籍", "音乐", "食品"),
  sales_amount = c(100, 200, 150, 300, 250, 120, 180)
)
```

这段代码创建了一个名为 sales_data 的数据框，包含以下信息。

- sales_person：销售员的名字（张三、李四、王五等）。
- product_type：产品的类型（食品、书籍、音乐等）。
- sales_amount：销售金额。

2. 数据汇总：按销售员和产品类型分组计算

数据汇总：按销售员和产品类型分组计算，代码如下。

```
# 2. 数据汇总:按销售员和产品类型分组计算
summary_data <- sales_data %>%
  group_by(sales_person, product_type) %>%
  summarize(total_sales = sum(sales_amount))

# 查看结果
print(summary_data)
```

这段代码使用 group_by(sales_person，product_type)将数据按销售员（sales_person）和产品类型（product_type）进行分组，然后使用 summarize()函数计算每个分组的销售额总和,存储在 total_sales 列中。

结果 summary_data 数据框如下所示。

```
A tibble: 5 × 3
  sales_person product_type total_sales
  <chr>        <chr>        <dbl>
1 张三         音乐         120
2 张三         食品         250
3 李四         书籍         450
4 李四         食品         180
5 王五         音乐         300
```

3. 使用 pivot_wider() 转换为透视表格式

代码如下。

```
pivot_table <- summary_data %>%
  pivot_wider(
    names_from = product_type,        # 以产品类型作为列
    values_from = total_sales,        # 以销售额作为值
    values_fill = 0                   # 缺失值填充为 0
  )

# 查看结果
print(pivot_table)
```

这段代码使用 pivot_wider() 函数将 summary_data 数据框转换为透视表(宽格式)。具体来说,product_type 列的不同值会转化为新列名(如"食品""书籍""音乐"),而 total_sales 列的值将填充到对应的单元格中。参数 names_from＝product_type 指定将 product_type 的值用作新列名;values_from＝total_sales 表示从 total_sales 列中提取数值来填充透视表;values_fill＝0 确保如果某个销售员没有销售某个产品类型时,该单元格会填充为 0。

运行上述代码,输出结果如下。

```
# A tibble: 3 × 4
  sales_person  音乐   食品   书籍
  <chr>         <dbl> <dbl> <dbl>
1 张三          120   250   0
2 李四          0     180   450
3 王五          300   0     0
```

8.5 本章练习

1. 问答题

(1) 描述均值和中位数的区别。什么情况下应该选择使用中位数而非均值?

(2) 解释标准差和方差的计算方法,并讨论它们在分析数据分布时的作用和差异。

(3) 四分位数在描述数据分布时的作用是什么? 如何通过四分位数判断数据是否存在异常值?

（4）什么是数据分组与汇总？请举例说明如何使用 R 语言对数据进行分组与汇总操作。

2. 选择题

（1）在 R 语言中，哪个函数用于计算数据的均值？（　　　）

  A. mean()   B. median()   C. sd()   D. summary()

（2）在 R 语言中，哪个函数用于计算数据集的标准差？（　　　）

  A. var()   B. sd()   C. range()   D. mad()

（3）描述数据的离散程度时，哪一项指标表示数据的集中趋势？（　　　）

  A. 极差   B. 方差   C. 均值   D. 标准差

（4）下列哪种方法常用于衡量数据的离散程度？（　　　）

  A. 中位数   B. 均值   C. 标准差   D. 众数

3. 编程题

编写一个 R 语言脚本，计算并可视化 mtcars 数据集中 mpg（每加仑英里数）列的均值、中位数和众数。

- 使用 R 语言的基础函数计算 mpg 列的均值、中位数和众数。
- 使用直方图和箱线图可视化 mpg 的分布情况，并标出均值和中位数。

第 9 章

相关性分析

相关性分析是一种统计方法,用于衡量两个或多个变量之间的关系强度及方向。它在探索数据关系、预测建模和数据简化中具有重要作用。本章将详细介绍相关性分析的基础概念、方法、应用场景以及实现方法。

9.1 相关性分析介绍

相关性分析是通过数学方法衡量变量之间的关系,它衡量两个或多个变量之间相互关系的强度和方向。

相关关系的分类如下。

(1)正相关:变量之间呈同向变化关系。例如,气温升高与冰激凌销量增加。

(2)负相关:变量之间呈反向变化关系。例如,距离增加与信号强度减弱。

(3)无相关:变量间无明显规律。例如,鞋码与考试成绩。

相关性值范围:介于 -1 和 1。

(1)0 表示无相关性。

(2)1 表示完全正相关:一个变量增加时,另一个变量也同步增加。

(3)-1 表示完全负相关:一个变量增加时,另一个变量相应减少。

常见的相关系数如下。

(1)皮尔逊相关系数。

(2)斯皮尔曼相关系数。

9.2 皮尔逊相关系数

皮尔逊相关系数是用来衡量两个变量之间线性关系的统计量。

9.2.1 计算皮尔逊相关系数

在 R 语言中,可以使用 cor()函数计算皮尔逊相关系数,衡量两个变量之间的线性关系。代码如下。

```
# 示例数据
x <- c(1, 2, 3, 4, 5)
y <- c(5, 4, 3, 2, 1)

# 计算皮尔逊相关系数
correlation <- cor(x, y, method = "pearson")
# 输出结果
cat("皮尔逊相关系数:", pearson_correlation, "\n")
```

这里，x 和 y 是两个变量，method="pearson"指定使用皮尔逊相关系数。cor()函数默认使用 pearson()方法，因此即使 method="pearson"参数省略，也是计算皮尔逊相关系数。

示例输出结果如下。

皮尔逊相关系数：-1

皮尔逊相关系数为-1 表示两个变量 x 和 y 之间存在完全负相关关系，具体而言，当 x 增加时，y 以完全线性的方式减少。在此例中，y 是 x 的反向映射（即 y=6-x），因此相关性是-1。

9.2.2 示例 25：计算小鸡生长天数与体重的皮尔逊相关系数

本示例借助计算 R 语言内置数据集 ChickWeight 中的生长天数（Time）和体重（weight）之间的皮尔逊相关系数，展示了评估这两个变量线性关系的方法。通过计算该相关系数，能得知随着生长天数的增加，体重呈现出何种正相关或负相关趋势。

代码如下。

```
# 加载数据集
data("ChickWeight")

# 提取生长天数(Time)和体重(weight)变量
days <- ChickWeight $ Time
weight <- ChickWeight $ weight

# 计算皮尔逊相关系数
pearson_correlation <- cor(days, weight)

# 输出结果
cat("皮尔逊相关系数:", pearson_correlation, "\n")
```

示例输出结果如下。

皮尔逊相关系数：0.8371017

从输出结果可见，皮尔逊相关系数为 0.8371017，表明小鸡生长天数和体重之间存在很强的正相关性。这意味着，随着小鸡生长天数的增加，体重也会相应增加，而且这种关系是线性的。具体而言，在其他条件相对稳定的情况下，生长天数每增加一个单位，体重会按照与这个相关系数对应的线性比例增加。

9.3 斯皮尔曼相关系数

斯皮尔曼相关系数是一种衡量两个变量之间单调关系的非参数统计量,适用于非正态分布或顺序数据。它基于数据的排名计算相关性,因此更适合处理异常值或非线性关系。

💡**提示**　　在统计学中,单调关系是指当一个变量增加时,另一个变量始终保持增加或减少的趋势,但它们之间不一定是严格的线性关系。斯皮尔曼相关系数用来衡量这种趋势,它被称为非参数统计量,因为它基于排名来计算相关性,而不依赖数据的分布形态。这意味着,斯皮尔曼相关系数更适合分析非线性或有异常值的数据集。

9.3.1　计算斯皮尔曼相关系数

R语言中计算斯皮尔曼相关系数也使用 cor() 函数,通过指定 method = "spearman" 参数来实现。

如果有两个向量 x 和 y,斯皮尔曼相关系数在 R 语言中的计算示例如下。

```
#示例数据
x<-c(10,15,20,25,30)
y<-c(30,20,25,15,10)

#计算斯皮尔曼相关系数
correlation_spearman<-cor(x,y,method="spearman")

#输出结果
cat("斯皮尔曼相关系数为:",correlation_spearman,"\n")
```

示例输出结果如下。

斯皮尔曼相关系数为:-0.9

计算结果为-0.9,说明变量 x 和 y 之间存在很强的负相关关系,但不完全负相关。这表明,当 x 增加时,y 大体上单调递减,但存在一些偏差。

9.3.2　示例26:计算小鸡生长天数与体重的斯皮尔曼 相关系数

本示例计算 R 语言内置数据集 ChickWeight 中小鸡的生长天数与体重之间的斯皮尔曼相关系数。斯皮尔曼相关系数是一种非参数统计方法,用于衡量两个变量之间的单调关系,不要求数据呈现线性关系。通过计算斯皮尔曼相关系数,可以评估小鸡在不同生长阶段,体重与生长天数之间是否存在一致的单调增加或减少趋势。

实现代码如下。

```
# 加载 ChickWeight 数据集
data("ChickWeight")

# 提取生长天数和体重数据
growth_days <- ChickWeight $ Time
chick_weight <- ChickWeight $ weight

# 计算斯皮尔曼相关系数
spearman_corr <- cor(growth_days, chick_weight, method = "spearman")

# 输出结果
print(spearman_corr)
```

示例输出结果如下。

斯皮尔曼相关系数为:0.902218

示例输出结果(斯皮尔曼相关系数为 0.902218),表明生长天数与体重之间存在强正向单调关系。具体分析如下。

(1)相关系数接近 1:斯皮尔曼相关系数接近 1,说明这两个变量之间有很强的单调递增关系,即随着生长天数的增加,小鸡的体重也有显著增加的趋势,且这种关系是单调的(不一定是线性,但始终是增加的)。

(2)单调性:斯皮尔曼相关系数不依赖数据的线性关系,它仅反映两个变量之间的单调关系。在本例中,虽然可能存在一定的波动,但总体趋势是生长天数越长,小鸡的体重越大。

(3)统计意义:该值表明变量之间的单调关系非常强,因此可以推断,在大多数情况下,生长天数较长的小鸡体重大多较大。

9.4 相关性分析数据可视化

可视化相关性分析的结果有助于更直观地理解变量之间的关系和相关性强度。以下是几种常见的相关性可视化方法及其实现方式。

9.4.1 散点图与相关性分析

散点图是一种常用的可视化工具,用于显示两个变量之间的关系。进行相关性分析时,散点图能直观地展示变量间的线性关系、非线性关系或无关系。

示例代码如下。

```
library(ggplot2)

# 示例数据
data <- data.frame(
```

```
  x = rnorm(100),          # 随机生成100个正态分布数据,以其作为自变量x
  y = 0.7 * rnorm(100) + rnorm(100)        # 根据x生成带有噪声的因变量y
)

# 计算皮尔逊相关系数
correlation <- cor(data $ x, data $ y)        # 计算x和y之间的皮尔逊相关系数

# 绘制散点图并添加回归线
ggplot(data, aes(x = x, y = y)) +
  geom_point(color = "blue", size = 2) +        # 添加散点,颜色为蓝色,大小为2
  geom_smooth(method = "lm", color = "red", se = FALSE) +
# 添加线性回归线,颜色为红色,无置信区间
  labs(title = "散点图与皮尔逊相关分析",        # 添加图表标题 +
      x = "自变量 (X)", y = "因变量 (Y)") +        # 设置坐标轴标签
  theme_minimal()          # 使用简约主题
```

示例输出结果如下,同时生成如图 9-1 所示的散点图。

皮尔逊相关系数: 0.04764558

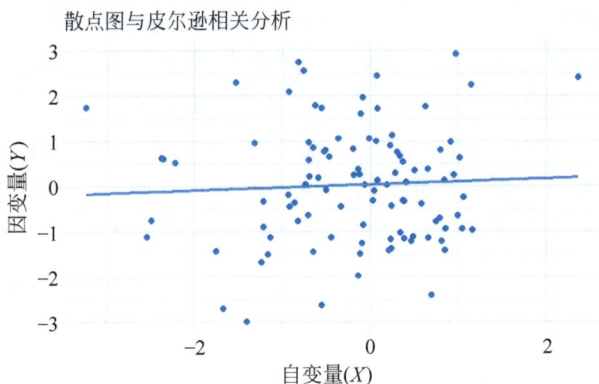

图 9-1　散点图与皮尔逊相关分析散点图

上述示例输出的皮尔逊相关系数为 0.04764558,这一值非常接近 0,表明两个变量之间的线性相关性较弱。结合散点图分析,可以观察到以下特点。

(1) 蓝色散点较为分散,没有表现出明显的线性趋势。虽然散点有一定程度的聚集,但未形成从左下角到右上角(正相关)或从左上角到右下角(负相关)的明显走向。

(2) 图中的红色线性回归线近似水平,这表明随着自变量(X 轴)的变化,因变量(Y 轴)没有显著的上升或下降趋势。回归线的斜率接近 0,与皮尔逊相关系数接近 0 的结果一致,进一步说明了两个变量间几乎不存在线性相关关系。

结论如下。

综合皮尔逊相关系数和散点图及回归线的表现,可以得出结论:自变量(X)与因变量(Y)之间的线性相关性非常弱。散点图中的数据点随机分布,且回归线接近平坦,验证了相关系数反映的变量间微弱的线性关系。

彩图 9-1

9.4.2 热力图与相关性分析

热力图是可视化工具中的一种,用于展示多个变量间的相关性关系。它通过颜色深浅的变化,直观地表现变量之间的相关程度,使得复杂的数据结构一目了然。

示例代码如下。

```
# 加载必要的 R 包
library(ggplot2)

# 示例数据:学生学习和考试成绩数据
data <- data.frame(
    学习时间 = c(4.5, 6.0, 5.2, 3.8, 4.9, 5.5, 6.3, 5.0, 4.7, 5.1),   # 学生每天学习时间(小时)
    睡眠时间 = c(7.2, 6.8, 7.5, 7.0, 6.9, 7.1, 7.4, 7.3, 6.5, 7.0),   # 学生每天睡眠时间(小时)
    体育活动 = c(1.6, 1.2, 1.7, 1.5, 1.3, 1.9, 2.0, 1.4, 1.8, 1.7),   # 每天体育活动时间(小时)
    考试分数 = c(82, 75, 90, 68, 78, 85, 92, 80, 77, 83)   # 考试分数(范围为 50~100)
)


# 计算相关性矩阵
cor_matrix <- cor(data)                                                        ①

# 将相关性矩阵转换为长格式数据
cor_matrix_long <- data.frame(                                                 ②
    Var1 = rep(rownames(cor_matrix), times = ncol(cor_matrix)),
    Var2 = rep(colnames(cor_matrix), each = nrow(cor_matrix)),
    value = as.vector(cor_matrix)
)


# 绘制热力图
ggplot(cor_matrix_long, aes(Var1, Var2, fill = value)) +          # 使用长格式数据     ③
    geom_tile(color = "white") +                                  # 设置单元格边框颜色
    scale_fill_gradient(low = "blue", high = "red") +             # 设置颜色梯度       ④
    theme_minimal() +
    theme(axis.text.x = element_text(angle = 45, hjust = 1))      # X 轴标签旋转       ⑤
```

代码解释如下。

代码第①行使用 cor()函数计算数据框 data 中所有变量之间的相关性矩阵。结果是一个矩阵,其中每个元素表示数据框中两列之间的相关系数,如图 9-2 所示的相关性矩阵 cor_matrix。

	学习时间	睡眠时间	体育活动	考试分数
学习时间	1.0000000	0.2375848	0.2250878	0.6269703
睡眠时间	0.2375848	1.0000000	0.2620150	0.6659775
体育活动	0.2250878	0.2620150	1.0000000	0.6434980
考试分数	0.6269703	0.6659775	0.6434980	1.0000000

图 9-2 相关性矩阵 cor_matrix

	Var1	Var2	value
1	学习时间	学习时间	1.0000000
2	睡眠时间	学习时间	0.2375848
3	体育活动	学习时间	0.2250878
4	考试分数	学习时间	0.6269703
5	学习时间	睡眠时间	0.2375848
6	睡眠时间	睡眠时间	1.0000000
7	体育活动	睡眠时间	0.2620150
8	考试分数	睡眠时间	0.6659775
9	学习时间	体育活动	0.2250878
10	睡眠时间	体育活动	0.2620150
11	体育活动	体育活动	1.0000000
12	考试分数	体育活动	0.6434980
13	学习时间	考试分数	0.6269703
14	睡眠时间	考试分数	0.6659775
15	体育活动	考试分数	0.6434980
16	考试分数	考试分数	1.0000000

图 9-3　cor_matrix_long 变量内容

代码第②行将相关性矩阵 cor_matrix 转换为长格式的数据框,便于后续分析和可视化,其中各变量说明如下。

(1) Var1:对应矩阵的行名,重复 ncol(cor_matrix)次。

(2) Var2:对应矩阵的列名,按 nrow(cor_matrix)次重复每个列名。

(3) value:提取相关性矩阵中的值,以列优先的顺序展开成向量。

转换后返回的 cor_matrix_long 变量内容如图 9-3 所示。

代码第③行绘制热力图,其中 Var1 和 Var2 分别表示矩阵的行和列,决定热力图的坐标。

代码第④行设置颜色梯度的样式,其中参数 low="blue"表示相关性值较低(接近−1)的单元格用蓝色表示;high="red"表示相关性值较高(接近+1)的单元格用红色表示。

代码第⑤行将 X 轴标签旋转 45°,使长变量名不重叠,hjust=1 表示对齐方式(水平居右)。

运行上述代码,绘制的图形如图 9-4 所示。

彩图 9-4

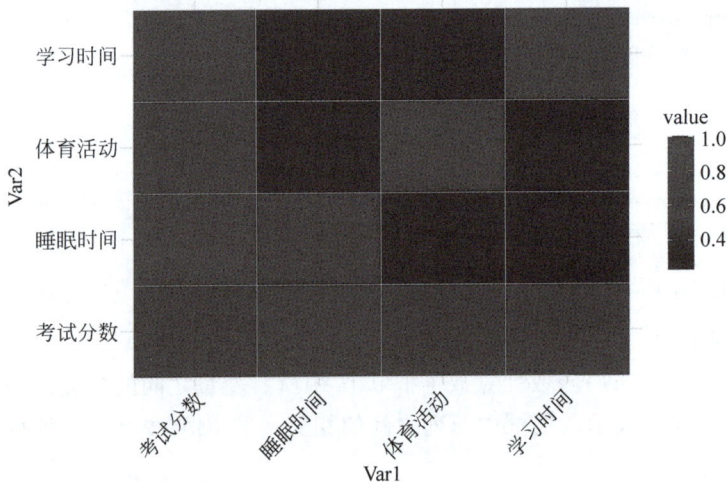

图 9-4　相关性矩阵热力图

9.5　本章练习

1. 问答题

(1) 什么是皮尔逊相关系数?它适用于什么类型的数据?

（2）与皮尔逊相关系数相比，斯皮尔曼相关系数的优势是什么？

（3）请说明如何使用 R 语言中的函数计算皮尔逊相关系数和斯皮尔曼相关系数，并给出一个具体的示例。

（4）请描述如何通过散点图和热力图等可视化方法展示变量之间的相关性，并讨论它们各自的优缺点。

2. 选择题

（1）在 R 语言中，计算皮尔逊相关系数使用哪个函数？（　　）

  A. cor( )   B. pearson( )   C. cor. test( )   D. cov( )

（2）皮尔逊相关系数的值范围是（　　）。

  A. $-1\sim1$ B. $0\sim1$ C. $-\infty\sim+\infty$ D. $-1\sim0$

（3）斯皮尔曼相关系数适用于哪种数据？（　　）

  A. 只能用于连续型数据   B. 只能用于离散型数据

  C. 适用于连续型和离散型数据 D. 只适用于正态分布数据

（4）在相关性分析中，散点图的主要用途是什么？（　　）

  A. 显示单个变量的频率分布 B. 展示两个变量之间的关系

  C. 计算相关系数的数值   D. 检测变量是否符合正态分布

3. 编程题

编写一个 R 语言脚本，计算 mtcars 数据集中 mpg（油耗）和 hp（马力）之间的皮尔逊相关系数，并绘制散点图：

- 计算并显示 mpg 和 hp 之间的皮尔逊相关系数。
- 绘制 mpg 和 hp 的散点图，并在图中标出相关系数的值。

## 第 10 章

统计模型与推断分析

在数据分析中,统计模型与推断分析是理解和预测数据背后规律的重要工具。无论是描述数据、估计未知参数,还是预测未来趋势,统计方法在各个领域中都发挥着关键作用。本章将介绍统计模型的基础知识,并深入探讨如何应用这些模型进行有效的数据分析和预测。

首先,本章将回顾概率分布和参数估计的基本概念,这些是构建统计模型的核心。接着,将讲解线性回归与逻辑回归,这些经典的回归分析方法在探索变量关系和进行预测时广泛应用。对于时间序列数据,特别是具有时间顺序的观测数据,时间序列分析提供了强有力的建模方法,如 AR、MA、ARMA 等模型,帮助分析和预测随时间变化的数据模式。

本章的目标是通过理论讲解与实际案例相结合,帮助读者掌握统计模型的应用,提供一个框架来分析和处理各类数据问题。

10.1 统计模型基础

统计模型是数据分析中的核心工具,能帮助理解数据的规律并进行预测与推断。本节将介绍统计模型的基础概念,重点讨论概率分布和参数估计。通过掌握这些基础知识,为构建和应用更复杂的统计模型奠定基础。

10.1.1 概率分布

概率分布是描述随机变量取不同值的概率情况的数学模型。它为理解和预测随机现象提供了基础框架。通过概率分布,可以量化不确定性,并根据数据推断其背后的规律。

常见的概率分布类型有以下几种。

(1)正态分布:这是最常见且应用广泛的一种概率分布,其概率密度函数呈现出中间高、两边低且左右对称的钟形曲线形态,如图 10-1 所示。众多自然现象以及实际数据,在大量重复试验或观测的情况下,往往会近似服从正态分布。例如,人群的身高、考试成绩等,通常都大致符合正态分布的规律,其均值决定了曲线的中心位置,标准差则影响曲线的"胖瘦"程度,即数据的离散程度。

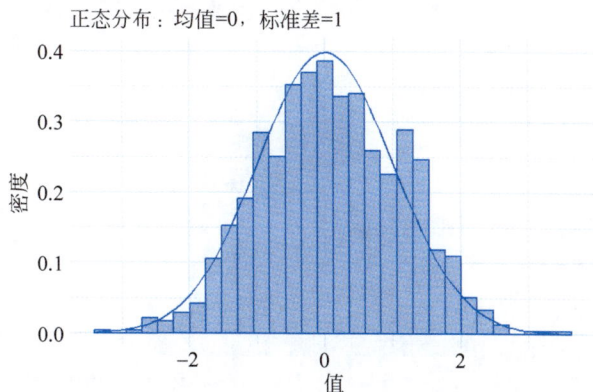

正态分布：均值=0，标准差=1

图 10-1 正态分布图

（2）泊松分布：常用于刻画在一定时间或空间内稀有事件发生的次数。比如，在某一时间段，客服中心接到的咨询电话次数、某医院急诊室夜间前来就诊的病人数量等这类在固定时间或空间，事件发生相对稀少且随机的情况，就可以用泊松分布进行描述。它主要由一个参数（通常用 λ 表示）决定分布的形态，如图 10-2 所示，该参数代表了单位时间或空间内事件发生的平均次数。

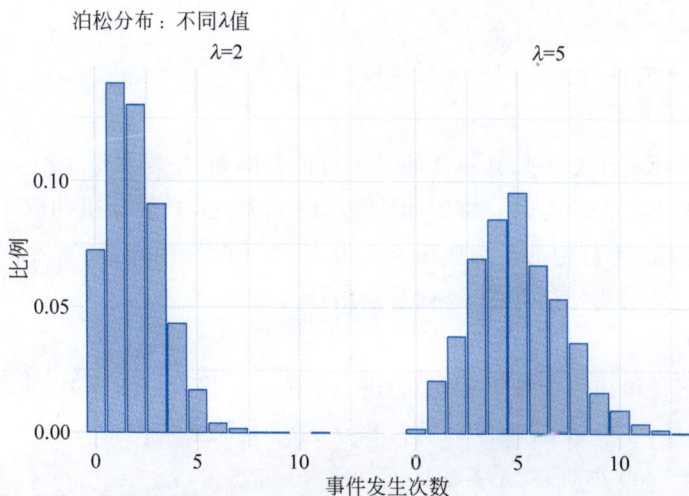

泊松分布：不同λ值

图 10-2 泊松分布图

（3）二项分布：适用于进行 n 次独立重复试验，每次试验只有两种可能结果（如成功或失败，可分别用 1 和 0 表示）的情况，重点关注在这 n 次试验中成功次数的概率分布。例如，抛硬币 n 次，正面朝上（视为成功）的次数所服从的分布就是二项分布，其分布形态由试验次数 n 以及每次试验成功的概率 p 共同决定。如图 10-3 所示，该二项分布的试验次数（n）为 10，成功概率（p）为 0.5。

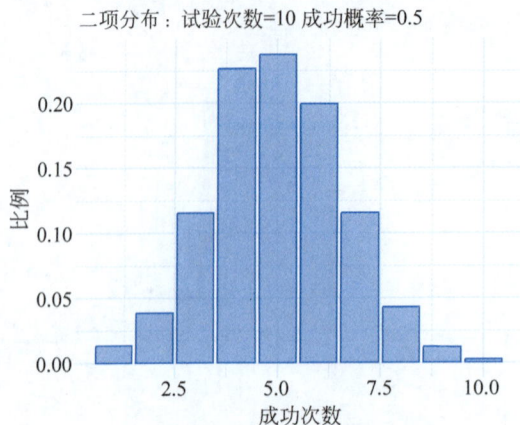

图 10-3　二项分布图

10.1.2　参数估计

参数估计是统计学中的一个重要过程,旨在通过样本数据推测或估计总体的特征。这里,"参数"指的是描述整个总体的某些固定数值,通常是总体的某个特征,如总体的平均值、总体的方差、总体的比例等。例如,研究某个国家的平均身高时,无法测量所有人的身高,那么总体的"平均身高"就是要估计的参数。

统计学中,通常有两种方法用于参数估计。

1. 点估计

点估计类似于用一个数字估算总体的某个特征。例如,一家工厂生产了许多灯泡,目标是了解这些灯泡的平均使用寿命。由于无法测试所有灯泡,只能随机抽取 100 个灯泡进行测试,结果得出这 100 个灯泡的平均使用寿命为 1500 小时。因此,1500 小时这个数字可以用来估算所有灯泡的平均使用寿命,这就是点估计。

2. 区间估计

区间估计则不仅给出一个数字,而是提供一个范围。仍以灯泡为例,除给出平均使用寿命约为 1500 小时外,还可以说有 90% 的把握认为灯泡的平均寿命在 1400 至 1600 小时。这个范围(1400 至 1600 小时)就是置信区间。

10.2　线性回归与逻辑回归分析

在统计建模中,回归分析是用来研究自变量与因变量之间关系的一种重要方法。根据因变量的类型和数据的特点,回归分析可以分为不同的类型,其中最常见的是线性回归和逻辑回归。这两种回归方法广泛应用于各个领域,帮助研究人员和分析师做出数据驱动的决策。

10.2.1　线性回归分析

线性回归用于研究自变量与因变量之间的线性关系。其目标是通过分析数据找出一个最适合的线性方程,用来预测因变量的值。

举个例子,如果想研究房价与城市收入的关系,可以使用线性回归建立一个模型,通过收入预测房价。

在这个模型中,自变量(如城市收入)对因变量(如房价)有直接的影响。通过分析历史数据,模型可以找到一个最合适的线性关系(例如,每增加 1000 元收入,房价增加 10 万元),并用这个关系预测未来的房价。

在 R 语言中,进行线性回归分析的过程通常包含以下几个步骤。下面是一个"广告投入与销售额预测"的例子,展示了如何在 R 语言中执行线性回归分析过程。

示例背景:

某公司记录了广告费用(单位:万元)与对应销售额(单位:万元)的数据,如表 10-1 所示,希望通过线性回归模型分析广告费用对销售额的影响,并预测广告费用为 20 万元时的销售额。

表 10-1　广告投入与销售额预测

广告费用(万元)	销售额(万元)
5	50
10	60
15	65
20	75
25	80
30	90

1. 准备数据

首先,创建示例数据。

```
# 1. 准备数据
data <- data.frame(
  ad_spending = c(5, 10, 15, 20, 25, 30),    # 广告费用
  sales = c(50, 60, 65, 75, 80, 90)          # 销售额
)
```

2. 建立线性回归模型

使用 lm() 函数创建线性回归模型,语法为 lm(y~x),其中 y 是因变量,x 是自变量。

💡**提示**　　在 lm(y ~ x) 中,波浪线(~)表示"由……解释"或"与……之间的关系",用于连接因变量(左侧,结果)和自变量(右侧,原因),明确两者的关联。

示例代码如下。

```
model <- lm(sales ~ ad_spending, data = data)

# 查看模型结果
print(model)
```

代码输出结果如下。

```
Call:
lm(formula = sales ~ ad_spending, data = data)      ①
Coefficients:                                       ②
(Intercept) ad_spending
     43.000      1.543
```

输出结果解释如下。

输出结果第①行：说明调用线性回归模型的公式 lm(formula＝sales ～ ad_spending, data＝data)，其中参数说明如下。

- lm 表示使用的是线性回归模型(Linear Model)。
- sales 是因变量(目标变量)，表示要预测或分析的值。
- ad_spending 是自变量(解释变量)，表示可能影响因变量的因素。
- 波浪线(～)用于表示因变量和自变量之间的关系。
- data＝data 表示模型使用的数据框名为 data。

输出结果第②行：说明系数(Coefficients)，具体说明如下。

- 截距(Intercept＝43.000)：说明当 ad_spending＝0 时，预测的 sales 为 43.000，这是模型的基线值。
- 广告支出系数(ad_spending＝1.543)：说明每增加 1 单位的广告支出，销售额预计增加 1.543 单位，这个系数描述了广告支出对销售额的线性影响强度。

这个输出显示了线性回归模型的核心信息，用于描述广告支出(ad_spending)对销售额(sales)的线性关系。通过这些系数，可以进行预测和分析。

3. 进行预测

根据已训练的模型对新数据进行预测，可以使用 predict()函数，该函数适用于完成回归、分类等任务，根据给定的输入值生成相应的预测结果。

那么，预测广告费用为 20 万元时的销售额，代码如下。

```
# 新数据
new_data <- data.frame(ad_spending = 20)

# 使用模型预测
predicted_sales <- predict(model, new_data)

# 输出预测结果
print(predicted_sales)
```

代码运行输出结果为

```
       1
73.85714
```

这表明投入 20 万广告费，模型预计销售额接近 73.86 万元。

4. 线性回归结果可视化

为了可视化线性回归的结果，可以使用 ggplot2 包绘制数据的散点图和回归线。这样不仅能直观展示原始数据和回归模型的关系，还能显示模型拟合的效果，代码如下。

```
# 预测销售额
data $ predicted_sales <- predict(model)                                    ①

# 加载 ggplot2 包
library(ggplot2)

# 绘制包含预测值的图
ggplot(data, aes(x = ad_spending, y = sales)) +
  geom_point() +                                                            ②
  geom_line(aes(x = ad_spending, y = predicted_sales), color = "#00B0F0") + ③
  labs(title = "销售额与广告费用的关系(含预测值)", x = "广告费用（万元)", y = "销售额
(万元)")
```

代码解释如下。

代码第①行使用之前拟合的线性回归模型 model 预测每个观测值的销售额（sales），并将预测结果存储到数据框 data 中的一个新列 predicted_sales。

代码第②行使用 geom_point() 绘制散点图，展示广告费用和实际销售额之间的关系。

代码第③行通过 geom_line() 绘制回归线，展示基于回归模型预测的销售额与广告费用的关系。

运行上述代码，会输出如图 10-4 所示的线性回归散点图。

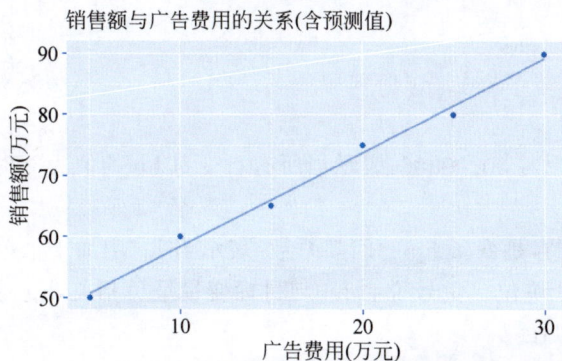

图 10-4　线性回归散点图

10.2.2　示例 27：线性回归分析预测功率与油耗的关系

在本示例中，将使用 R 语言内置数据集 mtcars 进行线性回归分析，探索功率（马力，hp）与油耗（mpg）之间的关系。通过回归分析，可以建立一个数学模型，利用马力预测油耗，并通过数据可视化直观展示这种关系。

以下是具体步骤。

1. 加载数据并查看数据集

```
data(mtcars)
# 查看 mtcars 数据集
```

```
head(mtcars)
```

输出结果如下。

```
                   mpg cyl disp  hp drat    wt  qsec vs am gear carb
Mazda RX4         21.0   6  160 110 3.90 2.620 16.46  0  1    4    4
Mazda RX4 Wag     21.0   6  160 110 3.90 2.875 17.02  0  1    4    4
Datsun 710        22.8   4  108  93 3.85 2.320 18.61  1  1    4    1
Hornet 4 Drive    21.4   6  258 110 3.08 3.215 19.44  1  0    3    1
Hornet Sportabout 18.7   8  360 175 3.15 3.440 17.02  0  0    3    2
Valiant           18.1   6  225 105 2.76 3.460 20.22  1  0    3    1
```

2. 拟合线性回归模型

通过回归分析，可以预测 mpg 与 hp 之间的关系。

```
# 查看模型
# 使用马力(hp)预测油耗(mpg)
model <- lm(mpg ~ hp, data = mtcars)
# 查看模型
print(model)
```

输出结果如下。

```
Call:
lm(formula = mpg ~ hp, data = mtcars)

Coefficients:
(Intercept)           hp
   30.09886     - 0.06823
```

分析输出结果如下。

（1）Intercept（截距）：30.09886，表示当所有自变量 hp 的值为 0 时，预测目标变量的值为 30.09886。

（2）hp：－0.06823，是变量 hp 的回归系数，表示当 hp 增加 1 个单位时，目标变量油耗会平均减少 0.06823 个单位。负号说明 hp 与目标变量呈负相关，hp 越大，目标变量越小。

3. 绘制数据和回归线

通过 ggplot2 绘制散点图和回归线，有助于可视化预测的效果。

```
ggplot(mtcars, aes(x = hp, y = mpg)) +
  geom_point() +              # 散点图
  geom_line(aes(x = hp, y = predicted_mpg), color = "#00B0F0") +     # 回归线
  labs(title = "马力与油耗的关系", x = "马力 (hp)", y = "油耗 (mpg)")
```

运行上述代码，输出结果如图 10-5 所示。

4. 预测新的数据点

假设有一辆新汽车，它的马力是 120，现在想预测它的油耗。

```
# 假设新数据：马力为 120
new_data <- data.frame(hp = 120)
```

马力与油耗的关系

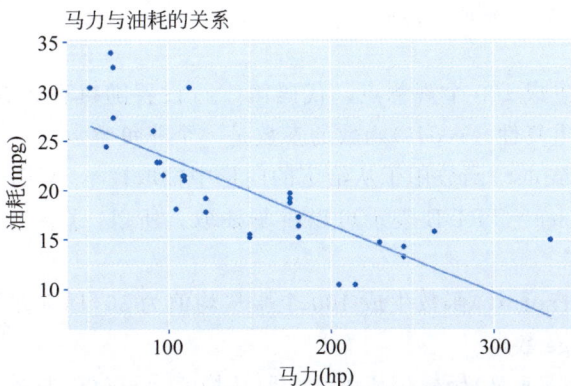

图 10-5　马力与油耗的关系线性回归散点图

```
# 使用模型进行预测
predicted_mpg <- predict(model, new_data)
print(predicted_mpg)
```

输出结果如下。

```
       1
21.91147
```

这意味着，马力为 120 的汽车的预测油耗是 21.91147mpg。

10.2.3　逻辑回归分析

逻辑回归主要用在要预测的结果是分类情况的时候，像预测一个人会不会喜欢上某部电影（喜欢是一类，不喜欢是另一类），或者预测一个客户会不会购买某个理财产品（买是一类，不买是另一类）等。

它不像线性回归那样预测一个具体的数值，而是预测某个分类结果出现的可能性大小。它会把各种影响因素（自变量）按照一定的规则整合起来，然后转换成一个概率值，表示这个分类结果发生的概率。比如，综合考虑一个客户的年龄、收入、过往投资经历这些因素后，算出他购买理财产品的概率。

下面是一个例子，展示了如何在 R 语言中执行逻辑回归分析过程。

假设数据集包含 purchase（是否购买）、age（年龄）和 income（收入），其中 purchase 作为因变量，age 和 income 作为自变量。

1. 生成示例数据

首先，生成一个包含 purchase、age 和 income 的数据集。

```
# 生成示例数据
set.seed(123)                                                    ①
data <- data.frame(
  purchase = as.factor(sample(c(0, 1), 100, replace = TRUE)),    # 是否购买 ②
  age = rnorm(100, 30, 5),                                       # 年龄    ③
```

```
    income = rnorm(100, 50000, 10000)                          # 收入        ④
)
```

通过上述代码可生成 100 个观测点。代码第①行设置随机种子为 123，以确保后续生成的随机数据具有可重复性。seed()函数的参数是一个非负整数。

代码第②行的 sample()函数用于从给定的向量中抽取样本，本例中是从向量 c(0,1)中抽取 100 个样本，replace＝TRUE 表示可以重复抽取。所以，这会生成一个包含 100 个 0 或 1 的随机向量。

代码第③行通过 rnorm()函数生成 100 个服从均值为 30，标准差为 5 的正态分布随机数，这些随机数作为 age 数据。

代码第④行通过 rnorm()函数生成 100 个服从均值为 50000，标准差为 10000 的正态分布随机数，这些随机数作为 income 数据。

2. 进行逻辑回归分析

使用 glm()函数进行逻辑回归分析，目标是预测 purchase 与 age、income 之间的关系。

```
# 进行逻辑回归分析，预测购买与年龄、收入之间的关系
model_logistic <- glm(purchase ~ age + income, data = data, family = binomial)
```

代码中，glm()是广义线性模型[①]的核心函数，用于拟合广义线性模型（包括线性回归、逻辑回归、泊松回归等）。

参数说明如下。

purchase：因变量，预测目标。这是一个二分类变量（如购买为 1，不购买为 0）。

age 和 income：自变量，分别表示用户的年龄和收入，影响购买行为的可能性。

data＝data：数据源，数据框 data 包含 purchase、age 和 income 等变量。

family＝binomial：指定逻辑回归的分布族为二项分布（binomial）。

3. 查看回归模型的结果

回归模型对象包含了许多信息，但回归系数 coefficients 是最关键的部分，因为它们直接揭示了每个自变量对目标变量的影响。查看回归系数代码如下。

```
print(model $ coefficients)
```

输出结果如下。

```
(Intercept)              age              income
9.668036e-01    -3.767240e-03    -2.273711e-05
```

1）截距项（Intercept）

截距表示当所有自变量的值为零时，因变量的预测值。在线性回归中，截距通常表示

---

① 广义线性模型（Generalized Linear Model，GLM）是一种重要的统计模型，它是线性回归模型的扩展，在许多领域都有应用，如生物统计学、计量经济学、机器学习等。

"基准"预测值,但在逻辑回归中,它表示当所有自变量取值为零时,事件发生的"对数几率[①]"(Log-Odds)。

本例中截距为 0.9668(即 9.668e-01),表示当 age 和 income 为零时,购买发生的"对数几率"为 0.9668。

2)自变量系数(age 和 income)

自变量系数反映了该变量对因变量(是否购买)的影响程度。系数越大,说明该自变量对预测结果的影响越显著。

age 的系数为 -0.00376724(即 -3.767240e-03)。该系数为负,说明年龄的增加会略微降低购买发生的几率。具体来说,当 age 增加 1 单位时,购买的对数几率会减少 0.00376724。

income 的系数为 -0.00002273711(即 -2.273711e-05)。该系数也为负,说明收入的增加对购买几率的影响较小。具体来说,income 每增加 1 单位,购买的对数几率会减少 0.00002273711。

4. 预测新样本的购买概率

使用模型预测新样本的购买概率,给定 age=35 和 income=60000:

```
new_data <- data.frame(age = 35, income = 60000)
predicted_prob <- predict(model_logistic, new_data, type = "response")

# 输出预测的概率
print(predicted_prob)
```

上述代码中,调用 predict()函数使用已经训练好的逻辑回归模型 model_logistic 对 new_data 中的样本进行预测,new_data 传入函数中,表示想对该样本(年龄为 35 岁、收入为 60000)进行预测;type="response"参数指示 predict()函数返回的是模型预测的概率值。

运行上述代码,输出结果为

```
      1
0.3706856
```

这表示,对于一个年龄为 35 岁、收入为 60000 的新样本,模型预测其购买的概率为 37.069%。

5. 可视化逻辑回归结果

可视化逻辑回归结果通常通过绘制多种图形进行分析,本章推荐以预测概率与实际结果之间的关系图等方式进行,示例代码如下。

```
# 加载所需的包
library(ggplot2)
```

---

① 对数几率(Log-Odds)是逻辑回归模型中的一个核心概念。它是几率(Odds)的对数变换,用于将非线性关系转换为线性关系,以便使用线性模型进行分析。

```
# 计算预测概率
data $ predicted_prob <- predict(model_logistic, type = "response")

# 绘制预测概率与实际结果的关系
ggplot(data, aes(x = predicted_prob, color = purchase)) +
  geom_density() +
  labs(title = "逻辑回归预测概率与实际购买行为", x = "预测购买概率", y = "密度") +
  theme_minimal()
```

运行上述代码，可输出如图 10-6 所示的预测概率与实际结果之间的关系图。

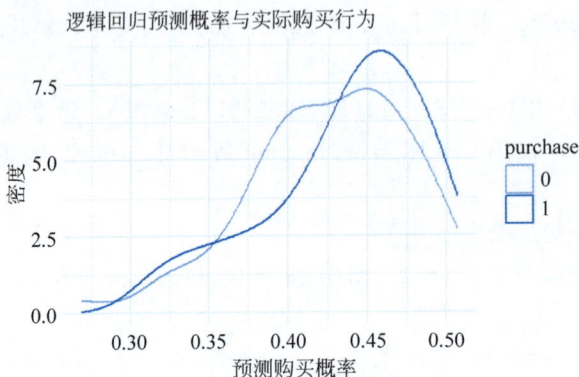

图 10-6　预测概率与实际结果之间的关系图

10.3　时间序列分析基础

时间序列分析是一种用于分析和预测时间依赖数据的方法，广泛应用于金融、经济、气象等领域。

时间序列数据是按时间顺序记录的数据，其主要特点包括以下几个。

（1）时间依赖性：数据点之间通常存在相关性，当前值可能受到过去值的影响。

（2）趋势性：数据可能表现出随时间升高或降低的趋势。

（3）季节性：数据可能表现出周期性波动，例如季度销售数据。

（4）随机性：时间序列中还包含一些无法预测的随机波动。

示例：每日股票收盘价、季度 GDP 增长率、年度气温变化等。

10.3.1　时间序列的分解

时间序列的分解是分析时间序列数据的重要方法，旨在将时间序列拆分成不同的构成成分，以便更清晰地理解数据特征及内在规律。

时间序列通常可以分解为以下几部分。

（1）趋势（Trend）：反映时间序列中长期的上升或下降趋势。例如，销售额随着时间的推移逐渐增长,或人口数量呈现缓慢下降趋势。

(2) 季节性(Seasonal):捕捉时间序列中周期性的变化模式。例如,某些商品在每年夏季的销量增加,或者电力需求在冬季增加。

(3) 残差(Residual):代表时间序列中无法解释的部分,通常由随机波动或噪声引起,这些波动可能是偶然事件或未被模型捕捉到的因素。

时间序列的分解有两种分解模型。

1) 加法模型

假设时间序列中的各组成部分是相加关系:Yt(观察值)＝Tt(趋势)＋St(季节性)＋Rt(残差)

举例说明如下。

- Tt:销售额每年增加 100 万元(线性上升)。
- St:每年夏季增加 20 万元,每年冬季减少 10 万元(固定季节波动)。
- Rt:其他不可预测的波动,如促销活动引发的突然增长。

在加法模型中,Yt 的结果是各组成部分(Tt、St 和 Rt)共同叠加的结果。

加法模型一般适用于各成分的波动幅度相对独立、不随时间序列水平值变化而有较大改变的情况,也就是各成分之间相互独立,对整体的影响是简单相加的关系。

2) 乘法模型

假设时间序列中的各组成部分是相乘关系:Yt(观察值)＝Tt(趋势)×St(季节性)×Rt(残差)

举例说明如下。

- Tt:销售额每年以 10% 的速度增长(指数上升)。
- St:每年夏季销量是全年平均值的 1.2 倍,冬季是 0.8 倍(比例型季节波动)。
- Rt:其他不可预测的波动,如经济衰退导致的意外下降。

乘法模型常用于各成分的波动幅度会随着时间序列整体水平值变化而变化的情形。例如,随着企业业务规模扩大,季节性销售波动的绝对值也会相应增大,此时乘法模型能更好地刻画各成分间的关系。

R 语言中内置的 decompose() 函数,可用来分解时间序列。decompose() 适用于加法模型和乘法模型。

示例代码如下。

```
# 加载必要的包
library(ggplot2)                    # 用于数据可视化
library(tidyr)                      # 用于数据整理

# 创建时间序列数据
set.seed(123)                       # 设置随机种子,确保结果可复现
ts_data <- ts(rnorm(100, mean = 10, sd = 3),    # 生成 100 个随机数,并将其作为时间序列数据    ①
            frequency = 12,         # 每年 12 个数据点(每月数据)
```

```
                    start = c(2020, 1))        # 时间序列从 2020 年 1 月开始

    # 分解时间序列
    decomposed <- decompose(ts_data)           # 使用 decompose()函数对时间序列进行分解    ②

    # 转换分解结果为数据框
    decomposed_df <- data.frame(
      time = time(ts_data),                     # 提取时间序列的时间信息
      observed = as.numeric(decomposed $ x),    # 原始观察值
      trend = as.numeric(decomposed $ trend),   # 趋势成分
      seasonal = as.numeric(decomposed $ seasonal),  # 季节成分
      random = as.numeric(decomposed $ random)  # 随机成分
    )

    # 将数据框转换为长格式
    decomposed_long <- pivot_longer(                                               ③
      decomposed_df,                            # 输入数据框
      cols = c("observed", "trend", "seasonal", "random"),  # 要转换的列
      names_to = "component",                   # 将列名放入新的 component 列
      values_to = "value"                       # 将列值放入新的 value 列
    )

    # 绘制分解结果
    ggplot(decomposed_long, aes(x = time, y = value, color = component)) +
      geom_line() +                             # 绘制折线图
      facet_wrap(~ component, scales = "free_y", ncol = 1) +                       ④
      labs(title = "时间序列分解折线图", x = "时间", y = "值") +
      theme_minimal() +                         # 使用简洁的主题
      theme(legend.position = "none")           # 不显示图例
```

代码解释如下。

代码第①行,ts()是 R 语言中的函数,用于将数据转换为时间序列并指定时间属性,如起始时间和频率。

代码第②行,decompose()函数是加法模型,如果希望使用乘法模型,可以通过设置 type="multiplicative"来实现。decompose()函数将时间序列分解成 3 部分:trend(趋势)、seasonal(季节性)和 random(随机波动)。

代码第③行使用 pivot_longer()函数将数据框从宽格式转换为长格式。在长格式中,每一行代表某个时间点的特定成分值。具体而言,参数 cols=c("observed","trend","seasonal","random")指定了需要转换的列;names_to="component"将原来的列名(例如 observed,trend,seasonal,random)转换为新的 component 列中的值;而 values_to="value"则将每个成分的数值放入新的 value 列中。

代码第④行中的 facet_wrap()是 ggplot2 中一个非常有用的函数,用于根据某个分类变量将数据分成多个子图(面板)。它的作用是根据指定的变量把数据分组,并为每个组生

成一个独立的小图（子图），从而便于进行对比分析。

facet_wrap()函数中，参数说明如下。

（1）facet_wrap(~component)：按照 component 变量的不同取值，将数据分成多个子集，每个子集生成一个子图。

（2）scales="free_y"：允许每个子图的 y 轴自适应，避免不同成分的 y 轴范围固定，导致显示不清晰。

（3）ncol＝1：将子图按列排列，所有子图垂直排列。

运行上述代码，会输出如图 10-7 所示的时间序列分解折线图。

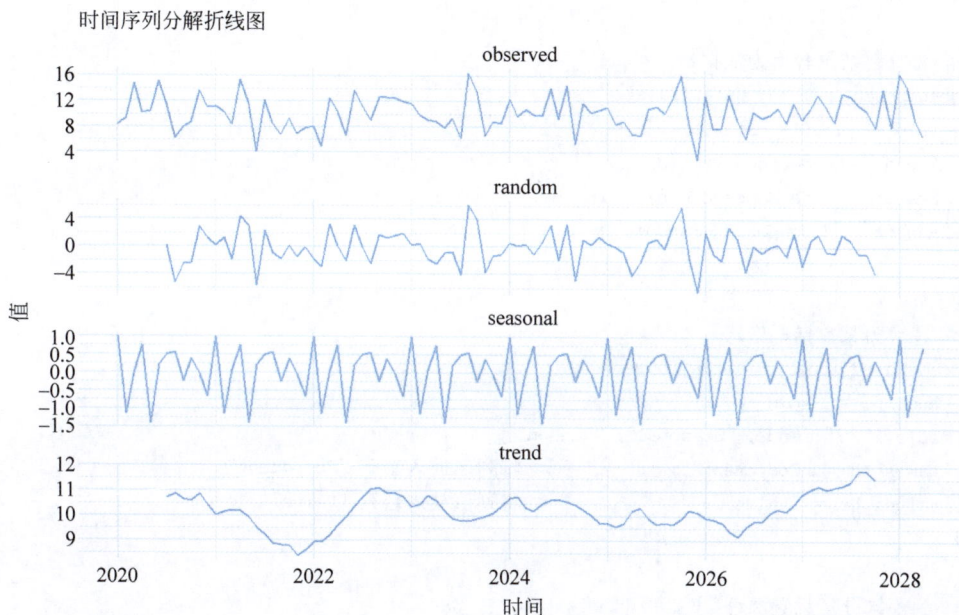

图 10-7 时间序列分解折线图

10.3.2 示例 28：AirPassengers 数据集的时间序列分解与可视化分析

在本示例中，将使用 AirPassengers 数据集进行时间序列分析。

首先，展示原始时序图，以观察乘客数量随时间的变化。接着，利用时间序列分解方法提取出趋势成分、季节性成分和随机波动成分，并通过可视化方式展示这些成分，从而更好地理解数据的各个组成部分。

该示例有助于深入了解时间序列分解的方法，以及如何通过数据分解揭示潜在的模式和变化趋势。

示例代码如下。

```
# 加载必要的包
library(ggplot2)
```

```r
library(tidyr)

# 加载 AirPassengers 数据集
data("AirPassengers")

# 创建时间序列对象
ts_data <- AirPassengers

# 分解时间序列
decomposed <- decompose(ts_data)

# 将分解结果转换为数据框
decomposed_data <- data.frame(
  Date = time(ts_data),
  Trend = decomposed $ trend,
  Seasonal = decomposed $ seasonal,
  Random = decomposed $ random
)

# 转换为长数据框格式
decomposed_long <- pivot_longer(
  decomposed_data,
  cols = c("Trend", "Seasonal", "Random"),
  names_to = "Component",          # 将列名放入新列 "Component"
  values_to = "Value"             # 将列值放入新列 "Value"
)

# 为不同分量设置颜色
color_map <- c("Trend" = "blue", "Seasonal" = "red", "Random" = "green")

# 绘制分解结果的子图
ggplot(decomposed_long, aes(x = Date, y = Value, color = Component)) +
  geom_line(size = 1) +
  facet_wrap(~ Component, scales = "free_y", ncol = 1) +    # 创建按 Component 划分的子图
  scale_color_manual(values = color_map) +                  # 设置颜色
  labs(
    title = "AirPassengers 数据集的时间序列分解",
    x = "时间",
    y = "值"
  ) +
  theme_minimal() +
  theme(legend.position = "none")
```

运行上述代码，会输出如图 10-8 所示的 AirPassengers 数据集的时间序列分解图。

AirPassengers数据集的时间序列分解

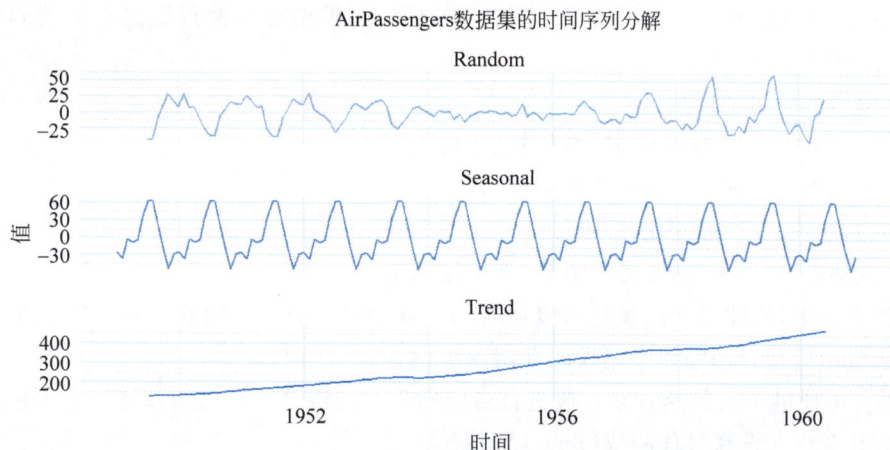

图 10-8　AirPassengers 数据集的时间序列分解图

10.4　时间序列建模

时间序列建模是分析和预测随时间变化的数据的重要工具。通过时间序列建模,可以捕捉数据的趋势、季节性变化以及随机波动,为预测和决策提供依据。常见的时间序列数据包括股票价格、销售额、气象数据以及经济指标等。

时间序列建模的常用模型如下。

(1) AR 模型(自回归模型)。

(2) MA 模型(移动平均模型)。

(3) ARMA 模型(自回归滑动平均模型)。

(4) ARIMA 模型(自回归积分滑动平均模型)。

4 种时间序列模型比较如表 10-2 所示。

表 10-2　4 种时间序列模型比较

模　　型	适用数据特性	优　　点
AR 模型	平稳数据,显著自相关	简单易用,短期预测效果较好
MA 模型	随机波动序列,无明显趋势	能捕捉随机噪声部分
ARMA 模型	平稳数据,存在趋势和随机波动	综合性强,适合平稳时间序列
ARIMA 模型	非平稳数据,趋势性或周期性明显	可处理非平稳序列,适用范围更广

10.4.1　自回归模型

自回归(Autoregressive,AR)模型是一种时间序列分析方法,它以自身的历史数据作为输入来预测未来值。其核心思想是“自己回归自己”,即将时间序列的过去值作为解释变量,通过回归分析预测未来的变化趋势。自回归模型中有一个重要参数——**阶数 p**,它表示预测当前值时参考的过去观测值的数量。例如,阶数 $p=1$ 表示模型只依赖前一期数据,而

$p=2$ 则表示模型依赖于前两期数据。随着 p 的增加,模型可以捕捉更复杂的时间序列结构,但也会增加模型的复杂度。

AR 模型的应用场景如下。

(1)经济和金融分析:预测股票价格、房价、汇率等。

(2)消费行为:分析和预测产品销售量。

(3)自然现象:气温变化、降雨量等连续型数据。

(4)网络性能监测:如服务器负载、带宽使用量。

在 R 语言中,构建自回归模型可以通过 ar() 函数或 arima() 函数实现。以下是关于如何在 R 语言中进行自回归模型建模的介绍及示例。

R 语言中提供了 ar() 函数来直接进行自回归模型的拟合。这个函数适用于平稳时间序列数据[①],并会自动选择最佳阶数(p)。

以下是一个使用 R 语言实现自回归模型的完整示例,数据来源于 R 语言内置的时间序列数据集 AirPassengers。

1. 安装并加载 forecast 包及加载数据集

```
# install.packages("forecast")          # 如果没有安装 forecast 包
library(forecast)
# 加载数据
data("AirPassengers")
```

forecast 包是一个非常强大的时间序列分析和预测工具包。它提供了各种常见的时间序列模型,如 ARIMA、ETS(指数平滑模型)、季节性分解等,同时还包括简单的预测工具。

2. 创建时间序列对象

```
# 将数据转换为时间序列对象
AirPassengers_ts <- ts(AirPassengers, start = c(1949, 1), frequency = 12)
```

这行代码使用 ts() 函数将 AirPassengers 数据集转换为一个时间序列对象(ts),并指定时间序列的起始时间和频率,其中参数 start=c(1949,1) 指定了时间序列的起始时间;start=c(1949,1) 表示该时间序列的起始时间是 1949 年 1 月;frequency 参数表示每年的观测次数。对于月度数据来说,每年有 12 个月,因此 frequency=12 表示该时间序列的频率是 12,即每年 12 个数据点(每个月一个数据点)。

3. 自动选择 AR 模型

ar() 函数根据数据和参数自动拟合自回归模型,并选择最佳阶数(p)。

```
# 自动选择最佳 AR 模型
ar_model <- ar(AirPassengers_ts, order.max = 10)
```

在 ar() 函数中,order.max 参数指定了自回归模型可能的最佳阶数(p)。这意味着,模

---

① 平稳时间序列(Stationary Time Series)数据是指统计特性(如均值、方差等)不随时间变化的时间序列数据。换句话说,时间序列数据在不同时间点的表现是相似的,具有固定的统计特征。

型会尝试从阶数 1 到阶数 10 的不同自回归模型,并根据拟合的效果自动选择最合适的阶数,order.max=10 表示最多考虑 10 阶的 AR 模型,即 ar()会尝试拟合 AR(1),AR(2),…,AR(10)模型,选择一个最合适的阶数。

4. 绘制拟合结果

为了直观地评估和理解模型的表现,并查看模型是否能有效地捕捉数据中的模式,可以通过绘制拟合结果进行比较。通过将模型的预测值与原始数据一同展示,可以直观地观察模型的拟合效果,从而评估其在捕捉数据趋势和波动方面的能力。

```
plot(AirPassengers_ts, main = "AirPassengers 时间序列")          ①
lines(fitted(ar_model), col = "♯00B0F0", lwd = 2)              ②
```

代码解释如下。

代码第①行使用 Base R 提供的 plot()函数绘制了 AirPassengers 时间序列图,展示了原始数据随时间变化的趋势。该图直观呈现了航空乘客数据的历史波动,并揭示了长期趋势和季节性变化。

代码第②行利用 Base R 提供的 lines()函数,在原图上叠加了一条拟合曲线。这条曲线基于自回归模型(AR 模型)对原始数据的拟合结果,用于直观展示模型预测值与实际数据之间的差异。通过设置颜色参数 col="♯00B0F0" 和线宽参数 lwd=2,使拟合曲线与原始数据的折线区分开,便于比较模型的拟合效果。

fitted(ar_model)返回了自回归模型的拟合值,这些值代表了模型对原始数据的估计。

运行上述代码,会输出如图 10-9 所示的拟合结果折线图。

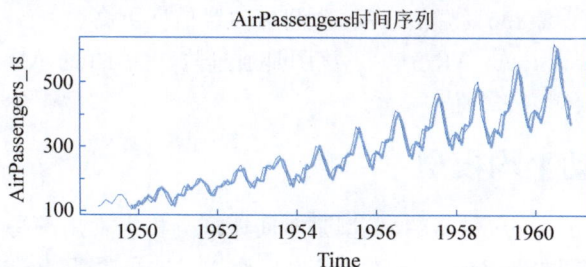

图 10-9 拟合结果折线图

彩图 10-9

可以看出,蓝色拟合线与黑色原始时间序列的走势非常接近,这表明所使用的 AR 模型能较好地捕捉到时间序列的主要趋势和波动。

5. 预测

若模型能较好地拟合历史数据,则可以开始进行预测,预测代码如下。

```
# 进行预测
forecasts_auto <- forecast(ar_model, h = 24)          # 预测未来 24 个月
```

这行代码使用已经拟合好的 AR 模型(即 ar_model),预测未来 24 个月的数据,并将结果保存在 forecasts_auto 中。

6. 绘制预测结果

要绘制预测结果,可以使用 plot() 函数绘制由 forecast() 函数生成的预测数据。绘制预测结果的代码如下。

```
plot(forecasts_auto)
```

当调用 plot(forecasts_auto) 函数时,它会做以下几件事。

(1) 绘制历史数据:从原始数据 AirPassengers 中提取并显示过去的时间序列。

(2) 绘制预测结果:显示通过 AR 模型预测的未来值。

(3) 绘制置信区间:展示预测结果的置信区间(通常是 80% 和 95%),表现为阴影区域。

运行上述代码,会生成如图 10-10 所示的图形。

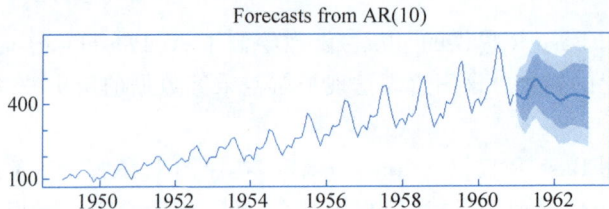

图 10-10　AR 预测结果

彩图 10-10

图 10-10 所示的预测结果说明如下。

(1) 蓝色实线:模型预测的未来值(通常是 mean)。

(2) 灰色阴影区域:80% 置信区间,通常表示预测的不确定性。

(3) 深灰色阴影区域:95% 置信区间,预测值的置信度更高。

(4) 标题"Forecasts from AR(10)":该图是通过阶数为 10 的 AR 模型生成的,模型使用过去 10 个数据点预测未来的值。

10.4.2　移动平均模型

移动平均(Moving Average,MA)模型是时间序列分析中常用的一种模型,它基于时间序列数据的过去误差项进行建模。与自回归模型使用过去的数据点进行建模不同,MA 模型通过过去的误差项(即预测值与实际值的偏差)建模。

MR 模型的应用场景如下。

(1) 噪声数据的平滑处理:如消除时间序列中的随机波动。

(2) 工业质量控制:监控生产过程中的噪声干扰。

(3) 金融市场分析:捕捉市场的随机波动和短期误差。

(4) 库存管理:平滑历史库存数据以预测未来需求。

在移动平均模型中有一个重要的**参数 q**,它表示模型的阶数,即当前值会受到多少个过去误差项的影响。具体来说,MA 模型使用最近 q 期的误差项预测当前值。例如,MA(1) 模型表示只使用最近 1 期的误差项,而 MA(2) 模型则会考虑最近 2 期的误差项。q 的大小决定了模型对历史误差的依赖范围,也影响模型的复杂性。

在 R 中,使用 arima()函数拟合 MA 模型。通过将 AR 部分的阶数(p)设置为 0,可以构建一个纯粹的 MA 模型。这意味着,该模型不依赖过去的观测值,仅根据过去的误差项预测当前值。

拟合 MA 模型示例如下。

1. 加载数据和必要的包,并进行数据预处理

```
library(forecast)
# 使用 AirPassengers 数据
data("AirPassengers")
AirPassengers_ts <- ts(AirPassengers, start = c(1949, 1), frequency = 12)
```

2. 拟合 MA(1)模型

使用 ARIMA 模型拟合 MA(1)模型,其中 $p=0$ 表示没有自回归(AR)部分,$d=0$ 表示没有差分,$q=1$ 表示模型使用一个阶数为 1 的移动平均(MA)部分,代码如下。

```
ma_model <- arima(AirPassengers_ts, order = c(0,0,1))
```

在代码中,arima()是 R 中用于拟合 ARIMA 模型的函数。ARIMA(0,0,1)模型实际上是一个特定形式的移动平均模型,通常称为 MA(1)模型。ARIMA(0,0,1)模型仅包含 1 阶移动平均部分,没有自回归部分和差分(D)部分。具体来说,ARIMA(0,0,1)模型中各个参数的含义如下。

(1) AR(自回归部分):$p=0$ 表示没有自回归成分,即模型不使用时间序列中的历史观测值预测当前值。

(2) d(差分部分):$d=0$ 表示不进行差分,数据保持原样。差分通常用于使非平稳时间序列变成平稳序列,但这里 $d=0$ 表示数据本身已经是平稳的,因此不需要差分。

(3) MA(移动平均部分):$q=1$ 表示使用 1 阶的移动平均,即模型通过过去 1 期的误差项(噪声项)预测当前值。

3. 绘制拟合结果

为了评估模型效果,可以通过可视化拟合结果,代码如下。

```
plot(AirPassengers_ts, main = "AirPassengers 时间序列")
lines(fitted(ma_model), col = "#00B0F0", lwd = 2)          # 添加拟合值曲线
```

运行上述代码,会输出如图 10-11 所示的拟合结果折线图。

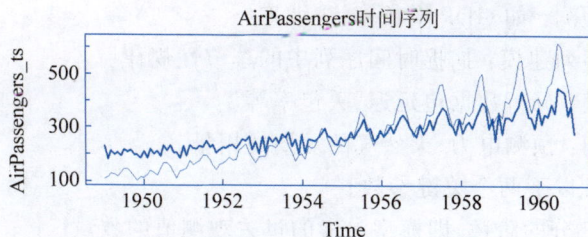

图 10-11　拟合结果折线图

4．进行预测

通过使用训练好的模型，可以对未来的数据进行预测，代码如下。

```
forecasts_ma <- forecast(ma_model, h = 24)
```

5．绘制预测结果

使用 plot()函数绘制预测结果图。这一图形展示了模型对未来数据的预测，包括预测的点值及其置信区间。

```
plot(forecasts_ma)
```

运行这行代码，会生成如图 10-12 所示的图形。

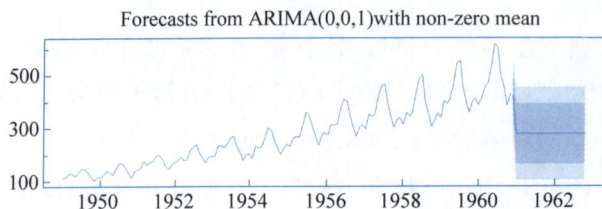

彩图 10-12

图 10-12　预测结果

图 10-12 所示预测结果说明如下。

- 黑色线条：原始时间序列（如 AirPassengers 数据）。
- 蓝色线条：ARIMA（0，0，1）模型的预测值。
- 阴影区域：预测的置信区间（通常表示为 95％置信区间）。

在这种情况下，模型的预测并不会太依赖过去的实际值，而是通过过去的误差进行未来值的预测。

10.4.3　自回归滑动平均模型

自回归滑动平均（Autoregressive Moving Average，ARMA）模型是一种结合自回归模型和移动平均模型的时间序列分析方法，用于捕捉数据的自相关性和随机性特征。其核心思想是通过时间序列的过去观测值和过去误差项的线性组合预测未来值。

ARMA 模型的应用场景如下。

- 经济和商业预测：如 GDP 增长率、失业率。
- 季节性时间序列建模：捕捉时间序列中的季节性规律。
- 网络流量建模：分析数据包延迟、丢包率等。
- 能源消耗预测：预测电力、天然气的短期使用量。

ARMA 模型中有以下两个关键参数。

p：表示自回归部分的阶数，即模型参考的过去观测值的数量。

q：表示移动平均部分的阶数，即模型参考的过去误差项的数量。

例如，ARMA（1，1）模型表示使用一阶自回归和一阶移动平均建模时间序列。通过调

整 p 和 q，ARMA 模型可以灵活地捕捉不同的时间序列特征，适用于平稳时间序列的分析和预测。

ARMA 模型由 AR 和 MA 两部分组成。

（1）AR（自回归）部分：使用过去的观察值预测当前值，表示为 AR(p)，其中 p 是自回归的阶数。

（2）MA（移动平均）部分：通过过去的误差项预测当前值，表示为 MA(q)，其中 q 是移动平均的阶数。

在 R 中，ARMA（自回归滑动平均）模型通常使用 arima() 函数拟合。arima() 函数的参数为 order＝c(p,0,q)，其中：

- p 是自回归部分的阶数。
- d 是差分阶数（对于 ARMA 模型，$d=0$，因为数据是平稳的）。
- q 是移动平均部分的阶数。

下面是如何在 R 中使用 arima() 函数拟合一个 ARMA 模型的示例。

1. 加载数据和必要的包，并进行数据预处理

```
library(forecast)
# 使用 AirPassengers 数据
data("AirPassengers")
AirPassengers_ts <- ts(AirPassengers, start = c(1949, 1), frequency = 12)
```

2. 拟合 ARMA（1，1）模型

模型拟合 ARMA(1, 1) 模型，其中 $p=1$ 表示包含一个自回归部分，$d=0$ 表示没有差分，$q=1$ 表示模型使用一个阶数为 1 的移动平均部分。代码如下。

```
arma_model <- arima(AirPassengers_ts, order = c(1, 0, 1))
```

代码中，arima() 函数用来拟合 ARMA 模型。order＝c(1,0,1)表示，

- $p=1$：自回归部分的阶数为 1，表示模型使用过去一个时间点的数据预测当前值。
- $d=0$：差分阶数为 0，表示数据已是平稳的，不需要进一步差分。
- $q=1$：移动平均部分的阶数为 1，表示模型使用过去一个时间点的误差项预测当前值。

3. 绘制拟合结果

为了评估模型效果，可以通过可视化拟合结果，代码如下。

```
plot(AirPassengers_ts, main = "AirPassengers 时间序列")
lines(fitted(arma_model), col = "#00B0F0", lwd = 2)          # 添加拟合曲线
```

运行上述代码，会输出如图 10-13 所示的拟合结果折线图。

4. 进行预测

通过使用训练好的模型，可以对未来的数据进行预测，代码如下。

```
forecasts_arma <- forecast(arma_model, h = 24)
```

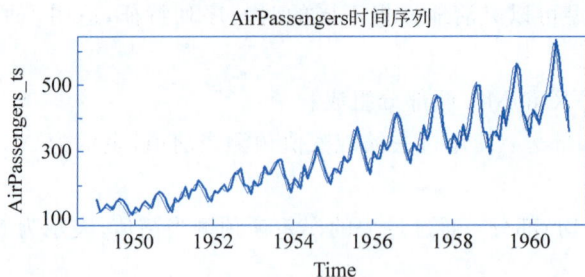

图 10-13　拟合结果折线图

5. 绘制预测结果

使用 plot()函数绘制预测结果图。这一图形展示了模型对未来数据的预测,包括预测的点值及其置信区间,代码如下。

```
plot(forecasts_arma)
```

运行这行代码,会生成如图 10-14 所示的图形。

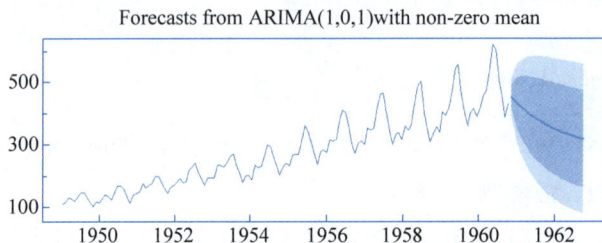

图 10-14　预测结果

10.4.4　自回归积分滑动平均模型

自回归积分滑动平均(Autoregressive Integrated Moving Average,ARIMA)模型,适用于非平稳时间序列的建模和预测。通过差分处理(I 部分)将非平稳时间序列转换为平稳序列,再结合自回归和移动平均进行建模。

ARIMA 模型的应用场景如下。

- 金融和股票市场预测:股票收益率、市场波动性分析。
- 交通流量分析:如地铁客流量、道路交通流量的长期预测。
- 需求和销售预测:电子商务平台的产品销量、商店来客量。
- 自然科学领域:如地震频率、温室气体浓度变化。

ARIMA 综合了自回归(AR)、差分(I)和移动平均(MA)3 部分,以下是对 ARIMA 模型各部分的简单解释。

1. 自回归部分

自回归部分表示当前值和过去时间点的值之间的关系。AR 模型通过使用时间序列的历史值预测未来的值。

在 ARIMA 模型中,p 是 AR 部分的阶数,表示用过去多少个观测值预测当前值。

2. 差分部分

差分部分用于处理时间序列的非平稳性。通过差分操作,可以将时间序列数据转换为平稳序列,使得数据的均值和方差不随时间变化。

在 ARIMA 模型中,d 是差分的阶数,表示为使数据平稳而进行的差分次数。

3. 移动平均部分

移动平均部分则通过过去的误差项调整当前的预测值。它通过对过去误差的加权平均修正当前的预测结果。

在 ARIMA 模型中,q 是 MA 部分的阶数,表示使用过去多少个误差项修正当前值。

在 R 语言中,ARIMA 模型可以通过 arima()或 auto.arima()函数进行拟合。auto.arima()函数能自动选择 ARIMA 模型的最佳阶数(p,d,q),它适用于不确定哪些阶数最佳的情况。因此,本节重点介绍 auto.arima()函数的使用,具体示例代码如下。

1. 加载数据和必要的包,并进行数据预处理

```
library(forecast)
# 使用 AirPassengers 数据
data("AirPassengers")
AirPassengers_ts <- ts(AirPassengers, start = c(1949, 1), frequency = 12)
```

2. 拟合 ARIMA 模型

使用 auto.arima()函数自动选择最佳 ARIMA 模型,代码如下。

```
arima_model <- auto.arima(AirPassengers_ts)
```

代码中使用 auto.arima()函数选择最合适的 ARIMA 模型并返回一个模型对象。

3. 绘制拟合结果

为了评估模型效果,可以通过可视化拟合结果,代码如下。

```
plot(AirPassengers_ts, main = "AirPassengers 时间序列")
lines(fitted(arma_model), col = "#00B0F0", lwd = 2)        # 添加拟合曲线
```

运行上述代码,会输出如图 10-15 所示的拟合结果折线图。

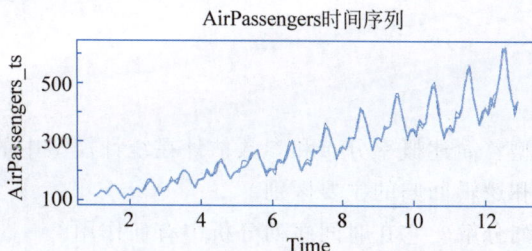

图 10-15　拟合结果折线图

4. 进行预测

通过使用训练好的模型,可以对未来的数据进行预测,代码如下。

```
forecasts_arma <- forecast(arma_model, h = 24)
```

5. 绘制预测结果

使用 plot() 函数绘制预测结果图。这一图形展示了模型对未来数据的预测,包括预测的点值及其置信区间,代码如下。

```
plot(forecasts_arma)
```

运行这行代码,会生成如图 10-16 所示的图形。

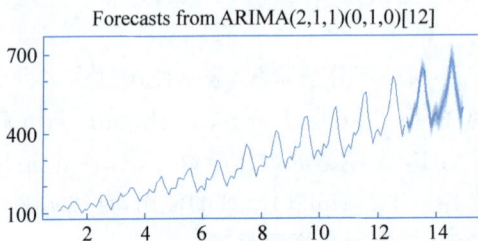

彩图 10-16

图 10-16　预测结果

图 10-16 所示预测结果说明如下。

- 黑色线条:原始时间序列数据,显示实际观测值随时间的变化。
- 蓝色线条:使用 ARIMA(2,1,1)(0,1,0)[12] 模型拟合得到的预测值,结合趋势和季节性特征生成未来预测。
- 阴影区域:预测值的 95% 置信区间,表示模型对未来值的预测范围。不确定性随着预测时间的增加而增大。

另外,ARIMA(2,1,1)(0,1,0)[12]模型结构包括以下两部分。

(1) ARIMA(2,1,1):表示一个非季节性模型,使用了自回归阶数 2,差分 1 次和 1 阶移动平均。

(2) (0,1,0)[12]:表示模型包括 1 次季节性差分,并且数据的季节周期为 12(例如,月度数据中的一年周期)。

10.5　本章练习

1. 问答题

(1) 什么是统计模型? 简述概率分布和参数估计在统计模型中的作用。

(2) 简述线性回归和逻辑回归的主要区别。

(3) 什么是时间序列分解? 它在时间序列分析中有何作用?

(4) 什么是 ARIMA 模型? 简述其基本构成及应用。

2. 选择题

(1) 在统计模型中,哪一项是描述随机现象的数学工具?(　　)

　　A. 概率分布　　　B. 参数估计　　　C. 回归分析　　　D. 时间序列

（2）进行线性回归分析时，假设因变量与自变量之间的关系是（　　　）。

　　A. 非线性的　　　　B. 线性的　　　　C. 指数的　　　　D. 对数的

（3）ARIMA 模型中的差分（I）部分的主要作用是（　　　）。

　　A. 处理季节性波动　　　　　　B. 将数据转换为平稳序列

　　C. 预测未来值　　　　　　　　D. 分解趋势成分

（4）以下哪项不是 ARIMA 模型的组成部分？（　　　）

　　A. 自回归（AR）　　　　　　　B. 移动平均（MA）

　　C. 差分（I）　　　　　　　　　D. 相关性（Cor）

3. 编程题

编写一个 R 语言脚本，使用 mtcars 数据集进行线性回归分析，预测马力（hp）与油耗（mpg）之间的关系。

- 使用线性回归模型进行预测，展示回归方程及其系数。
- 绘制回归直线并显示其拟合效果。

## 第 11 章

综合案例分析

本章通过综合案例分析展示数据分析流程的实际应用,从数据导入、清洗到分析与可视化,涵盖多种方法与场景。本章案例选取不同领域的数据,涵盖零售、环境、金融等主题,旨在帮助读者全面理解数据分析的关键步骤和方法。本章内容以实际案例为导向,结合数据集与分析目标,逐步带领读者完成从数据处理到结果解读的全过程。

11.1 案例 1:基于在线零售数据描述性统计分析

本案例将基于 Online Retail(在线零售数据)进行描述性统计分析。通过对数据的探索,分析商品价格、购买数量等数值变量的分布情况,识别出潜在的消费模式和趋势。数据可视化技术将应用于结果展示,帮助更直观地呈现分析洞察。通过这项分析,商家能获得关键的业务洞察,为后续决策提供数据支持。

11.1.1 数据集内容

该数据集通常可以从 UCI 机器学习库等公开数据源中获取,读者也可以从本书配套代码中获取 Online Retail. xlsx 文件。

该数据集包含了在线零售商的所有交易记录,通常包括以下几个关键字段。

- InvoiceNo:发票编号,用于区分不同的交易。通过这个编号,可以跟踪单个订单的完整流程,包括购买、付款和发货。
- StockCode:商品库存代码,是商品的独特标识,有助于识别商品种类和类别。通过对 StockCode 的统计分析,可以了解哪些商品销售最旺,哪些商品可能需要补充库存或者调整销售策略。
- Description:商品描述,提供了商品的具体信息,如品牌、型号等。通过对描述的文本挖掘,可以分析消费者的购物偏好,找出热门商品的共同特征。
- Quantity:购买数量,反映了消费者对特定商品的需求强度。通过分析不同商品的购买数量,可以发现消费者需求的变化,为库存管理和促销活动提供依据。
- InvoiceDate:发票日期,包含了交易发生的时间。结合日期和时间信息,可以研究季节性消费模式,如节假日购物高峰,以及一天中的购物高峰期。

- UnitPrice:商品单价,反映了商品的价格水平。通过比较不同时间段或不同商品的单价,可以研究价格变动对销售的影响,也可以识别是否存在价格欺诈或者优惠活动。
- CustomerID:客户 ID,虽然可能是匿名的,但可以通过对同一 ID 的交易次数和购买行为的分析,构建客户画像,理解顾客忠诚度和购买习惯。
- Country:客户所在的国家,揭示了销售地域分布,帮助商家了解国际市场的潜力,制定全球化战略。

11.1.2 分析目标

本案例分析的主要目标是:

(1) 探索商品价格和购买数量的分布:分析商品价格、购买数量等关键变量的分布特征,识别出消费者购买行为的规律。

(2) 识别潜在的消费模式:通过数据分析,发现可能的消费趋势和偏好,例如热门商品、季节性销售波动等。

(3) 洞察市场趋势:揭示不同商品类别、价格区间等因素对购买行为的影响,帮助商家把握市场动态。

(4) 提供数据支持:为商家的决策提供可靠的数据支持,帮助优化商品定价、促销策略及库存管理等方面的决策。

11.1.3 步骤 1:数据导入

进行数据分析时,首先需要从外部文件导入数据,并对数据进行预处理,确保其质量以便后续分析。本节将介绍如何导入 Online Retail.xlsx 文件中的数据。

相关代码如下。

```
# 安装和加载 readxl 包
# install.packages("readxl")
library(readxl)


# 设置工作目录
setwd("~/code")
# 导入数据
file_path <- "data/Online Retail.xlsx"
retail_data <- read_excel(file_path)

# 查看数据的前几行,了解数据结构
head(retail_data)
```

运行上述代码后,数据从 Excel 文件成功导入 retail_data 数据框,并显示了前几行数据,结果如下所示。

```
# A tibble: 6 × 8
  InvoiceNo  StockCode  Description          Quantity  InvoiceDate            UnitPrice
  <chr>      <chr>      <chr>                <dbl>     <dttm>                 <dbl>
1 536365     85123A     WHITE HANGING HEART… 6         2010-12-01 08:26:00    2.55
2 536365     71053      WHITE METAL LANTERN  6         2010-12-01 08:26:00    3.39
3 536365     84406B     CREAM CUPID HEARTS … 8         2010-12-01 08:26:00    2.75
4 536365     84029G     KNITTED UNION FLAG … 6         2010-12-01 08:26:00    3.39
5 536365     84029E     RED WOOLLY HOTTIE W… 6         2010-12-01 08:26:00    3.39
6 536365     22752      SET 7 BABUSHKA NEST… 2         2010-12-01 08:26:00    7.65
```

11.1.4　步骤2：数据清洗

在数据分析之前，对原始数据进行清洗是至关重要的一步。通过清洗，可以确保数据的准确性和一致性，从而提高分析结果的可信度。本步骤主要包括缺失值处理、重复值检测与移除、异常值处理以及数据格式转换等操作，旨在为后续的描述性统计分析奠定良好的数据基础。

1. 检查和处理缺失值

在数据分析前，必须对缺失值进行检测和处理，以确保数据的完整性和分析的准确性。以下是检查和处理缺失值的具体步骤和代码实现。

首先，使用is.na()和colSums()函数统计数据集中各字段的缺失值数量。

```
# 查看每列缺失值的数量
missing_counts <- colSums(is.na(retail_data))
cat("各字段缺失值统计:\n")
print(missing_counts)
```

运行上述代码，输出结果如下。

```
各字段缺失值统计:
  InvoiceNo StockCode Description Quantity InvoiceDate UnitPrice CustomerID Country
          0         0        1454        0           0         0     135080       0
```

输出结果表明：

（1）Description字段有1454条记录缺失；

（2）CustomerID字段有135080条记录缺失。

其余字段无缺失值。

如果缺失值记录较少且删除不会显著影响数据分析，可使用以下代码删除包含缺失值的记录。

```
retail_data <- na.omit(retail_data)
cat("处理后数据行数:", nrow(retail_data), "\n")
```

运行上述代码，输出结果如下。

处理后数据行数: 406829

2. 检查和处理重复值

重复值是指数据集中完全相同的记录，如果不清理重复值，可能导致分析结果的偏差。

针对本案例,以下是处理重复值的步骤及代码。

```
# 检查重复行的数量
sum(duplicated(retail_data))

# 移除重复行
retail_data <- retail_data[!duplicated(retail_data), ]
```

运行上述代码,输出结果如下。

```
[1] 5225
```

从运行结果可以看出:

① 重复行的数量,在数据集中,存在 5225 行重复记录;

② 处理方法,通过!duplicated(retail_data)移除了这些重复记录。

3. 检查和处理异常值

处理在线零售数据时,Quantity(购买数量)和 UnitPrice(单价)为负值或零的记录被视为异常值。这些异常值通常表示数据录入错误或无效记录,因此需要进行处理。

```
# 3. 处理异常值
# 检查负值或零值的异常记录
# 检查 Quantity 和 UnitPrice 中负值或零值的记录
negative_or_zero_quantity <- retail_data[retail_data $ Quantity <= 0, ]
negative_or_zero_unitprice <- retail_data[retail_data $ UnitPrice <= 0, ]

cat("Quantity 中负值或零值的记录数:", nrow(negative_or_zero_quantity), "\n")
cat("UnitPrice 中负值或零值的记录数:", nrow(negative_or_zero_unitprice), "\n")
```

运行上述代码,输出结果如下。

```
Quantity 中负值或零值的记录数: 8872
UnitPrice 中负值或零值的记录数: 40
```

从输出结果可见,数据中存在异常值。对于这些异常值,可以删除异常值或替换异常值。

如果这些负值或零值的记录被认为是错误的,并且对分析没有实际意义,可以直接删除它们。删除这类记录有助于确保分析结果不受数据错误的影响。本案例采用删除异常值的方法处理异常值,实现代码如下。

```
# 删除 Quantity 和 UnitPrice 中负值或零值的记录
retail_data <- retail_data[retail_data $ Quantity > 0 & retail_data $ UnitPrice > 0, ]

# 检查异常值是否已删除
cat("处理后 Quantity 中负值或零值的记录数:", sum(retail_data $ Quantity <= 0), "\n")
cat("处理后 UnitPrice 中负值或零值的记录数:", sum(retail_data $ UnitPrice <= 0), "\n")
```

运行上述代码,输出结果如下。

```
Quantity 中负值或零值的记录数: 0
UnitPrice 中负值或零值的记录数: 0
```

11.1.5　步骤3：描述性统计分析

数据清洗完成后，可以进行描述性统计分析。这一阶段的目标是对数据进行概括性分析，帮助理解数据的基本特征。描述性统计分析包括计算数据的集中趋势、分布、离散度等重要统计量。

1. 计算基本统计量

首先，使用 summary() 函数快速查看 Quantity 和 UnitPrice 的基本统计量。

```
# 查看数量和单价的基本统计量
summary(retail_data $ Quantity)
summary(retail_data $ UnitPrice)
```

summary() 函数会返回最小值、第一四分位数、中位数、均值、第三四分位数和最大值。这些统计量有助于了解数据的集中趋势和分散程度。

Quantity 的基本统计输出结果如下。

```
Min.   1st Qu.  Median    Mean    3rd Qu.   Max.
1.00    2.00    6.00     13.12    12.00   80995.00
```

Quantity 的描述性统计分析的详细解读如下。

（1）最小值（Min）：1 表示最少购买的商品数量为 1 件。

（2）第一四分位数（1st Qu.）：2 表示 25％ 的订单购买的商品数量不超过 2 件。

（3）中位数（Median）：6 表示一半的订单购买的商品数量少于或等于 6 件。

（4）均值（Mean）：13.12 表示平均每笔交易的购买商品数量约为 13.12 件。

（5）第三四分位数（3rd Qu.）：12 表示 75％ 的订单购买的商品数量不超过 12 件。

（6）最大值（Max）：80995.00 是一个异常值，表示某些订单的商品数量非常大，这可能是数据中的错误或特例。

UnitPrice 的基本统计输出结果如下。

```
Min.   1st Qu.  Median    Mean    3rd Qu.   Max.
0.001   1.250   1.950    3.126    3.750   8142.750
```

UnitPrice 的描述性统计分析的详细解读如下。

（1）最小值（Min）：0.001 表示存在单价非常低的商品，可能是数据错误或特例。

（2）第一四分位数（1st Qu.）：1.250 表示 25％ 的商品单价不超过 1.25。

（3）中位数（Median）：1.950 表示一半的商品单价不超过 1.95。

（4）均值（Mean）：3.126 表示商品的平均单价为 3.126。

（5）第三四分位数（3rd Qu.）：3.750 表示 75％ 的商品单价不超过 3.75。

（6）最大值（Max）：8142.750 是一个异常值，表示某些商品的单价非常高，可能是数据错误或极其特殊的商品。

2. 计算其他统计量

计算其他统计量标准差。

```
sd(retail_data $ Quantity, na.rm = TRUE)
sd(retail_data $ UnitPrice, na.rm = TRUE)
```

上述代码分别计算 Quantity 和 UnitPrice 的标准差,na.rm = TRUE 的作用是忽略数据中的缺失值(NA),确保计算结果的准确性。

输出结果如下。

```
[1] 180.4928
[1] 22.24184
```

对于 Quantity 字段,计算结果为 180.4928,表示该字段的购买数量数据波动较大;而对于 UnitPrice 字段,计算结果为 22.24184,表明单价的波动性相对较小。

解释说明如下。

(1)购买数量的标准差:反映了各个交易中购买数量的波动。如果这个标准差较大,意味着,在某些订单中购买数量大大高于均值(可能出现大宗采购的情况)。

(2)单价的标准差:反映了商品价格的波动性。如果标准差较大,意味着价格存在较大的波动,例如可能有大部分商品价格集中在低价格区间,但也可能存在少数高价格商品。

这些标准差值有助于评估数据集中的数据波动程度,并进一步进行分析,例如识别极端值或异常波动的记录。

11.1.6 步骤4:数据可视化

数据可视化是描述性统计分析里的关键步骤,借助图表和图形对分析结果予以展示,能助力人们更直观地理解数据的趋势、模式以及关系。在该案例中,运用数据可视化方法展现客户购买行为、产品销售情况和地区市场分析等方面的结果。常用的可视化工具涵盖柱状图、箱型图、散点图和折线图等。

以下是可视化的重点内容及说明。

1. 产品销售情况

产品销售情况展示不同产品的销售表现,可以使用柱状图或条形图。绘制条形图的代码如下。

```
# 计算每个产品的销售总额
product_sales <- retail_data %>%                                    ①
  group_by(Description) %>%
  summarise(Total_Sales = sum(Quantity * UnitPrice)) %>%            ②
  arrange(desc(Total_Sales))                                        ③

# 只选择销售额排名前 20 的产品
top_product_sales <- head(product_sales, 20)
# 绘制销售额条形图
ggplot(top_product_sales, aes(x = reorder(Description, Total_Sales),
                               y = Total_Sales)) +                  ④
  geom_bar(stat = "identity", fill = "#00B0F0") +
  theme(axis.text.y = element_text(size = 8)) +      # 调整 y 轴标签大小,避免重叠
```

```
    labs(title = "前20个产品销售额排名", x = "销售额", y = "产品名称") +
    coord_flip()
```

代码解释如下。

代码第①～③行计算每个产品的销售总额,其中代码第①行将数据框 retail_data 传递给 group_by()函数。

代码第②行使用 summarise()函数对分组后的数据进行汇总,其中 Quantity * UnitPrice 是每一行(每个销售记录)的销售额,即每个商品的数量与单价的乘积;sum(Quantity * UnitPrice)计算每个产品的总销售额,即对每个分组(每个产品)所有行的销售额求和;Total_Sales 是为这列创建的列名,代表每个产品的总销售额。

这行代码的效果是:对于每一个唯一的 Description(即每一个独特的产品),计算该产品的总销售额,并将结果存储在 Total_Sales 列中。

代码第③行按照 Total_Sales 列进行降序排序,即销售额从高到低排序,使用 arrange()函数对数据框进行排序,其中 desc()是用于降序排序的函数。

代码第④行绘制条形图,显示前20个产品的销售额,在绘制的图形中按 Total_Sales 对 Description 排序,其中 reorder(Product,Sales)将因子变量 Product 按 Sales 的大小升序排列。

运行上述代码,绘制的图形如图 11-1 所示。

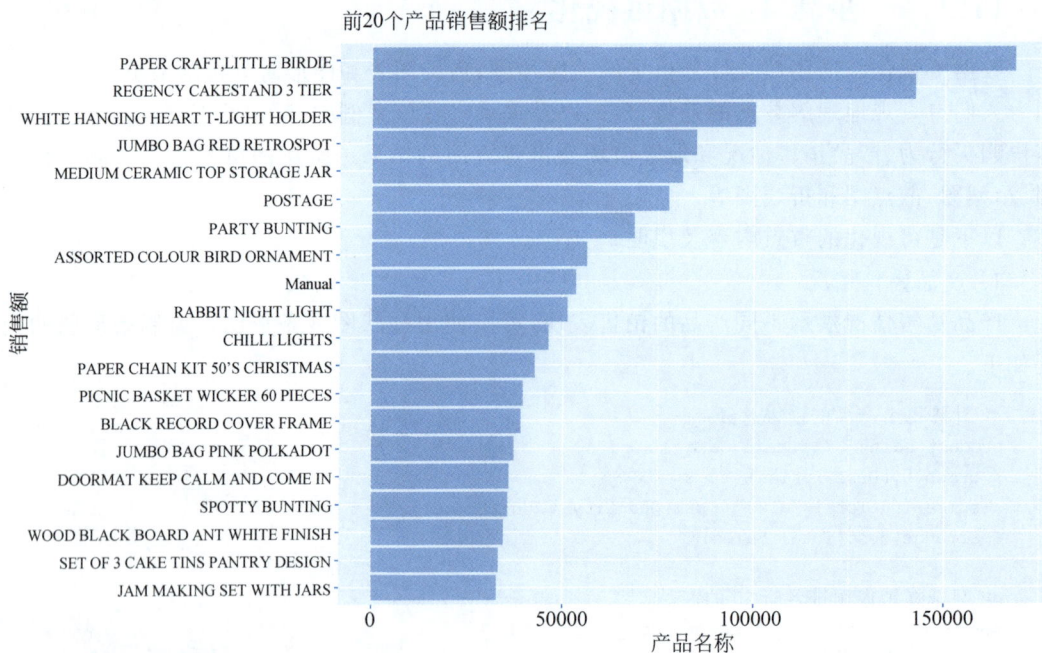

图 11-1　前 20 个产品的销售额条形图

2. 客户购买行为

通过对每个客户的购买总额和频次进行分析,可以使用散点图展示客户的购买总额与购买频次之间的关系,或者使用箱型图展示客户购买金额的分布情况。

绘制客户购买频次与购买总额的散点图的代码如下。

```
# 计算每个客户的购买频次(即每个客户的订单数量)和总消费额
customer_data <- retail_data %>%
  group_by(CustomerID) %>%
  summarise(
    Purchase_Frequency = sum(Quantity), # Quantity 表示购买的商品数量
    Total_Spend = sum(Quantity * UnitPrice) # 总消费额 = 数量 * 单价
  )

# 绘制客户购买频次与总消费额的散点图
ggplot(customer_data, aes(x = Purchase_Frequency, y = Total_Spend)) +
  geom_point(color = "#00B0F0") +
  labs(title = "客户购买频次与总消费额的关系", x = "购买频次", y = "购买总额")
```

运行上述代码,绘制的图形如图 11-2 所示。

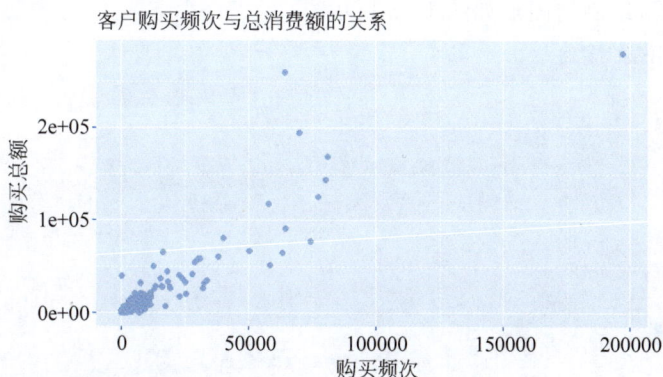

图 11-2　客户购买频次与购买总额的散点图

3. 地区市场分析

对于不同国家或地区的销售数据,可以使用柱状图对比各地区的销售额和交易量。通过这些可视化,能快速了解不同地区的市场表现。

绘制地区销售额的柱状图代码如下。

```
# 按国家分组,计算每个国家的销售总额
library(dplyr)
country_sales <- retail_data %>%
  group_by(Country) %>%
  summarise(Total_Sales = sum(Quantity * UnitPrice)) %>%
  arrange(desc(Total_Sales))                                        ①
library(ggplot2)
# 绘制地区销售额的柱状图
ggplot(country_sales, aes(x = reorder(Country, -Total_Sales), y = Total_Sales)) +
  geom_bar(stat = "identity", fill = "#00B0F0") +
  theme(axis.text.x = element_text(angle = 45, hjust = 1)) +
  labs(title = "各地区销售额对比", x = "国家/地区", y = "销售额")      ②
```

代码解释如下。

代码第①行首先按国家(Country)进行分组,通过 group_by(Country)将数据按国家分类。对于每一组(即每个国家),Quantity * UnitPrice 计算每笔交易的销售额,sum(Quantity * UnitPrice)计算每个国家的总销售额。summarise()函数将计算结果存储在新的列 Total_Sales 中。接着,arrange()函数根据 Total_Sales 列对数据框进行降序排序,确保销售额较高的国家排在前面(desc(Total_Sales))。

代码第②行绘制柱状图时,reorder(Country,-Total_Sales),将国家(Country)按照销售总额(Total_Sales)降序排序(-Total_Sales 表示降序)。y=Total_Sales 将每个国家的销售总额映射到 y 轴,柱状图的高度即销售额。geom_bar(stat = "identity")绘制柱状图,stat="identity"表示柱状图的高度由 Total_Sales 提供,而非默认的计数统计。axis.text.x=element_text(angle=45,hjust=1)将 x 轴标签旋转 45°,以避免文本重叠,并通过 hjust=1 将标签右对齐,确保名称清晰可读。

运行上述代码,绘制的图形如图 11-3 所示。

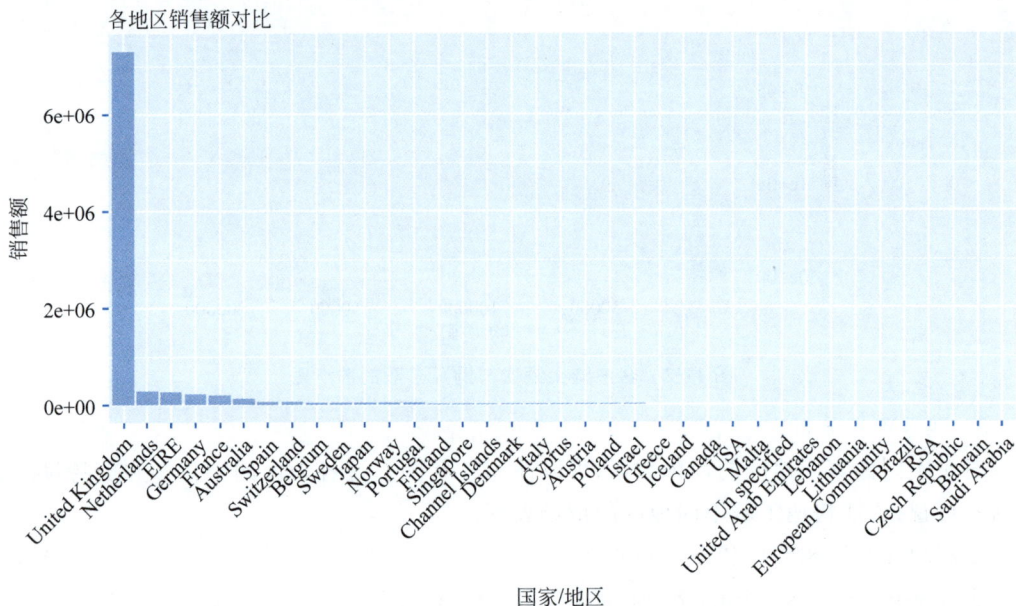

图 11-3　地区销售额的柱状图

11.2　案例2:空气污染物之间的关系分析与气象因素的影响

在本案例中使用的是 PM2.5 污染数据集,该数据集包含了多个空气污染物的浓度(如 PM2.5、PM10、SO_2、NO_2、CO、O_3 等)以及相关的气象数据(如温度、湿度、气压等),目的是分析不同空气污染物之间的关系,探讨它们之间是否存在相关性以及如何相互影响。

11.2.1　数据集内容

该数据集通常可以从 UCI 机器学习库等公开数据源中获取,读者也可以从本书配套代码中获取"PRSA_Data_Aotizhongxin_20130301-20170228.csv"文件。

该数据集记录了 2013 年 3 月 1 日至 2017 年 2 月 28 日中国北京奥体中心(Aotizhongxin)站点的空气质量监测数据。数据涵盖不同日期和时间点下的各种空气污染物及环境条件的测量值。以下是该数据集的具体内容和字段描述。

- No:数据记录的唯一编号。每条记录都有一个独特的编号,用于标识数据点。
- year:记录年份,表示数据采集的年份(例如:2013 年)。
- month:记录月份,表示数据采集的月份(例如:3 月)。
- day:记录日期,表示数据采集的日期(例如:1 号)。
- hour:记录小时,表示数据采集的具体小时(例如:0 时、1 时等)。
- PM2.5:细颗粒物(PM2.5)的浓度,单位为 $\mu g/m^3$,用于衡量空气中较小颗粒物的污染程度。PM2.5 对人体健康有较大影响。
- PM10:颗粒物(PM10)的浓度,单位为 $\mu g/m^3$,包括直径小于 $10\mu m$ 的颗粒物,主要来源于汽车尾气、工业排放等。
- SO_2:二氧化硫的浓度,单位为 $\mu g/m^3$。二氧化硫是燃煤、石油等化石燃料燃烧的主要污染物。
- NO_2:二氧化氮的浓度,单位为 $\mu g/m^3$,主要来源于汽车尾气和工业排放。
- CO:一氧化碳的浓度,单位为 $\mu g/m^3$。一氧化碳是一种无色无味的有毒气体,通常来源于不完全燃烧。
- O_3:臭氧的浓度,单位为 $\mu g/m^3$。臭氧通常是二次污染物,阳光强烈时容易形成。
- TEMP:环境温度,单位为摄氏度(℃)。温度对空气污染物的扩散有重要影响。
- PRES:气压,单位为 hPa。气压变化影响空气污染物的扩散和浓度。
- DEWP:露点温度,单位为℃。露点温度与空气湿度相关,反映了空气中水份的含量。
- RAIN:降水量,单位为 mm。降水能清除空气中的污染物,有助于改善空气质量。
- wd:风向,表示风的吹向(如 N、NNW、S 等)。风向对空气污染物的扩散至关重要。
- WSPM:风速,单位为 m/s。风速影响空气污染物的扩散和稀释。
- station:监测站点名称,表示数据采集的位置。不同的监测站点可能位于不同的地理位置,反映了不同地区的空气质量。

11.2.2　分析目标

本案例的主要分析目标如下。

(1) 分析空气污染物之间的关系:探索 PM2.5、PM10、SO_2、NO_2、CO、O_3 等不同空气污染物之间的相关性,了解它们如何相互影响,并识别主要的污染物来源。

（2）分析气象因素的影响：研究温度、湿度、气压、降水量、风速等气象因素对空气污染物浓度的影响，分析气象条件如何影响污染物的扩散和浓度变化。

（3）揭示污染物与气象因素的相互作用：通过数据分析，探讨气象因素如何影响污染物的扩散模式和浓度变化，帮助理解空气质量变化的主要驱动因素。

11.2.3　步骤1：数据导入与预处理

在进行空气污染物之间的关系分析以及气象因素的影响分析时，数据导入和预处理是非常关键的步骤。以下是具体的步骤，包括数据的导入、缺失值处理、重复数据处理、时间特征提取等操作。

1. 导入数据集

将数据集导入 R 语言环境中。可以使用 read.csv() 函数将 CSV 格式的文件加载到 R 语言中，代码如下。

```
# 设置工作目录
setwd("~/code")

# 导入数据
air_pollution_data <- read.csv("data/PRSA_Data_Aotizhongxin_20130301-20170228.csv")

# 查看数据的基本信息
head(air_pollution_data)     # 查看前几行数据
```

输出结果如下。

	No	year	month	day	hour	PM2.5	PM10	SO2	NO2	CO	O3	TEMP	PRES	DEWP	RAIN	wd	WSPM	station
1	1	2013	3	1	0	4	4	4	7	300	77	-0.7	1023.0	-18.8	0	NNW	4.4	Aotizhongxin
2	2	2013	3	1	1	8	8	4	7	300	77	-1.1	1023.2	-18.2	0	N	4.7	Aotizhongxin
3	3	2013	3	1	2	7	7	5	10	300	73	-1.1	1023.5	-18.2	0	NNW	5.6	Aotizhongxin
4	4	2013	3	1	3	6	6	11	11	300	72	-1.4	1024.5	-19.4	0	NW	3.1	Aotizhongxin
5	5	2013	3	1	4	3	3	12	12	300	72	-2.0	1025.2	-19.5	0	N	2.0	Aotizhongxin
6	6	2013	3	1	5	5	5	18	18	400	66	-2.2	1025.6	-19.6	0	N	3.7	Aotizhongxin

2. 处理缺失值

空气污染数据可能包含缺失值，因此需要处理这些缺失值。常见的处理方法包括删除缺失值或用均值填充缺失值。

检查数据中的缺失值代码如下。

```
# 检查数据中的缺失值
sum(is.na(air_pollution_data))
```

输出结果如下。

```
[1] 7271
```

从输出结果可见数据中存在缺失值，本例采用删除缺失值行的处理方式，代码如下。

```
# 删除含有缺失值的行
air_pollution_data <- na.omit(air_pollution_data)
```

3. 处理重复数据

检查数据是否存在重复的行，代码如下。

```
# 3.处理重复数据
# 检查重复行
duplicated(air_pollution_data)
```

输出结果如下。

```
[1] 0
```

从输出结果可见，数据集中没有重复的数据，如果有，则可以通过如下代码删除重复行。

```
# 删除重复行
air_pollution_data <- air_pollution_data[!duplicated(air_pollution_data), ]
```

4. 创建 datetime 字段

为了便于数据分析，通常需要一个统一的时间字段，但原始数据集中只包含年、月、日和小时等单独的字段。在这种情况下，创建一个包含完整时间信息的 datetime 字段非常重要。这一字段可以帮助简化时间序列分析和数据处理过程。

可以通过将这些字段拼接成一个完整的时间字符串，并使用 lubridate 包将其转换为日期时间格式，代码如下。

```
# 4.创建 datetime 字段
library(lubridate)
air_pollution_data $ datetime <- ymd_h(paste(air_pollution_data $ year,
                                       air_pollution_data $ month,
                                       air_pollution_data $ day,
                                       air_pollution_data $ hour, sep = "-"))
```

代码中首先使用 paste() 函数将多个字段（year、month、day、hour）拼接成一个字符串，格式为 yyyy-mm-ddhh。然后，利用 lubridate 包中的 ymd_h() 函数将拼接后的字符串转换为日期时间对象。最后，使用 head() 函数检查 datetime 字段是否成功添加。代码如下。

```
# 查看创建的 datetime 字段
head(air_pollution_data)
```

输出结果如下。

```
No year month day hour PM2.5 PM10 SO2 NO2 CO O3 TEMP  PRES   DEWP  RAIN  wd WSPM  station    datetime
1 1  2013   3   1   0    4     4   4   7  300 77 -0.7 1023.0 -18.8  0  NNW  4.4 Aotizhongxin
2013-03-01  00:00:00
2 2  2013   3   1   1    8     8   4   7  300 77 -1.1 1023.2 -18.2  0  N    4.7 Aotizhongxin
2013-03-01  01:00:00
3 3  2013   3   1   2    7     7   5  10  300 73 -1.1 1023.5 -18.2  0  NNW  5.6 Aotizhongxin
2013-03-01  02:00:00
4 4  2013   3   1   3    6     6  11  11  300 72 -1.4 1024.5 -19.4  0  NW   3.1 Aotizhongxin
2013-03-01  03:00:00
5 5  2013   3   1   4    3     3  12  12  300 72 -2.0 1025.2 -19.5  0  N    2.0 Aotizhongxin
2013-03-01  04:00:00
```

```
6  6  2013  3  1  5   5  5  18 18 400 66  - 2.2  1025.6  - 19.6  0 N   3.7 Aotizhongxin
2013 - 03 - 01  05:00:00
```

从输出结果可以看出,datetime 字段已成功添加。

5. 删除多余字段

由于已经创建了 datetime 字段,原始的 year、month、day 和 hour 字段变得多余,为了节省内存空间,可以删除这几个字段。通常使用 dplyr 包中的 select() 函数删除多余字段,代码如下。

```
# 5.删除多余字段
# 删除原始的 year、month、day 和 hour 字段
library(dplyr)
air_pollution_data < - air_pollution_data %>%
  select( - year, - month, - day, - hour)
```

代码中的 select() 函数来自 dplyr 包,用于选择或排除数据框中的列,其语法如下。

```
select(data, col1, col2, …)
```

其中 col1,col2,…表示需要选择的列。如果要排除某些列,可以在列名前添加-符号。在此代码中,使用了 select() 的排除功能。

select(-year,-month,-day,-hour)表示选择所有列,除了 year、month、day 和 hour,即删除这 4 个字段。

查看删除 4 个字段后的数据,代码如下。

```
# 查看删除后的数据
head(air_pollution_data)
```

输出结果如下。

```
No PM2.5 PM10 SO₂ NO₂ CO O₃  TEMP  PRES  DEWP    RAIN  wd WSPM station  datetime
1  1    4    4   4   7  300 77  - 0.7 1023.0  - 18.8  0  NNW 4.4 Aotizhongxin
2013 - 03 - 01  00:00:00
2  2    8    8   4   7  300 77  - 1.1 1023.2  - 18.2  0  N   4.7 Aotizhongxin
2013 - 03 - 01  01:00:00
3  3    7    7   5  10 300 73  - 1.1 1023.5  - 18.2  0  NNW 5.6 Aotizhongxin
2013 - 03 - 01  02:00:00
4  4    6    6  11  11 300 72  - 1.4 1024.5  - 19.4  0  NW  3.1 Aotizhongxin
2013 - 03 - 01  03:00:00
5  5    3    3  12  12 300 72  - 2.0 1025.2  - 19.5  0  N   2.0 Aotizhongxin
2013 - 03 - 01  04:00:00
6  6    5    5  18  18 400 66  - 2.2 1025.6  - 19.6  0  N   3.7 Aotizhongxin
2013 - 03 - 01  05:00:00
```

从输出结果可见,year、month、day 和 hour 4 个字段已经被删除。

11.2.4 步骤 2:数据探索与可视化

在数据导入与预处理完成后,下一步是对数据进行探索性分析,并通过可视化技术揭示数据中的潜在模式、趋势和关系。通过探索性分析和可视化,不仅可以更好地理解数据,还

能帮助发现数据中的问题。以下是数据探索与可视化的具体步骤。

1. 绘制 PM2.5 随时间变化的折线图

在空气质量数据集中，PM2.5 表示细颗粒物的浓度，常用于评估空气污染水平。通过折线图可以直观地看到 PM2.5 随时间变化的趋势。

如下代码是从空气污染数据集中筛选出 2017 年 1 月 1 日的数据，并绘制出这一天内 PM2.5 随时间变化的折线图。

```
♯ 筛选出 2017 年 1 月 1 日的数据
air_pollution_data_filtered <- air_pollution_data %>%
  filter(format(datetime, "%Y-%m-%d") == "2017-01-01")            ①

ggplot(air_pollution_data_filtered, aes(x = datetime, y = PM2.5)) +
  geom_line(color = "♯00B0F0", size = 1) +              ♯ 折线图
  labs(title = "PM2.5 随时间变化", x = "时间", y = "PM2.5 浓度 (μg/m³)") + ♯ 设置标题
                                                          ♯ 和轴标签
  theme_minimal()                                  ♯ 使用简洁的主题
```

上述代码解释如下。

代码第①行使用 filter() 函数从 air_pollution_data 数据集中筛选出 2017 年 1 月 1 日的数据。

其中，filter() 是 dplyr 包中的函数，用于根据指定条件从数据框中过滤出符合条件的行。在此代码中，filter() 函数根据条件筛选出 datetime 列为 2017 年 1 月 1 日的所有行。format(datetime,"%Y-%m-%d")将 datetime 列的日期时间格式化为"YYYY-MM-DD"的形式，保留日期部分（年-月-日），并丢弃小时、分钟和秒。

运行上述代码，绘制的图形如图 11-4 所示。

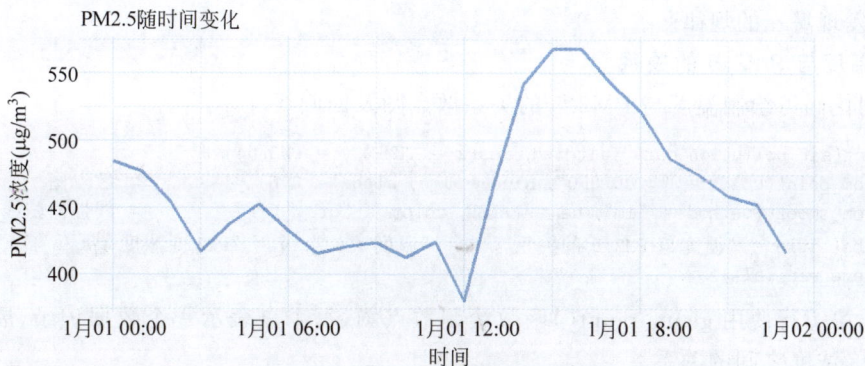

图 11-4　PM2.5 随时间变化的折线图

2. 绘制多个污染物随时间变化的折线图

如果想比较多个污染物（例如 PM2.5 和 PM10）随时间的变化，可以在同一个图中绘制多条折线。

```
# 绘制 PM2.5 和 PM10 随时间变化的折线图
ggplot(air_pollution_data_filtered, aes(x = datetime)) +
  geom_line(aes(y = PM2.5, color = "PM2.5"), size = 1) +     # 绘制 PM2.5
  geom_line(aes(y = PM10, color = "PM10"), size = 1) +       # 绘制 PM10
  labs(title = "PM2.5 和 PM10 随时间变化", x = "时间", y = "浓度 (μg/m³)") +   # 标题和坐标
# 轴标签
  scale_color_manual(values = c("PM2.5" = "#00B0F0", "PM10" = "gray")) +     # 自定义颜色
  theme_minimal()            # 简洁主题
```

运行上述代码,绘制的图形如图 11-5 所示。

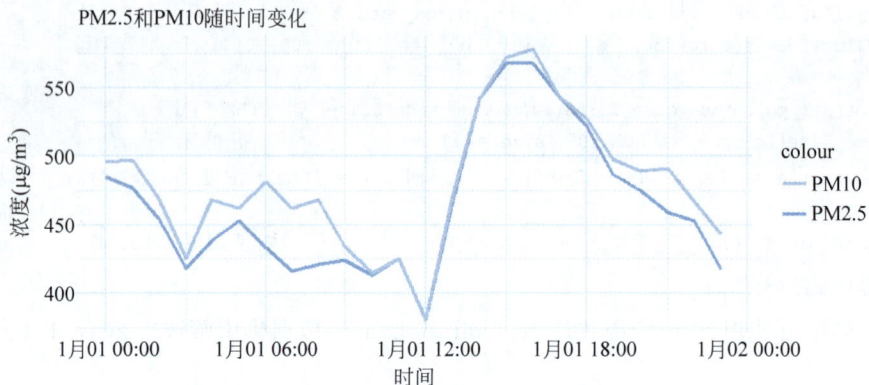

图 11-5　PM2.5 和 PM10 随时间变化的折线图

11.2.5　步骤 3：气象因素与污染物的关系分析

这一步的目的是分析气象因素(如温度、湿度、气压等)与空气污染物(如 PM2.5、PM10、CO、SO_2 等)之间的关系。通过这项分析,可以更好地理解气象因素如何影响空气质量,并发现潜在的规律。

1. 温度与 PM2.5 的关系

下列代码可绘制温度与 PM2.5 的关系散点图及回归线。

```
ggplot(air_pollution_data_filtered, aes(x = TEMP, y = PM2.5)) +
  geom_point(color = "#00B0F0", size = 1.5, alpha = 0.6) +      # 散点图      ①
  geom_smooth(method = "lm", se = FALSE, color = "gray") +      # 线性回归线   ②
  labs(title = "温度与 PM2.5 的关系", x = "温度 (℃)", y = "PM2.5 浓度 (μg/m³)") +
  theme_minimal()
```

代码第①行使用 geom_point()函数绘制散点图,每个点表示一个数据记录,展示温度与 PM2.5 浓度之间的关系。

代码第②行通过 geom_smooth()函数绘制回归线,其中 method＝"lm"设置为线性回归模型,se＝FALSE 表示不绘制标准误差带。

运行上述代码,绘制的图形如图 11-6 所示。

2. 气压与 PM2.5 的关系

气压(PRES)对空气污染的影响也可以通过类似的方法进行分析。下列代码可绘制气

温度与PM2.5的关系

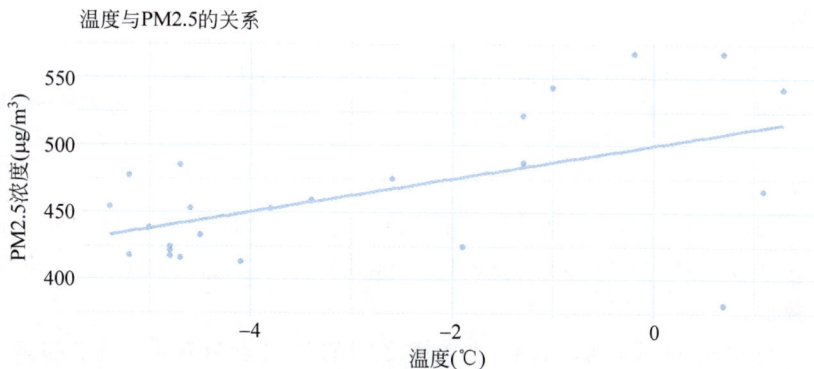

图 11-6　温度与 PM2.5 关系散点图

压与 PM2.5 的散点图及回归线。

```
ggplot(air_pollution_data_filtered, aes(x = PRES, y = PM2.5)) +
    geom_point(color = "#00B0F0", size = 1.5, alpha = 0.6) +       # 散点图
    geom_smooth(method = "lm", se = FALSE, color = "gray") +       # 线性回归线
    labs(title = "气压与PM2.5的关系", x = "气压(hPa)", y = "PM2.5浓度(μg/m³)") +
    theme_minimal()
```

运行上述代码，绘制的图形如图 11-7 所示。

气压与PM2.5的关系

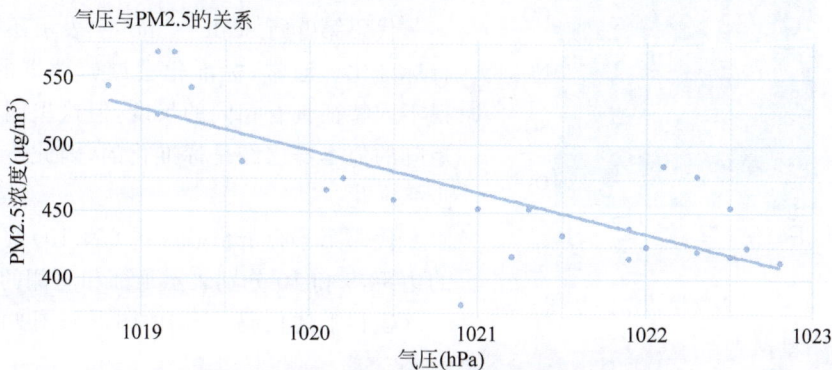

图 11-7　气压与 PM2.5 关系散点图

3. 污染物相关性热力图

污染物相关性热力图对分析空气质量数据有重要意义，尤其是在理解不同污染物之间的相互关系时。

使用 heatmap()函数绘制污染物相关性矩阵的热力图代码如下。

```
# 选择污染物列
pollutants_data <- air_pollution_data %>%
    select(PM2.5, PM10, SO₂, NO₂, CO, O₃)                          ①

# 计算相关系数矩阵
cor_matrix <- cor(pollutants_data, method = "pearson")             ②
```

```
# 绘制热力图
heatmap(cor_matrix,                                           ③
        col = colorRampPalette(c("blue", "white", "red"))(20),    # 设置颜色 ④
        scale = "none",                                       # 不进行数据标准化 ⑤
        margins = c(5, 10))                                   # 调整边距 ⑥
```

代码解释如下。

代码第①行使用 select() 函数从 air_pollution_data 数据集中选择了 6 个污染物列：PM2.5、PM10、SO_2、NO_2、CO 和 O_3。pollutants_data 是一个新的数据框，仅包含这几个污染物的浓度数据。

代码第②行通过 cor() 函数计算污染物之间的相关系数矩阵，其中参数 method="pearson"表示使用皮尔逊相关系数。

代码第③行通过 heatmap()函数绘制相关性矩阵的热力图，其中参数 cor_matrix 是计算得到的污染物相关性矩阵，作为热力图的输入数据。

代码第④行通过设置热力图的颜色映射，其颜色从蓝色（低相关性）到红色（高相关性），中间是白色（无相关性），并且将颜色的过渡分为 20个等级。

代码第⑤行 scale="none"表示不对数据进行标准化。通常，标准化会调整数据的范围，使得不同特征具有相同的尺度，但这里因为相关性矩阵的值本身已经是标准化的，因此不需要进一步标准化。

代码第⑥行 margins=c(5，10)调整热力图的边距，5 和 10 分别表示顶部和右侧的边距。

运行上述代码，绘制的图形如图 11-8 所示。

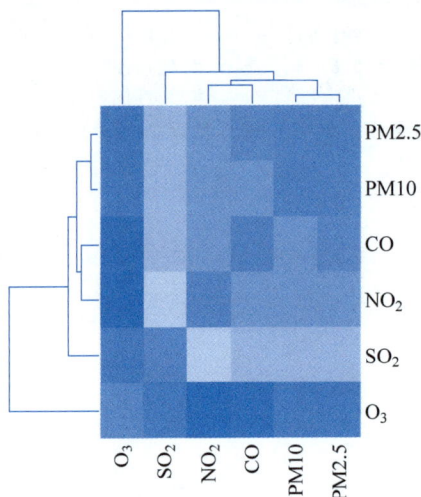

图 11-8   污染物相关性热力图

11.3   案例 3：银行营销活动效果分析与客户订阅预测

在银行营销中，如何识别潜在的定期存款客户，是提升营销效率和增强客户忠诚度的关键。银行通常通过电话、邮件等方式与客户接触，以推广其定期存款产品。如何准确预测哪些客户更可能订阅这些产品，将有助于银行更好地分配营销资源，制定更加精确的市场营销策略。

本案例将通过逻辑回归分析，利用银行营销活动的历史数据，探讨客户的个人特征及其与定期存款订阅之间的关系。通过分析和建模，不仅能评估过去营销活动的效果，还能帮助银行精准预测哪些客户更有可能订阅定期存款产品，从而实现精准营销，提高营销活动的成功率。

11.3.1 数据集内容

本案例使用的数据集是"银行营销数据集"(Bank Marketing Data Set),该数据集可从 UCI 机器学习库等公开数据源中获得,或者读者可以从本书的配套代码中下载该数据集文件(bank.csv)。

该数据集包含了银行营销活动的相关信息,包括客户的个人特征以及营销活动的结果。数据集中的关键字段有以下几个。

- age:客户的年龄,反映客户的基本人口统计特征。
- job:客户的职业,帮助分析不同职业群体的客户行为模式。
- marital:客户的婚姻状况,揭示不同婚姻状况客户的行为特征。
- education:客户的教育程度,可能与客户的金融产品订阅倾向相关。
- default:客户是否有信用违约(如信用卡欠款未偿还等),该字段反映了客户的信用状况。
- balance:客户的账户余额,反映客户的财务状况,可能与其订阅产品的意愿相关。
- housing:客户是否拥有住房贷款,反映客户的财务负担。
- loan:客户是否拥有个人贷款,帮助分析客户的负债情况。
- contact:与客户的联系方式(如电话、邮件等),指示营销活动中与客户的沟通渠道。
- day:上次联系客户的日子(从 1 到 31),该字段反映了营销活动的时间安排。
- month:上次联系客户的月份,可能与季节性营销趋势相关。
- duration:客户与银行沟通的时长,通常是营销活动成功的关键指标。
- campaign:客户在本次营销活动中被接触的次数,用于衡量客户参与度。
- pdays:自上次营销活动以来过去的天数,反映了客户的活跃程度。
- previous:客户在之前营销活动中被联系的次数,帮助判断客户对银行服务的兴趣。
- poutcome:上次营销活动的结果,反映了之前的营销活动成功与否。
- y:目标变量,表示客户是否订阅了定期存款("yes"表示订阅,"no"表示未订阅),这是本案例的分析目标。

11.3.2 分析目标

本案例的分析目标如下。

(1) 评估营销活动的效果:通过分析客户的个人特征与定期存款订阅之间的关系,评估过去银行营销活动的成功率,识别哪些因素对营销效果有显著影响。

(2) 精准预测客户订阅倾向:利用逻辑回归分析,预测哪些客户更有可能订阅定期存款产品,帮助银行精准识别潜在客户。

(3) 优化资源分配和营销策略:基于分析结果,帮助银行更高效地分配营销资源,制定更有针对性的营销策略,提高营销活动的成功率。

(4) 提高客户忠诚度和银行业绩:通过精准的客户定位,提升客户满意度和忠诚度,从而推动银行业务增长和长期客户关系的建立。

11.3.3　步骤 1：数据导入与预处理

在进行任何数据分析之前，首先需要确保数据集已正确导入，并且数据格式、缺失值等问题得到处理。本步骤将指导如何导入银行营销数据集，并进行基本的数据预处理，包括变量转换、缺失值处理等操作。

1. 导入数据集

首先，将数据集导入 R 语言环境中。可以使用 read.csv() 函数将 CSV 格式的文件加载到 R 语言中，代码如下。

```
# 设置工作目录
setwd("~/code")
# 加载数据
bank_data <- read.csv("data/bank.csv", sep = ";")
# 查看数据集的前几行,确保数据已正确加载
head(bank_data)
```

输出结果如下。

```
   age        job marital education default balance housing loan contact day month duration
campaign pdays previous poutcome y
1  30  unemployed married primary    no 1787   no  no cellular 19  oct  79 1  -1  0
unknown no
2  33    services married secondary  no 4789  yes yes cellular 11  may 220 1 339  4
failure no
3  35  management single tertiary    no 1350  yes  no cellular 16  apr 185 1 330  1
failure no
4  30  management married tertiary   no 1476  yes yes unknown  3  jun 199 4  -1  0
unknown no
5  59 blue-collar married secondary  no    0  yes  no unknown  5  may 226 1  -1  0
unknown no
6  35  management single tertiary    no  747   no  no cellular 23  feb 141 2 176  3
failure no
```

2. 处理缺失值

处理数据时,首先需要检查数据集是否包含缺失值。缺失值的处理方法有很多种,例如删除含缺失值的行、用均值或中位数填充等。在这个案例中,选择了删除含有缺失值的行。

检查数据中的缺失值代码如下。

```
# 检查数据中的缺失值
sum(is.na(bank_data))
```

输出结果如下。

```
[1] 0
```

从输出结果可以看出,数据中不存在缺失值。如果存在缺失值,可以使用以下代码删除包含缺失值的行。

```
# 删除含有缺失值的行
bank_data <- na.omit(bank_data)
```

3. 处理重复数据

首先,检查数据是否存在重复的行,代码如下。

```
# 检查重复行
duplicated(bank_data)
```

输出结果如下。

```
[1] 0
```

从输出结果可见,数据集中没有重复的数据,如果有,可以通过如下代码删除重复行。

```
# 删除重复行
bank_data <- bank_data[!duplicated(bank_data), ]
```

4. 转换变量类型

将类别变量转换为因子类型,并将目标变量 y 转换为二元变量(0 或 1),代码如下。

```
# 将目标变量 y 转换为 0 和 1(0 表示未订阅,1 表示订阅)
bank_data $ y <- ifelse(bank_data $ y == "yes", 1, 0)

# 将类别变量转换为因子类型
bank_data $ job <- as.factor(bank_data $ job)
bank_data $ marital <- as.factor(bank_data $ marital)
bank_data $ education <- as.factor(bank_data $ education)
bank_data $ default <- as.factor(bank_data $ default)
bank_data $ housing <- as.factor(bank_data $ housing)
bank_data $ loan <- as.factor(bank_data $ loan)
bank_data $ contact <- as.factor(bank_data $ contact)
bank_data $ poutcome <- as.factor(bank_data $ poutcome)
```

11.3.4 步骤 2：模型构建与逻辑回归分析

完成数据预处理和描述性分析后,就可以使用逻辑回归模型预测客户是否订阅定期存款了。

1. 构建逻辑回归模型

使用逻辑回归模型预测客户是否会订阅定期存款。选择 age(年龄)、job(职业)、balance(账户余额)、duration(通话时长)等特征作为自变量,代码如下。

```
model <- glm(y ~ age + job + balance + duration + campaign + previous,
             data = bank_data,
             family = binomial)

# 查看模型
print(model $ coefficients)
```

输出结果如下。

```
  (Intercept)         age         jobblue-collar   jobentrepreneur   jobhousemaid
 -3.260836e+00   4.976645e-03   -8.803396e-01    -6.370695e-01     -2.792448e-01
  jobmanagement   jobretired     jobself-employed    jobservices        jobstudent
```

```
    6.425401e-02    6.010541e-01   -3.113075e-01    -4.813454e-01  8.537123e-01
   jobtechnician   jobunemployed    jobunknown      balance        duration
  -1.903737e-01   -5.514894e-01   6.371545e-01   1.447853e-05   3.764986e-03
      campaign       previous
  -9.178620e-02   1.519197e-01
```

结果解读如下。

(1) duration(通话时长)：其系数 3.765e-03 表明通话时长对客户订阅的影响很大，且 p 值非常小，表明其在预测客户是否订阅定期存款方面是一个非常重要的变量。

(2) 职业类型：有些职业对客户订阅的影响较大，例如 jobblue-collar 和 jobstudent，而 jobhousemaid 和 jobmanagement 等职业的影响则不显著。

(3) previous(上次营销结果)：previous 的系数为 1.1519，表明过去营销活动的参与记录对客户是否订阅有显著的正向影响。

2. 预测新样本的客户订阅概率

准备新样本数据：首先，创建一个新的数据框 new_data，该数据框必须包含与训练数据相同的变量（即与模型公式中的变量一致）。假设有一个新客户的数据（例如，age=30，balance=1000，duration=200，campaign=3，previous=1），可以将这些数据构造为一个数据框。

使用 predict() 进行预测：predict() 函数可用来根据逻辑回归模型生成概率预测。

以下是如何操作的代码。

```
# 创建一个新的数据框(new_data),包含与训练数据相同的变量
new_data <- data.frame(
  age = 30,              # 新客户的年龄
  job = "blue-collar",   # 新客户的职业
  balance = 1000,        # 新客户的账户余额
  duration = 200,        # 新客户的通话时长
  campaign = 3,          # 新客户最近的营销活动次数
  previous = 1           # 新客户以前参与过的营销活动次数
)

# 使用模型预测新样本的订阅概率
predicted_prob <- predict(model, newdata = new_data, type = "response")
# 输出预测的概率
print(predicted_prob)
```

输出结果为

```
      1
0.03396598
```

0.03396598 这个概率值表示模型预测这个特定客户订阅定期存款的概率大约为 3.4%。在实际应用中，如果认为这个概率太低，可以尝试其他高模型，以提高预测能力。

3. 可视化逻辑回归结果

可视化逻辑回归结果通常通过绘制多种图形进行分析，本案例推荐通过密度图对比实

际订阅和未订阅用户的预测概率分布,示例代码如下。

```
# 绘制预测概率的密度图,区分实际订阅与否
ggplot(bank_data, aes(x = predicted_prob, fill = factor(y))) +
  geom_density(alpha = 0.6) +
  labs(title = "订阅行为与预测概率分布", x = "预测订阅概率", y = "密度") +
  scale_fill_manual(values = c("gray", "#00B0F0")) +
  theme_minimal()
```

运行上述代码,会输出如图 11-9 所示的订阅行为与预测概率分布密度图。

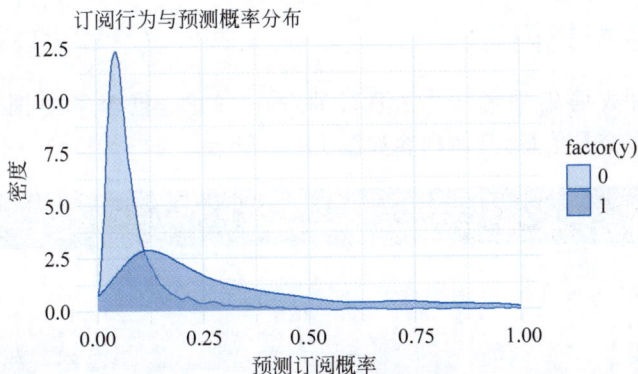

图 11-9　订阅行为与预测概率分布密度图

另外,小提琴图可以同时展示数据的分布情况,比较不同类别(订阅与否)的概率分布,
代码如下。

```
ggplot(bank_data, aes(x = factor(y), y = predicted_prob, fill = factor(y))) +
  geom_violin(alpha = 0.6) +
  labs(title = "订阅行为与预测概率分布", x = "实际订阅行为", y = "预测订阅概率") +
  scale_fill_manual(values = c("gray", "#00B0F0")) +
  theme_minimal()
```

代码运行输出如图 11-10 订阅行为与预测概率分布小提琴图。

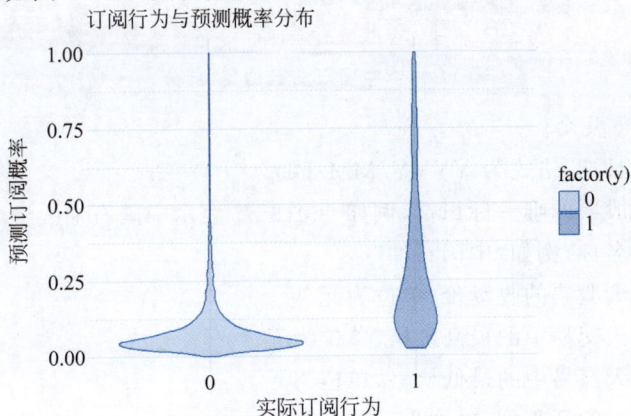

图 11-10　订阅行为与预测概率分布小提琴图

11.4 案例4：基于ARIMA模型的中国石油股票收盘价预测

本示例演示如何使用ARIMA模型预测中国石油股票的收盘价。ARIMA模型是一种常用于时间序列数据分析的统计方法，通过识别数据中的趋势和波动，能对未来的数值进行预测。

11.4.1 数据集内容

本案例使用的数据集来源于“中国石油.csv”文件，包含了中国石油（股票代码：601857）每日的股票交易信息，具体内容如图11-11所示。

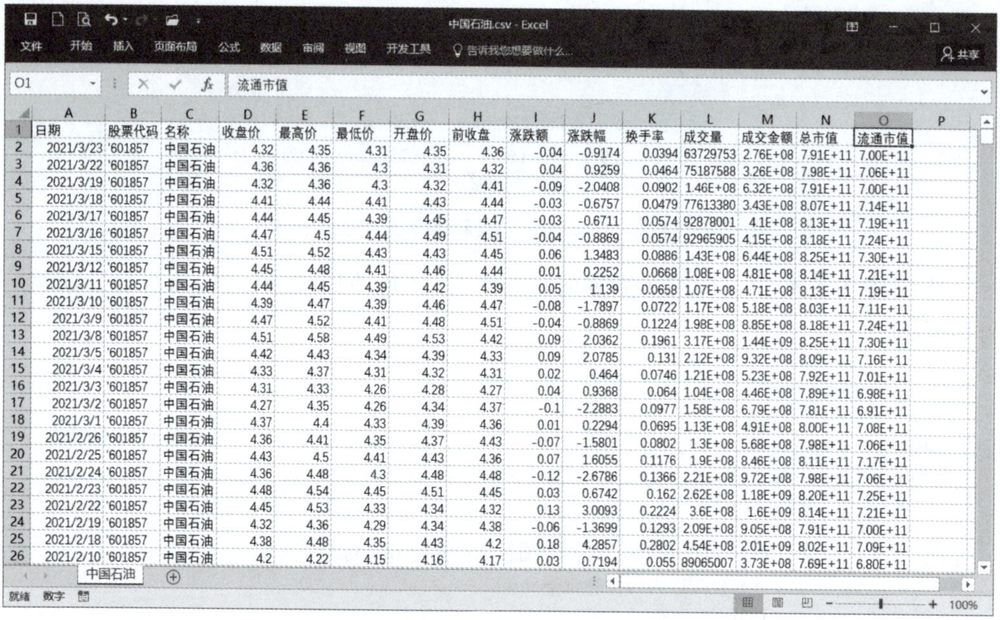

日期	股票代码	名称	收盘价	最高价	最低价	开盘价	前收盘	涨跌额	涨跌幅	换手率	成交量	成交金额	总市值	流通市值
2021/3/23	'601857	中国石油	4.32	4.35	4.31	4.35	4.36	-0.04	-0.9174	0.0394	63729753	2.76E+08	7.91E+11	7.00E+11
2021/3/22	'601857	中国石油	4.36	4.36	4.3	4.31	4.32	0.04	0.9259	0.0464	75187588	3.26E+08	7.98E+11	7.06E+11
2021/3/19	'601857	中国石油	4.32	4.36	4.3	4.32	4.41	-0.09	-2.0408	0.0902	1.46E+08	6.32E+08	7.91E+11	7.00E+11
2021/3/18	'601857	中国石油	4.41	4.44	4.41	4.43	4.44	-0.03	-0.6757	0.0479	77613380	3.43E+08	8.07E+11	7.14E+11
2021/3/17	'601857	中国石油	4.44	4.45	4.39	4.45	4.47	-0.03	-0.6711	0.0574	92878001	4.1E+08	8.13E+11	7.19E+11
2021/3/16	'601857	中国石油	4.47	4.5	4.44	4.49	4.51	-0.04	-0.8869	0.0574	92965905	4.15E+08	8.18E+11	7.24E+11
2021/3/15	'601857	中国石油	4.51	4.52	4.43	4.43	4.45	0.06	1.3483	0.0886	1.43E+08	6.44E+08	8.25E+11	7.30E+11
2021/3/12	'601857	中国石油	4.45	4.48	4.41	4.46	4.44	0.01	0.2252	0.0668	1.08E+08	4.81E+08	8.14E+11	7.21E+11
2021/3/11	'601857	中国石油	4.44	4.45	4.39	4.42	4.39	0.05	1.139	0.0658	1.07E+08	4.71E+08	8.13E+11	7.19E+11
2021/3/10	'601857	中国石油	4.39	4.47	4.39	4.46	4.47	-0.08	-1.7897	0.0722	1.17E+08	5.18E+08	8.03E+11	7.11E+11
2021/3/9	'601857	中国石油	4.47	4.52	4.41	4.48	4.51	-0.04	-0.8869	0.1224	1.98E+08	8.85E+08	8.18E+11	7.24E+11
2021/3/8	'601857	中国石油	4.51	4.58	4.49	4.53	4.42	0.09	2.0362	0.1961	3.17E+08	1.44E+09	8.25E+11	7.30E+11
2021/3/5	'601857	中国石油	4.42	4.43	4.34	4.39	4.33	0.09	2.0785	0.131	2.12E+08	9.32E+08	8.09E+11	7.16E+11
2021/3/4	'601857	中国石油	4.33	4.37	4.31	4.32	4.31	0.02	0.464	0.0746	1.21E+08	5.23E+08	7.92E+11	7.01E+11
2021/3/3	'601857	中国石油	4.31	4.33	4.26	4.28	4.27	0.04	0.9368	0.064	1.04E+08	4.46E+08	7.89E+11	6.98E+11
2021/3/2	'601857	中国石油	4.27	4.35	4.26	4.34	4.37	-0.1	-2.2883	0.0977	1.58E+08	6.79E+08	7.81E+11	6.91E+11
2021/3/1	'601857	中国石油	4.37	4.4	4.33	4.39	4.36	0.01	0.2294	0.0695	1.13E+08	4.91E+08	8.00E+11	7.08E+11
2021/2/26	'601857	中国石油	4.36	4.41	4.35	4.37	4.43	-0.07	-1.5801	0.0802	1.3E+08	5.68E+08	7.98E+11	7.06E+11
2021/2/25	'601857	中国石油	4.43	4.5	4.41	4.43	4.36	0.07	1.6055	0.1176	1.9E+08	8.46E+08	8.11E+11	7.17E+11
2021/2/24	'601857	中国石油	4.36	4.48	4.3	4.48	4.48	-0.12	-2.6786	0.1366	2.21E+08	9.72E+08	7.98E+11	7.06E+11
2021/2/23	'601857	中国石油	4.48	4.54	4.45	4.51	4.45	0.03	0.6742	0.162	2.62E+08	1.18E+09	8.20E+11	7.25E+11
2021/2/22	'601857	中国石油	4.45	4.53	4.33	4.34	4.32	0.13	3.0093	0.2224	3.6E+08	1.6E+09	8.14E+11	7.21E+11
2021/2/19	'601857	中国石油	4.32	4.36	4.29	4.34	4.38	-0.06	-1.3699	0.1293	2.09E+08	9.05E+08	7.91E+11	7.00E+11
2021/2/18	'601857	中国石油	4.38	4.48	4.35	4.43	4.2	0.18	4.2857	0.2802	4.54E+08	2.01E+09	8.02E+11	7.09E+11
2021/2/10	'601857	中国石油	4.2	4.22	4.15	4.16	4.17	0.03	0.7194	0.055	89065007	3.73E+08	7.69E+11	6.80E+11

图11-11 中国石油数据集（部分）

具体字段有以下几个。

- 日期：交易日期，格式为YYYY/MM/DD。
- 股票代码：股票的唯一标识符，例如'601857'表示中国石油。
- 名称：股票名称，例如“中国石油”。
- 收盘价：当天股票的收盘价，单位为元。
- 最高价：当天交易中的最高价格，单位为元。
- 最低价：当天交易中的最低价格，单位为元。
- 开盘价：当天的开盘价，单位为元。

- 前收盘：前一交易日的收盘价,单位为元。
- 涨跌额：与前收盘价相比,股票当天涨跌的金额,单位为元。
- 涨跌幅：当天涨跌额与前收盘价的百分比,单位为％。
- 换手率：股票的换手率,单位为百分比。
- 成交量：当天股票的成交数量,单位为股。
- 成交金额：当天股票的总成交金额,单位为元。
- 总市值：公司的总市值,单位为元。
- 流通市值：流通股的市值,单位为元。

11.4.2 分析目标

案例的分析目标是通过 ARIMA 模型预测中国石油股票的未来收盘价,具体目标如下。
(1) 股价趋势预测：识别并预测股票价格的长期趋势。
(2) 波动性分析：评估股价的波动范围和变化模式。
(3) 精确度评估：验证 ARIMA 模型的预测精度,优化模型参数。

11.4.3 步骤 1：数据导入

数据分析的第一步是将数据从外部文件导入 R 语言环境中。
相关代码如下。

```
# 设置工作目录
setwd("~/code")

# 读取数据
data <- read.csv("data/stock/中国石油.csv",
                 header = TRUE,
                 fileEncoding = "gbk")
# 查看数据的前几行,确保文件被正确读取
head(data)
```

上述代码从指定路径加载 CSV 格式的数据文件,该文件包含中国石油的股票数据,其中参数 header＝TRUE 表示数据的第一行是列名；fileEncoding＝"gbk"指定文件的字符编码为 gbk,适用于包含中文字符的文件。

运行上述代码,输出结果如下。

```
       日期       股票代码   名称    收盘价 最高价 最低价 开盘价 前收盘 涨跌额 涨跌幅 换手率
1 2021-03-23 '601857 中国石油 4.32   4.35   4.31   4.35   4.36  -0.04 -0.9174 0.0394
2 2021-03-22 '601857 中国石油 4.36   4.36   4.30   4.31   4.32   0.04  0.9259 0.0464
3 2021-03-19 '601857 中国石油 4.32   4.36   4.30   4.32   4.41  -0.09 -2.0408 0.0902
4 2021-03-18 '601857 中国石油 4.41   4.44   4.41   4.43   4.44  -0.03 -0.6757 0.0479
5 2021-03-17 '601857 中国石油 4.44   4.45   4.39   4.45   4.47  -0.03 -0.6711 0.0574
6 2021-03-16 '601857 中国石油 4.47   4.50   4.44   4.49   4.51  -0.04 -0.8869 0.0574
     成交量     成交金额      总市值       流通市值
1  63729753  275666312  790650624174  699503376174
```

2	75187588	325738439	797971463286	705980259286
3	146109801	632201307	790650624174	699503376174
4	77613380	343180296	807122512177	714076363177
5	92878001	410329613	812613141512	718934025512
6	92965905	414855664	818103770846	723791687846

11.4.4　步骤 2：数据清洗

在数据分析过程中，数据清洗是非常重要的一步，目的是确保数据质量，以便进行有效的分析。数据清洗通常包括处理缺失值、删除重复数据、数据类型转换等操作。

在本案例中，数据清洗工作主要包括：

（1）处理缺失值，检查数据中是否有缺失值，并决定是填补缺失值，还是删除相应的行。

（2）数据类型转换，确保日期列正确转换为日期格式，并确认其他列的数据类型是否正确。

（3）删除重复数据，确保数据中没有重复的记录。

相关代码如下。

```
# 1. 处理缺失值
# 检查数据是否有缺失值
sum(is.na(data))                          # 统计缺失值的总数

# 删除含有缺失值的行,或者填补缺失值
data <- na.omit(data)                     # 删除包含缺失值的行

# 2. 数据类型转换
# 将日期列转换为 Date 类型
data$日期 <- as.Date(data$日期, format = "%Y-%m-%d")    # 确保日期格式正确

# 3. 删除重复数据
data <- data[!duplicated(data), ]     # 删除重复的记录
```

11.4.5　步骤 3：建立 ARIMA 模型

```
# 安装并加载所需包
library(forecast)                                              ①
# 按日期排序
data <- data[order(data$日期), ]                               ②
# 将收盘价设为时间序列
close_prices <- ts(data$收盘价, frequency = 1)    # 非季节性数据   ③

# 使用 auto.arima 选择最优模型
arima_model <- auto.arima(close_prices)                        ④
```

代码解释如下。

代码第①行安装并加载了 forecast 包。forecast 包提供了时间序列预测的工具，特别是对 ARIMA 模型的支持。

代码第②行按日期对数据进行排序。确保时间序列数据是按照时间顺序排列的，这对于时间序列分析是至关重要的。如果数据的日期顺序错误，可能会影响模型的准确性。

代码第③行使用 ts()函数将收盘价 data＄转换为时间序列对象，参数 frequency＝1 表示数据是按日收集的，没有季节性（即每年的数据量是固定的，且不是按季度或月份等进行分组）。如果数据具有季节性，frequency 参数需要根据实际情况进行调整。

代码第④行使用 auto.arima()函数选择最优的 ARIMA 模型。

11.4.6 步骤 4：模型评估与可视化

在这一阶段，需要评估构建的 ARIMA 模型的性能，并通过可视化图表进行展示，以便进一步了解模型的预测效果。

相关代码如下。

```
# 可视化拟合效果
# 绘制原始时间序列图
plot(close_prices, main = "中国石油 收盘价时间序列",          ①
    ylab = "收盘价",
    xlab = "时间")

# 绘制 ARIMA 模型的拟合曲线
lines(fitted(arima_model), col = "#00B0F0", lwd = 2)           ②
```

代码解释如下。

代码第①行使用 plot()函数绘制"收盘价"时间序列数据的折线图。

代码第②行在之前绘制的时间序列图上添加 ARIMA 模型的拟合曲线。

运行上述代码，会生成如图 11-12 所示的图形。

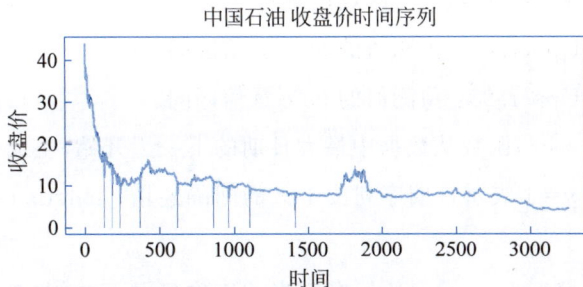

图 11-12 可视化拟合效果

从图 11-12 所示的可视化拟合效果图，可见模型的拟合效果比较好。

11.4.7 步骤 5：预测与保存结果

在此步骤中，使用训练好的 ARIMA 模型进行未来收盘价的预测，并将预测结果保存到 CSV 文件中。

相关代码如下。

```
# 预测未来 10 天的收盘价
forecast_values <- forecast(arima_model, h = 10)                    ①
print(forecast_values)

# 提取预测值并保存到 CSV
forecast_df <- data.frame(                                          ②
  Date = seq(max(data$日期) + 1, by = 1, length.out = 10),          ③
  Point.Forecast = forecast_values$mean,
  Lower.80 = forecast_values$lower[, 1],
  Upper.80 = forecast_values$upper[, 1],
  Lower.95 = forecast_values$lower[, 2],
  Upper.95 = forecast_values$upper[, 2]
)

write.csv(forecast_df, "收盘价预测结果.csv", row.names = FALSE)      ④
```

代码解释如下。

代码第①行使用训练好的 ARIMA 模型对未来 10 天的收盘价进行预测，其中参数 forecast(arima_model,h＝10)表示预测未来 10 个时间点的数据（即未来 10 天的收盘价）；参数 h＝10 指定预测的步长为 10。

代码第②行将预测结果整理成一个新的数据框 forecast_df，并包含以下几列。

- Date：从当前数据的最后一个日期开始，生成未来 10 天的日期序列。
- Point.Forecast：预测的收盘价（点预测）。
- Lower.80 和 Upper.80：预测值的 80％置信区间。
- Lower.95 和 Upper.95：预测值的 95％置信区间。

代码第③行通过 seq()函数从数据中最大日期的下一天开始，生成一个连续的 10 天日期序列。其中，参数 by＝1 表示日期序列按 1 天的间隔递增；length.out＝10 表示生成 10 个日期值。

代码第④行将数据框 forecast_df 保存到当前工作目录下的"收盘价预测结果.csv"文件中，参数 row.names＝FALSE 表示在保存时不包括行名。

运行上述代码，会在当前的工作目录中生成"收盘价预测结果.csv"文件，其内容如图 10-13 所示。

为了测试预测结果的准确性，经查询，中国石油 2021-04-01 日收盘价格是 4.28，而预测的结果是 4.40。

	A	B	C	D	E	F
1	Date	Point.Forecast	Lower.80	Upper.80	Lower.95	Upper.95
2	2021/3/24	4.37957945	3.404322112	5.354836789	2.888052062	5.871106839
3	2021/3/25	4.383044994	3.366084696	5.400005291	2.827738434	5.938351554
4	2021/3/26	4.386843939	3.330515828	5.443172049	2.771329504	6.002358373
5	2021/3/27	4.38914079	3.29784935	5.48043223	2.720154557	6.058127022
6	2021/3/28	4.39179577	3.265996893	5.517594647	2.670034966	6.113556574
7	2021/3/29	4.393617778	3.235275617	5.551959939	2.622086317	6.165149239
8	2021/3/30	4.395729425	3.204734869	5.58672398	2.574260436	6.217198414
9	2021/3/31	4.397368067	3.174618595	5.620117539	2.527334124	6.26740201
10	2021/4/1	4.399216518	3.144452156	5.653980881	2.480220026	6.318213011
11	2021/4/2	4.400790853	3.114402059	5.687179647	2.433428966	6.36815274

图 11-13　收盘价预测结果.csv